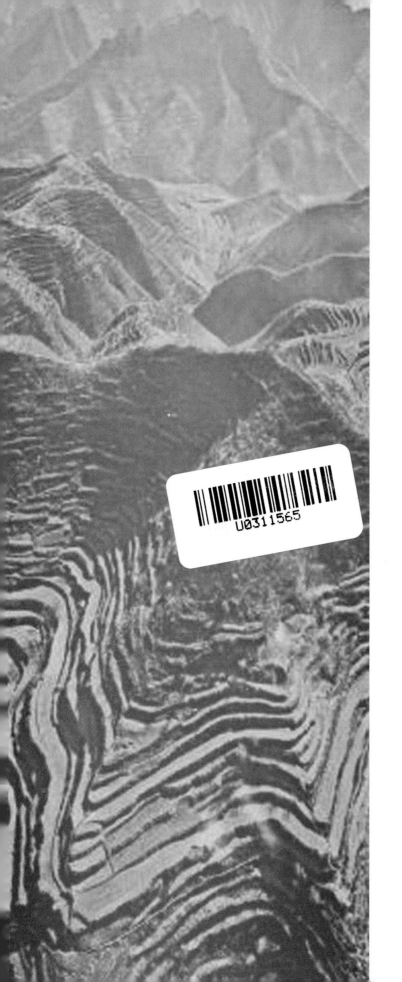

全球/中国重要农业文化遗产：河北涉县旱作梯田系统丛书

梯耕智慧

——涉县旱作梯田系统研究文集

贺献林 主编

刘国香 王海飞 贾和田 副主编

中国农业出版社

北京

图书在版编目（CIP）数据

梯耕智慧：涉县旱作梯田系统研究文集／贺献林主编．—北京：中国农业出版社，2022.6
（全球／中国重要农业文化遗产：河北涉县旱作梯田系统丛书）
ISBN 978-7-109-29466-0

Ⅰ.①梯…　Ⅱ.①贺…　Ⅲ.①旱作农业－梯田－农业系统－涉县－文集　Ⅳ.①S157.3-53

中国版本图书馆CIP数据核字（2022）第091786号

中国农业出版社出版

地址：北京市朝阳区麦子店街18号楼
邮编：100125
责任编辑：李　瑜　王琦瑢
版式设计：王　晨　责任校对：刘丽香　责任印制：王　宏
印刷：北京通州皇家印刷厂
版次：2022年6月第1版
印次：2022年6月北京第1次印刷
发行：新华书店北京发行所
开本：787mm×1092mm　1/16
印张：14.75
字数：330千字
定价：90.00元

《全球/中国重要农业文化遗产：河北涉县旱作梯田系统丛书》

编 辑 委 员 会

《全球/中国重要农业文化遗产：河北涉县旱作梯田系统丛书》

本书编委会

主　　编	贺献林
副 主 编	刘国香　王海飞　贾和田
参编人员	陈玉明　王玉霞　李春杰　牛永良　付亚平
	周　靖　玄家洁　李敏敏　程苗苗　王建军
	丁　丽　黄　泽　翟青峰　江军霞　张　虹
	李剑飞　江家悦　武想平　李娟娟
主　　审	史保明
副 主 审	李　志　赵志刚　郭　伟　牛东阳

序

一

　　梯田，是在山坡丘陵上沿等高线方向修筑的条状阶台式或波浪式断面的田地。中国梯田栽培的历史悠久，分布广泛，广西龙脊梯田、云南元阳哈尼梯田、湖南紫鹊界梯田，包括本丛书介绍的河北涉县旱作梯田都是其中比较著名的代表。

　　涉县旱作梯田农耕形式最早可以追溯到春秋末期赵简子屯兵筑城、养材任地时期。经历朝历代逐步修建发展，到元、明、清三代开发垦筑，初具规模。抗日战争和解放战争时期，涉县人民响应晋冀鲁豫边区政府号召，整修梯田、扩大生产、支援前线。新中国成立后，涉县人民继承先辈的优良传统，治山修田不止，使旱作梯田规模进一步扩大，质量大幅度提高，粮食产量稳步提升，农业系统不断完善。

　　现存的涉县旱作梯田核心区包括3大片区46个村，总面积205平方公里，其中，旱作梯田面积3.5万亩，地块大小不一，形状不一，土层厚度也不一样。分成25万余块，每块梯田的平均面积为0.14亩；土层厚的不足0.5米，薄的仅0.2米；石堰高的达7米，低的1米左右，石堰平均厚度0.7米，每平方米石堰大约有160块大小不等的石头垒砌而成，每立方米石堰大约需要400块大小不等的石块。涉县旱作梯田的石堰长度近1.5万公里，高低落差近500米。在一座座山岭上，一层层的梯田从山脚盘绕至山顶，错落有致，蔚为壮观，被联合国世界粮食计划署专家称作"中国的第二长城""世界一大奇迹"。

　　涉县旱作梯田系统是当地先民通过适应和改造艰苦的自然环境发展并世

代传承下来的山区雨养农业系统。千百年来，人们在太行山沟、坡、岭、峧、垴等多种地貌修筑了大量梯田，形成了梯田的景观多样性，保存了丰富的生物多样性，创造了独具特色的农耕技术。同时，在这一农业系统上形成了饮食文化、石文化、驴文化、民俗文化等钟灵毓秀的文化多样性，使得遗产系统一代代活态传承，成为中国北方旱作农耕文化的典型代表。

习近平总书记十分重视传统的农耕文化，明确指出农耕文化是我国农业的宝贵财富，是中华文化的重要组成部分。涉县全面贯彻习近平总书记的指示要求，对旱作梯田的农耕文化进行保护挖掘，确立了政府主导、专家指导、部门牵头、企业参与、社会资助等多方参与的工作机制，多措并举，激发内生动力，组织开展了梯田作物品种、村落文化普查及大中专院校学生研学体验等一系列活动。特别是中国共产党涉县第十四次代表大会以来，涉县将"县城、乡村、园区、生态"作为支撑县域发展的重要平台，不遗余力地推动农业农村现代化，全方位保护开发梯田文化资源，使得涉县旱作梯田在新时代绽放出更加丰富多彩的文化光芒。

当前，正处在"巩固拓展脱贫攻坚成果，全面推进乡村振兴战略"的关键时期，既要借鉴现代农业先进生产技术，更要继承祖先留下的璀璨农耕文明，弘扬优秀农业文化，学习前人智慧，汲取历史营养。为此，我们组织策划和编撰的《全球/中国重要农业文化遗产：河北涉县旱作梯田系统丛书》，是对涉县旱作梯田农业文化遗产保护与宣传的有益探索和尝试，希望借此让更多的人关注涉县的农业文化遗产，从传统农业中探寻一条新时代农业农村高质量发展之路。

中共涉县县委书记　董路明

2022年3月

序
二

2022年5月20日，对于河北涉县来讲，是足以写入历史的日子，在这一天联合国粮农组织网站上正式发布消息，河北涉县旱作石堰梯田系统与福建安溪铁观音茶文化系统、内蒙古阿鲁科尔沁草原游牧系统，携手入列全球重要农业文化遗产（GIAHS）名录。至此，在全世界23个国家和地区的65项全球重要农业文化遗产中，不仅有了河北涉县这一地名，更有了旱作石堰梯田这一特殊类型。

当晚，斟了一杯酒，为自己历经4年多在涉县、安溪、阿鲁科尔沁旗的申遗中所做的努力终获成功，为自己从2005年投身农业文化遗产保护事业到如今的坚持，也为了自己在三地申报和保护中做了一点工作、去了一些地方、交了一帮朋友。看到献林先生所发朋友圈："2022年5月20日河北涉县旱作石堰梯田系统被正式认定为全球重要农业文化遗产，为之奋斗10年，我自己小酌一杯庆贺一下！"真可谓"心有灵犀"。

3天以后，当我电话联系献林先生寻求资料上的帮助时，他用略带紧张的声调说希望我能为他主编的关于涉县旱作梯田丛书作序。尽管知道这套图文并茂、科学与文化相融的优秀图书并不需要我来增色，也知道已冠上"全球重要农业文化遗产"这一响亮头衔的涉县梯田也不需要我来推荐，但因为我对于涉县梯田、对于献林先生、对于农业文化遗产的特殊感情，虽略有迟疑，我还是答应了。

　　我能够知道在太行山深处有这样一个堪称"世界奇迹"的神奇人造农业景观，还要感谢中国农业大学的孙庆忠教授。还记得在2014年评选第二批中国重要农业文化遗产项目时，他谈起涉县梯田以及梯田里的小米和花椒、王金庄及村里的石头屋与石头路、毛驴的特别价值与驴文化，激发了我对于涉县的向往。后来，他还给我推荐了一位优秀的学生李禾尧，成就了他从社会学专业向自然资源学专业的跨越，并将涉县旱作梯田作为案例之一，完成了题为《农业文化遗产关键要素识别及管理研究——以梯田类农业文化遗产为例》的博士学位论文。

　　真正有机会走进涉县、走进涉县梯田、走进王金庄，还是2016年10月我应邀参加"涉县旱作梯田保护与发展暨全球重要农业文化遗产申报专家咨询会"和组织"第三届全国农业文化遗产学术研讨会"。虽因为会期紧张而无法细细品味，但一些初步的认识已经印刻心中。2017年6月在接受《河北日报》记者采访时曾经表达了这样的看法："在长期的历史发展中，涉县旱作梯田与周围环境不断协同进化和适应，形成了独特的旱作梯田农业发展理念。该理念基于对当地资源的充分利用和与环境的协调发展，使农民既能满足自身的生存发展需要，又不对当地的自然资源造成破坏，形成了一种可持续的农业发展模式。涉县旱作梯田农业系统不仅体现了中国的传统哲学思想，同时也对全球农业可持续发展具有积极意义。"

　　如果没有记错的话，应当是2015年冬季的一个晚上在中国农业大学孙庆忠教授的办公室第一次见到了献林先生。第一感觉是一位非常实在而又干练的人，他的言谈举止无不体现出学者风度，黝黑的脸庞和干练的风格，更显出是一位长期从事农业的基层干部。之后，为着全国性学术会议组织、为着全球重要农业文化遗产申报合作、为着团队成员多次到涉县开展调研，还有多次在国内外学术会议或其他场合见面，我们接触越来越多，也越来越了解。更加使我确信，涉县的申报工作一定能成功，保护与发展工作也一定做得很好。因为我一直认为并在很多遗产地得到了验证：农业文化遗产发掘与保护既需要地方主要领导的重视和多学科专家团队的支持，还一定要有一位有情怀、懂技术、会管理的"技术型领导"投入其中并长期坚持。

关于涉县旱作石堰梯田的历史与演变，结构、功能与价值，保护的重要性与必要性，等等。在近期连续的媒体报道多有提及，在《河北涉县旱作梯田系统》一书中也有较为详细的阐述。这套丛书跨度很大，①既有严谨的科学研究成果汇编《梯耕智慧——涉县旱作梯田系统研究文集》，而且这些成果大多出自不同学科的科研工作者之手，用学术语言阐释了涉县梯田的"科学价值"，因此有力支撑了申报文本的编写；②也有以图文并茂形式展示的食药物宝典《梯馈珍馐——涉县旱作梯田系统食药物品种图鉴》，这一堪称"宝典"的资料汇编，是科研人员与地方管理人员齐心协力的成果，"活态传承和利用的五谷杂粮15种68个农家品种、瓜果菜蔬28种58个农家品种、干鲜果品14种40个农家品种、可食菌类15种、可食野菜45种以及野生药用植物72种、药用动物32种。"单就这些数字，就知道"涉县旱作梯田系统农业生物多样性的保护与利用"为什么能获评"生物多样性100+全球典型案例"，而以此为基础的"种子银行"在专家在线考察时也是给人印象极为深刻；③更有以图文形式全方位解读涉县旱作石堰梯田系统的《梯秀太行——涉县旱作梯田系统图文解读》，从中既可以了解其发展的历史脉络，也可以学习其生态和谐之道，还可以探寻从不为人所知到闻名天下的"申遗历程"。

最后，还想借此机会说明一下，"涉县旱作石堰梯田系统"是截至目前的全世界65项全球重要农业文化遗产之一，也是截至目前的138项中国重要农业文化遗产之一。2015年，农业部发布的《重要农业文化遗产管理办法》明确："重要农业文化遗产，是指我国人民在与所处环境长期协同发展中世代传承并具有丰富的农业生物多样性、完善的传统知识与技术体系、独特的生态与文化景观的农业生产系统，包括由联合国粮农组织认定的全球重要农业文化遗产和由农业部认定的中国重要农业文化遗产。"据此不难看出，农业文化遗产作为一种新的遗产类型与一般意义上的自然与文化遗产或者非物质文化遗产的区别之处。

2022年是联合国粮农组织发起全球重要农业文化遗产保护倡议20周年和

中国启动中国重要农业文化遗产发掘与保护工作10周年。20年前，联合国粮农组织发起全球重要农业文化遗产（GIAHS）保护倡议的根本目的，是为了应对农业生物多样性减少、食物与生计安全、传统农耕技术和乡村文化丧失等问题，保障粮食安全，促进农业和农村可持续发展和乡村振兴。10年前，中国重要农业文化遗产发掘与保护工作伊始，就明确了其对于切实贯彻落实党的十七届六中全会精神的重要举措，保护弘扬中华文化的重要内容，促进我国农业可持续发展的基本要求和丰富休闲农业发展资源，促进农民就业增收重要途径的重要意义。

我曾经多次呼吁，全球/中国重要农业文化遗产是以农业为基础，具有经济、生态、社会、文化多重功能与价值的特殊遗产类型。正是因为这种遗产的保护与传承需要以农业生产为基础，自然会受到农业科技发展、气候条件变化、政策与市场影响，我们无法、也没有必要进行"原汁原味"的冷冻式保存，但又需要在自然与社会经济条件变化下保持遗产核心价值的不变。

毫无疑问，这是一个挑战。但既然接受了这个挑战，我们能做的就只有一起努力。因此，我们需要尽快从申遗成功的喜悦中走出来，按照《重要农业文化遗产管理办法》的要求，尽快落实向联合国粮农组织承诺的"行动计划"中的各项任务。需要牢记的是：农业文化遗产保护成败的关键，在于农业是否可持续发展。因此，涉县旱作石堰梯田系统保护成败的关键，依然在于农业是否可持续发展。

农业农村部全球重要农业文化遗产专家委员会主任委员
中国农学会农业文化遗产分会主任委员
中国科学院地理科学与资源研究所研究员

2022年5月30日

以王金庄为核心的涉县太行山旱作梯田系统位于太行山东麓，河北省西南部、邯郸市西部，处于晋冀豫三省交系处，独特的山地雨养农业系统和规模宏大的石堰梯田景观是我国北方山区生态、经济、社会、文化和科研价值高度统一的、具有全球意义的重要农业文化遗产。在人与自然协同发展的700余年间，依赖梯田生存的人们在脆弱的生态环境系统中通过生物多样性的保护和文化多样性的传承，使不断增长的人口、逐渐开辟的山地梯田与丰富多样的食物资源长期协同进化，在缺土少雨的北方石灰岩山区实现了农耕社会的可持续发展，体现了该系统适应社会经济文化的活态性，是中国北方旱区山地农业发展的典范。

自2014年涉县太行山旱作梯田系统被农业农村部认定为第二批中国重要农业文化遗产以来，涉县县委县政府高度重视梯田系统的保护和传承，围绕构建"政府、科技、企业、农民、社会"五位一体的多方参与机制，卓有成效地开展了保护与传承工作，实现了遗产系统的可持续发展。同时涉县太行山旱作梯田的保护与传承，受到了社会各界的广泛关注。中国农业大学人文与发展学院孙庆忠教授自2015年以来，先后带领研究团队深入王金庄，从人文社会科学角度全面开展涉县旱作梯田系统的灾害应对、本土知识、水资源、道路、作物，以及饮食文化、驴文化、石文化等研究；自2016年以来，中国科学院地理科学与资源研究所闵庆文研究员带领研究团队，就旱作梯田系统的生态系统结构、水土保持、景观格局演变、生物多样性、传统知识体系以及系统特点、功能、价值等开展系统研究，取得了一大批科研成果。

为了更好地挖掘、保护、开发涉县旱作梯田系统的文化底蕴，在中科院地理科学与资源研究所、中国农业大学人文与发展学院指导下，我们组织策划和编撰了《全球/中国重要农业文化遗产：河北涉县旱作梯田系统丛书》，以期详细解读涉县旱作梯田系统形成与演化历史、延续千年的原因及当前所面临的威胁与挑战，提高全社会对重要农业文化遗产及其价值的认识和保护意识。其中《梯耕智慧——涉县旱作梯田系统研究文集》是在收集整理中科院地理科学与资源研究所、中国农业大学人文与发展学院及当地科技工作者近年来在涉县旱作梯田研究方面的成果基础上，将已形成或发表的论文编辑成册，以进一步阐述涉县旱作梯田系统的科学内涵及其生态、经济、文化价值。以期指导涉县旱作梯田系统这一重要农业文化遗产的保护与传承。

本书是在中科院地理科学与资源研究所、中国农业大学人文与发展学院指导下，通过进一步调研编写完成的，是集体智慧的结晶。全书由涉县农业农村局牵头组织推进，具体由贺献林设计框架，贺献林、刘国香、王海飞、贾和田统稿。在调研和编写过程中，得到了河北省农业农村厅、涉县人民政府及有关部门和乡镇的大力支持，涉县旱作梯田保护与利用协会等单位和机构也给予了全力支持和配合，在此一并表示感谢！

由于时间仓促，水平有限，多数文章也未能经原作者核实，缺点错误在所难免，敬请各位作者谅解，诚心希望各位原作者、读者提出宝贵意见，以便于修改和提高。

编　者
2022年5月

目 录

一、旱作石堰梯田系统

河北涉县旱作梯田的起源、类型与特点

贺献林

摘要：河北涉县旱作梯田系统是农业部评定的中国重要农业文化遗产。文章通过对当地史志资料研究和田野调查发现，涉县旱作土坡梯田起源于公元前514年的战国赵简子"屯兵筑城"；分布于广袤的深山区、以王金庄村为典型代表的旱作石堰梯田最晚起源于1290年，经过元末明初的开发初期、清中后期大规模发展期及1949年前后直至"农业学大寨"期间的稳量提质期，涉县旱作梯田达到26.8万亩[*]。作为一种独特的石灰岩山区土地利用系统和半干旱地区抗灾减灾农耕生产系统，旱作梯田是涉县先民为躲避战乱、适应当地自然环境的文化创造。深入研究这一遗产类型，将为解决因气候变化"对人类社会、自然生态系统和粮食安全构成紧迫和可能不可逆转的威胁"提供可资借鉴的经验。

关键词：旱作梯田；起源；类型；特点

涉县地处太行山地区中段，位于晋冀豫三省交界，是典型的太行山深山区县，境内以王金庄为核心的旱作梯田系统2014年被农业部评定为中国重要农业文化遗产。涉县旱作梯田创造了独特的山地雨养农业系统和规模宏大的石堰梯田景观，在人与自然协同发展的700余年间，依赖梯田生存的人们在脆弱的生态环境系统中通过生物多样性的保护和文化多样性的传承实现了农耕社会的可持续发展。研究这一重要农业文化遗产有助于解决干旱、缺水等问题，其对粮食安全、农业和农村发展等方面的贡献将为解决因气候变化"对人类社会、自然生态系统和粮食安全构成紧迫和可能不可逆转的威胁"提供可资借鉴的经验。在此背景下，本文试图根据当地史志资料及田野调查，对涉县旱作梯田的历史起源、发展、

---

[*] 亩为非法定计量单位，1亩＝1/15/公顷，余后同。——编者注

类型及特点等进行梳理，以期为进一步深入研究这一重要农业文化遗产提供参考。

一、梯田的起源

自古以来太行山地区就是中国古代文明的发祥地之一[1]。它东临华北平原，西接黄土高原，地跨晋冀豫，是华北平原向黄土高原的过渡地带，既是黄河流域与海河流域的天然分水岭，又是华北地区的一条重要的地理分界线。涉县地处太行山腹地，有"冀晋之要冲，燕赵之名邑"之称[2]。它是"千年古县"，有着悠久的人类发展历史。这里距磁山文化发祥地40公里，距安阳殷墟遗址80公里，距邯郸赵王城遗址80公里。

"梯田"是人类进一步利用和改造自然的伟大标志，它克服了山坡地特有的自然、人力困难条件，对增加生产和保持水土起到了相当大的作用。梯田的发展，一是由于局部住区人口密度较大，即所谓"土狭民众"（《商君书·算地》）；二是由于局部住区山地多，平地少，生息其中的劳动人民为了生存资料而倍加辛勤地征服自然[3]。

（一）涉县旱作梯田的兴起，最早应追溯至战国时期的赵简子"筑城屯兵"，距今2 500多年

在涉县境内距今40万～50万年的新桥遗址，发现了大批石制品和100余件标本，具有我国南北过渡地带旧石器时代文化特征，属于旧石器中期前段。旧石器时代，涉县已发现的比较典型的人类文化遗址有属于中更新世的新桥遗址、西辽城遗址、虎头山遗址和稍晚一些的晚更新世的偏店遗址[4]。

距今大约1万年前的新石器时代产生了仰韶文化，在涉县的漳河沿岸，先后发现南庄遗址、中原遗址、孤佛脑台地、寨上古城遗址、常乐遗址、东鹿头遗址、木井遗址、固新村（西Ⅰ）遗址、固新村（西Ⅳ）遗址、东达（Ⅰ）遗址、南原遗址等新石器时代遗址[4]至少11处。夏商时期，涉县处于夏商文化交界地区，在漳河沿岸的涉县农业发展达到了鼎盛时期，先后发现塔庄遗址、索堡村北遗址、下温遗址、王堡遗址、北原遗址、西岗（Ⅰ）遗址、西岗（Ⅱ）遗址、城湾遗址、沿头遗址、茨村遗址、原曲（西北）遗址、固新村（西南）遗址、固新村（西Ⅱ）遗址、固新村（西Ⅲ）遗址、东达（Ⅱ）遗址、东达（Ⅲ）遗址、太仓遗址以及东鹿头遗址、韩家山遗址、老爷庙村遗址等商文化遗址20余处[4]，遗址几乎遍布漳河沿岸并已向远离漳河的支流区域发展。

西周至春秋战国，尤其是魏、赵、韩三家分晋，群雄逐鹿的局势，更进一步把涉县推向秦晋燕赵的边陲。《涉县志》（清嘉庆四年，1799）记载，"涉县春秋属魏，战国入魏又入赵，秦属邯郸郡地，汉始置沙县，属魏郡，后改名涉"[5]。由于战争频发，屯兵驻守、民众逃亡，给地处"冀晋之要冲"的边陲涉县带来了移民，开始开发旱源荒地，发展生产。据《古韵新风：涉县历史文化集萃》记载："公元前514年，赵简子走晋阳，灭智氏，还故都邢州，道经于此，筑城以住兵之所"[6]。"赵简子城，在县北龙山社"[2]，即位于涉县东北8公里处的旱源地带小寨脑，至今遗址尚在。正是由于屯兵驻守，边陲移民，在远离漳河的山脚旱源区域，先民开垦了最初的旱作梯田。此时的梯田应处于雏形，是人们清除森林或黄土坡小山顶形成的，用于种植粮食或作为防御工事[7]。

《涉县农业文明史鉴》记载，涉县在仰韶至龙山文化时期有村落18个，商周时期有村落17个，春秋战国时期有村落18个，西汉时期有村落24个（其中位于黄土盆地的村落13个），唐朝时期有村落48个，到宋朝时村落已达到75个，在较为开阔的旱源区域都有了村落，此时旱源梯田的框架已形成，以后的耕地开发只能向较为狭窄的地块、临近岗坡的地域和山沟发展，村落规模向两极分化，大村落进一步扩大，小村落数量增多[8]。

《涉县地名志》记载，"更乐：该村为一古村，据清嘉庆四年（1799）《涉县志》载'洪福寺在更乐村，唐开元中建'。寺中原有一碑，上刻'古沙侯国之故墟也，户三百，是太行之巨村'。村东南侧神山原建有隋代塔，由此可知，在隋唐以前就有此村。据考，村东北现有小寨沟，亦称简子沟、简城沟，即旧传战国赵简子避兵处。传说那时此处就有人居住。以此推论，应在战国时就有此村"[9]。由此可知，旱源区域的更乐村，在战国时就有人居住而开发旱源梯田，在隋唐已"户三百，是太行之巨村"了。

旱源梯田分布于土层较厚的旱源黄土盆地，根据《涉县地名志》的记载统计，涉县旱源村落50个，涉及耕地85 069亩，人口84 870人，其中属于古村古镇的有17个村，明代立村22个，清代立村6个，现代20世纪立村5个。

（二）大约在宋元时期，随着战乱频发，屯兵建寨，涉县农业开始向更偏远的山区发展，石堰梯田开始出现并逐渐发展

涉县境内古山寨遗址中宋时期遗址最多，有桑栈村古山寨遗址、木井村古山寨遗址、前西峪村石寨遗址、西戌村山寨遗址、大泉村古山寨遗址、王金庄康崖寨遗址、王金庄曹家古山寨遗址、西山柯崂寨遗址、桃城山寨遗址。这些遗址大都位于偏远山区，所处区域山峰陡峭壁立，石屋依山而建，寨墙用毛石垒砌[4]。宋代大量的古山寨，尤其是王金庄、前西峪、西山柯崂寨等古石寨的存在，一是说明人们已经掌握毛石垒砌的技术；二是说明在偏远山区已有大量人群生存居住，同时也印证宋代涉县农业向"山峰陡峭壁立，石屋依山而建"的偏远山区发展，石堰梯田随之产生。

据王金庄黄龙庙香亭碑记载，黄龙庙初建于大元庚寅年（1230），大元大德三年（1299）重修一番，明嘉靖二十一年（1542）十二月十六日再次重修，据此，王金庄是深山区石堰梯田的典型代表村，也是以石堰梯田立村较早的村庄之一，因此，涉县石堰梯田的最晚起源应在此之前，即1230年以前，距今792年。

根据《涉县地名志》的记载[9]统计，到20世纪80年代，涉县石堰梯田分布村落大约432个，面积约182 931亩，涉及人口约146 646人。其中古村18个，移民村414个。在414个移民村中元代立村7个，梯田7 600亩，人口6 896人；明代立村130个，梯田114 232亩，人口92 384人；清代立村256个，梯田54 388亩，人口45 769人；1911—1961年立村21个，梯田1 327亩，人口1 156人（表1）。

表1 涉县以石堰梯田立村的建村历程

	间隔时间（年）	村庄（个）	耕地（亩）	人口（人）
1271—1368（元代）	97	7	7 600	6 896
1368—1457（明初）	89	75	68 712	53 991

（续）

	间隔时间（年）	村庄（个）	耕地（亩）	人口（人）
1457—1505（明天顺、成化、弘治年间）	48	19	13 993	11 484
1506—1566（嘉靖年间）	59	23	16 404	14 507
1566—1620（明末）	54	13	8 450	6 398
1616—1661（清初）	45	19	9 907	8 563
1662—1735（康熙雍正年间）	74	32	18 762	16 156
1736—1795（乾隆年间）	60	33	11 114	9 214
1796—1850（嘉庆道光年间）	54	74	9 950	5 566
1850—1911（清末）	61	98	11 579	8 999
1911—1961（近现代）	50	21	1 327	1 156
总计		414	182 962	146 646

《涉县地名志》成书于1983年，所引用的基本数据，除标明外，均来自涉县统计局1980年编印的《国民经济统计资料汇编》。

二、梯田的发展

根据有关资料，笔者对涉县历代历年人口和耕地的变化情况进行了统计，结果见表2。明洪武年间，由于"无田之民，迁居入境垦田，耕地剧增"[11]。至明嘉靖十一年（1532）耕地面积达到31万亩，至清顺治十六年（1659）达到33万亩，民国二十一年（1932）达到38.96万亩，直至1955年耕地面积达到39.3万亩。1949年以后，由于涉县青塔水库、四大灌区以及农田打井等农田水利设施的建设，大部分旱源梯田和部分石堰梯田改为水浇地，水浇地面积从1955年的2.67万亩逐步增加到2000年的13.9万亩，而2000年以后，由于实施退耕还林以及浇地成本上涨，水浇地和旱作梯田面积均呈现下降趋势。

涉县旱作石堰梯田的发展大致经历了元末明初开发初期、清朝中后期大规模发展期、1949年前后至"农业学大寨"稳量提质期以及因城镇化带来的发展困惑期四个时期。

表2　全县历代历年人口耕地变化情况

年代	年份	人口（人）	总耕地（亩）	旱地（亩）	水浇地（亩）
洪武二十四年[①]	1391	14 687	141 677		
永乐十年	1412	10 836	141 677		
永乐二十年	1422	12 615	141 677		
宣德七年	1432	13 604	141 677		
正统七年	1442	15 307	141 677		
景泰二年	1451	17 115	141 677		

（续）

年代	年份	人口（人）	总耕地（亩）	旱地（亩）	水浇地（亩）
嘉靖十一年	1532	15 370	311 626		
隆庆元年	1567	18 622			
万历二十六年	1598	11 693			
顺治十六年	1659	14 986	331 300		
康熙二十九年	1690	15 764			
嘉庆二年②	1797	104 287	303 130		
民国二十一年③	1932	121 908	389 600		
抗战期间④	1942	192 808	384 007		
	1949	179 614	363 721	337 018	26 703
	1950	181 350	365 728	339 017	26 711
	1955	191 676	393 248	355 874	37 374
中华人民共和国成立初期⑤	1960	207 894	370 886	311 389	59 497
	1965	238 211	355 694	300 157	55 537
	1970	260 379	348 229	277 189	71 040
	1975	279 182	340 552	268 866	71 686
"农业学大寨"	1980	286 594	338 065	244 765	93 300
	1985	292 338	337 397	231 450	105 947
	1990	331 303	332 191	227 160	105 031
农村土地承包之后	1995	343 393	330 913	206 971	123 942
	2000	344 187	323 355	183 360	139 995
	2005	335 788	202 350	116 325	86 025
	2010	372 611	205 050	120 735	84 315
实施退耕还林之后	2015	387 863	201 675	118 485	83 190

注：①明洪武二十四年至清顺治十六年资料来源于《顺治十六年涉县志》；②康熙二十九年至嘉庆二年资料来源于《清嘉庆四年涉县志》；③民国二十一年资料来源于涉县档案馆1987年8月《涉县大事记（1937—1985）》；④抗战期间资料来源于涉县档案馆《涉县大事记（1937—1985）》，1987年8月；⑤1949—2015年资料来源于涉县统计局《国民经济统计资料》。

（一）1368—1457年元末明初的开发初期

在明朝建立之初发展生产的刺激下，一是原有的旱源黄土盆地的梯田及漳河沿岸的水浇地不足以养活增长的人口，部分本地农民迫于生计，到深山区寻找资源，开发新的坡地以维持基本生计；二是由于明朝政府的移民政策，一部分来自山西等地的移民在涉县停留下来，到深山区开发建设梯田；从而促使涉县农业向纵深发展，即向深山区环境更为恶劣的岗坡旱地发展。《涉县土地志》记载，"明洪武二十一年（1388），山西泽、潞二州无田之民，迁居入境垦田，耕地剧增"[11]。

（二）1661—1911年清朝中后期的大规模发展期

至明末清初，连续征战，逃亡人口与土地荒芜十之六七，清统治者入关后，为改变"无民可役，无地可税"的窘境，制止民流，充实赋税，实行"劝令垦荒"政策。清顺治十四年（1657），清廷户部制定《垦荒劝惩则例》，规定对督抚、道府、县三级地方官员开垦荒地实施考核和奖励办法，全县大面积开垦耕地。康熙元年（1662）户部修改《垦荒劝惩则例》对垦荒高者提高奖励标准，对垦荒不力惩戒更为加强。康熙十年至十二年（1671—1673），"思小民拮据开荒，物力艰难，恐催科期迫，反致失业"，将新垦地起科年限由三年逐步放宽到十年，对土地开垦起到推动作用[11]。至民国二十一年（1932），居民感土地缺乏之困难，随在耕植，有土即地，绝无荒野之可言，亦无所谓垦殖矣[12]。从表2可以看出，1932—1949年，涉县可开垦土地面积达到了顶峰，以至几乎无可开垦之地。

（三）1940—1980年的面积稳定质量提高期

这一时期主要是在进一步开垦梯田的基础上，重点对梯田进行整修，增厚土层，培肥地力，提高土地质量。民国二十一年（1932），涉县谷麦每年每亩平均收获量为麦三斗（每斗30斤*），谷六斗[12]，而1950年、1960年、1970年、1980年，涉县的粮食亩产分别达到152斤、285斤、368斤、428斤。虽然土地产出率的提高与农业新技术新品种的广泛应用有关，但耕地质量的提高无疑也是重要因素之一。

1942年，涉县同全国一样遭受了特大自然灾害。在救灾稳局的基础上，涉县政府组织并发动人民群众，大力发展农业生产，开荒、整修梯田，提高农田御灾和抗灾能力，并实行新开荒造田的免交公粮三年至五年、政府垫资资助修筑梯田等政策措施，至1943年，整修梯田1.5万亩，1944年整修山坡梯田1.95万亩[13]。1949年后，涉县政府继续加强对修建梯田的领导，1952年至1955年发动群众互助开展修梯田运动，共整修梯田10万亩。1964年推广关防乡前牧牛池修梯田寸土不闲经验，在"农业学大寨"运动中，借鉴大寨经验，掀起梯田建设高潮，其中王金庄最典型。1964年冬，王金庄二街村在"农业学大寨"精神鼓舞下，组织130名骨干队伍，开进了"古辈千年"没有开垦过的岩凹沟，历经40余天，用工5 200余个，垒砌103条石堰，完成土石方4 000余方，兴建起26亩石堰梯田。在王金庄二街村的带动下，全村迅速掀起团结治山，劈山造田的高潮。到1971年，岩凹沟57条大小山沟峻岭上垒起了210公里的石堰，建成4 000多块共315亩梯田，使昔日的"荒山秃岭草满坡"变成了"层层梯田绕山转"。1970年县政府在王金庄召开现场会，提出"外学大寨，内学王金庄"。此后，《邯郸日报》《河北日报》等纷纷刊登王金庄修梯田的典型事迹。王金庄党总支书记王全有也因此于1975年1月、1978年3月到北京参加了第四届、第五届全国人民代表大会。1984年后，随着联产承包责任制的实行，多数梯田

---

* 斤、公斤为非法定计量单位，1斤=1/2公斤 = 500克，余后同。——编者注

承包到户，进一步激发了农民开发梯田、经营梯田的积极性，梯田建设与整修达到了一个新阶段。1990年联合国世界粮食计划署专家到涉县考察农业开发项目，将王金庄梯田称为"世界一大奇迹"[14]。

（四）20世纪90年代以后，随着城镇化进程和现代农业的迅猛发展以及人们传统农业意识的淡漠，梯田的开发出现萎缩，旱作梯田进入了发展困惑期

20世纪80年代《涉县地名志》记载自然村落516个。据笔者调查，到2016年底，全县自然村落403个，较1980年减少113个。自然村落的减少，一部分是近年来由于扶贫村落居民搬迁到了条件更好的区域；一部分是由于城镇化，村落搬迁到了行政村所在地。但是随着自然村落的减少，原来耕种的旱作梯田有很大一部分被荒废。初步统计，从1980年到2016年，因村落消失，减少梯田5 894亩。

即使没有搬迁消失的自然村落，城镇化进程和现代农业的迅猛发展以及人们传统农业意识的淡漠，也使得大量劳动力从农业系统外流，传统的农业生产方式正在被逐步放弃。

石堰梯田典型村王金庄，元至元二十七年（1290）已经建村，到明万历元年（1573）王金庄村人口551人，到清嘉庆三年（1798）王金庄村人口增长约一倍，达到1 112人，1949年王金庄村人口达到2 965人，梯田面积也达到了顶峰的4 062亩，人口的增长预示着土地的增长，从另一方面也可以看出历代梯田规模的扩展[10]。1950—1985年王金庄人口处于较快增长期，而梯田面积处于一个比较稳定时期，基本维持在3 900亩至4 000亩。这一时期，梯田建设主要是通过整修，达到"堰头新、土层新、边齐堰整厚土层"。1985年以后，尤其是进入2000年以后，虽然人口仍在增长，但梯田面积从3 898亩逐步萎缩到2015年的3 589亩，较顶峰时期减少473亩。随着梯田面积的萎缩，施入梯田的有机肥也逐年减少，梯田耕种质量也开始下降。旱作梯田，这种传承至今的珍贵、独特的农业系统，随着城镇化进程的加快和人们传统农业意识的淡漠，陷入了发展困境。

三、梯田的类型及分布

梯田作为一种集约利用山地的方式，14世纪《王祯农书》中，把梯田大概区分为如下一些类型：一是"栽作重蹬""层蹬横削"，即依山坡倾斜度，横削（与倾斜方向相垂直）成一层一层不等高的田面；一是"叠石相次，包土成田"，即把每层田面的阶埂，累石而成，更好地防止水土倾卸[3]。李旭和秦昭在《梯田：不仅仅是风景》一文中，按照梯田耕作方式、种植结构、建造材料以及梯田田面、断面形式的不同，将梯田大致分为以下几种类型：即根据梯田的耕作方式分为水作梯田和旱作梯田；按照梯田的田面宽度分为窄带梯田和宽带梯田；根据修建梯田的田坎建造材料分为石堰梯田、土坡梯田和土石堰梯田；根据梯田的断面形式分为阶台式梯田和波浪式梯田，而阶台式梯田又分为四种，即水平梯田、坡式梯田、隔坡梯田和反坡梯田[15]。

涉县梯田广布全境，山山皆有。山脚梯田地块大、土层厚，山上地块小、土层薄，有的厚度只有几寸[14]。根据田坎建造材料，一部分属于"栽作重蹬""层蹬横削"的土坡梯田，主要分布在旱源地区，是较早开发的部分，以较深厚的黄土层为基础，以土堰（土坎）为典型特征；而大部分属于"叠石相次，包土成田"的石堰梯田，主要分布在深山区，属于开发较晚的部分，以石灰岩山坡为基础，以石堰为典型特征。根据其耕作方式，涉县梯田属于旱作梯田，主要种植谷子、玉米、大豆、小麦等耐旱作物；根据其断面形式，属于阶台式梯田的水平梯田，按其田面宽度则基本上属于窄带梯田。石堰梯田是涉县梯田的典型代表，规模大、分布广。2014年被评定为中国重要农业文化遗产的梯田就是以涉县王金庄石堰梯田为代表的。

笔者根据1983年土壤普查资料[16]及《涉县地名志》[9]统计，涉县旱作梯田总面积268 000亩，其中土坡梯田85 069亩，石堰梯田182 931亩。在全县516个自然村中，石堰梯田在432个村落中有分布，土坡梯田仅在50个村落中有分布。涉县的土坡梯田建造时间要早于石堰梯田，其耕作难度也小于石堰梯田，其主要分布在原309国道的两侧及离开漳河的旱源地区，一般土层深厚，而石堰梯田主要分布在远离漳河及原309国道的偏远深山区。

四、梯田的成因

涉县旱作梯田是在天地不能有效生养情况下，为了生存，人类把自己的主观能动性发挥到了极致。这里之所以能够在不具备人类生存的环境下创造并传承下来规模宏大、震撼雄奇的旱作梯田，尤其是旱作石堰梯田，究其原因，笔者认为：旱作梯田的产生是涉县先民为躲避战乱、适应当地自然环境特点而因地制宜创造出的一种独特的石灰岩山区土地利用系统和半干旱地区抗灾减灾农耕生产系统；具体来讲，有以下5个方面的因素。

（一）自然因素

这里拥有但又不足以满足农业生产的土壤基础和气候条件。如果没有适宜的气候和一定的土壤、降水条件，叠石不能包土，也就不能成田了。

太行山地区地处我国地势的第二阶梯，其西部为黄土高原，东临华北平原，在其东麓，具有明显的过渡性土壤地带谱发育[17]，太行山背斜的东部为断层，短而陡，山势陡峻，土层较薄，多岩石裸露地和悬崖峭壁。太行山区的气候属温带大陆性季风气候，冬季受西风带大气环流控制，气候寒冷干燥；夏季受亚热带天气系统影响，炎热多雨；春秋两季冷暖气流交替，形成干旱少雨和秋高气爽的天气。一年四季分明，干湿季明显，气候的垂直变化明显，太行山中段800米以下属暖温带，800米以上属中温带[18]。在这里，"尽管有限的降水约50厘米，但是它集中在作物生产最需要的夏天，这就使得粟类作物可以在干旱或半干旱的环境中生存下来"[19]。

涉县位于太行山深处，清漳河自西北向东南穿境而过，地势自西北向东南倾斜，最高海拔1 563米，最低海拔203米。境内沟峦纵横交织，河谷穿插侵蚀，盆地点缀其间，呈深山区地貌。由中山、低山、河谷、盆地地貌类型构成。河滩地、老岸地、旱源地、岗坡地等多种农用地景观应运而生。全县荒山多、耕地少、水源缺，"惜崇山峻岭居其过半，泽周视四境。大率循山麓，附水湄辟置村墅"[20]"首苦乏水"[5]，素有"八山半水分半田"之称。

涉县基岩大部分为石灰岩，具有较强抗侵蚀性能，块形大而整齐，物理分化速度慢，但易受溶蚀。由于基质中不可溶物质少，溶蚀物质绝大部分随水流失，仅有5%左右的物质残留下来形成土壤，风化残留层薄。同时，土下基岩固物能力较低，土壤易被冲刷流失，在山坡往往呈现少而薄且不连续的状态，基岩裂隙多，漏水跑水严重[8]。

按中国干旱地区的类型划分，涉县属于半湿润偏旱区，太行太岳山地半湿润偏旱农业区[22]，年均降水量556毫米，年降水变率26%，保证率40%，降水主要集中在6—8月，占全年的63%，年平均气温12.5℃，年较差27.8℃，冬季气温1月最低-2.5℃，夏季气温7月最高25.3℃，极端最低气温-19.3℃，极端最高气温40.4℃，年平均日照2 478.7小时，日照百分率56%，年太阳总辐射3 946兆焦/米^2[13]。

综合以上，涉县的自然环境气候特点是：第一，降水有限但集中在作物生产最需要的夏季，使得粟类作物可以在干旱或半干旱的环境中生存下来；第二，光照资源丰富，能够满足旱作农业条件下一年二熟或二年三熟模式需求；第三，太行深山区岗坡地的土壤资源不足，土层薄，但"太行山区的土壤对粟作农业极为有利"[1]，经过人为干预保护，通过"叠石相次，包土成田"，能够建设土壤耕层在20厘米以上的梯田，"北方旱作农区一般耕深以20～22厘米为宜"[23]"农作物的根系多分布于耕层内，耕层是耕作土壤肥力变化的主要场所，……40～50厘米以下土壤的水、肥、气、热变化与上层相比则很微弱"[23]。因此，这里的土壤和降水条件，虽然不足但能够满足农作物生长所需的基本要求。

（二）社会因素

曾经由于社会动荡，战争频发，一些迫于生计，"避难""逃荒"不得不在深山居住和生存的人群，通过发挥主观能动性而修筑梯田，维持基本生计。如果拥有丰富的土地资源，不为生活所迫，没人愿意去深山里搬石垒堰，修田造地。

涉县位于今晋东南地区穿越太行山，东出河北平原直至邯郸的交通要道上。这条通道自古以来就是长治盆地通向冀南平原的捷径。古时被称为滏口陉（为太行八陉之第四陉），是沟通冀南豫北至三晋大地的重要交通枢纽。特殊的地理位置使涉县在历史上总处于兵家必争之地。由于历史上战争频发导致民众逃亡，给统治薄弱的边陲移民创造了开发荒地、发展生产的机会。公元10—13世纪的宋金元时期，是中国历史上一个群雄争霸的时代，北方民族先后建立了辽、西夏、金、元4个政权。这时，涉县既是战乱频发的前沿腹地，又是难民向深山区转移避难的场所[8]。

曾经频繁的战争，一是逼迫农民向深山区转移避难，无力维持生计的农民纷纷到偏远的山沟"逃难""住山窝铺""拤荒地""种山地"。二是造成人口大幅下降，统治者不得不采取移民政策。一些迫于生计，不得不在深山居住和生存的人群，只能在天地不能有效生养的情况下，发挥主观能动性修筑梯田，维持基本的生计需要。

这可从涉县自然村落的形成中得到印证。《涉县地名志》记载，涉县自然村落516个，其中位于漳河沿岸的村落38个，位于旱源盆地的村落50个，位于深山区的村落432个。在深山区的432个村落中，有元代以前的古村落18个，元末明初以来的移民村414个。在414个移民村中，从山西洪洞迁来的村落41个，从周边县迁来的121个，从本县周边村

（几公里范围内）迁来189个村落，从本县较远的村落迁来63个。从此可以看出，自然村落的形成主要是本县附近村落的人口因密度过大，而向周边扩散，占到60.8%，从周边县扩散迁来的占29.2%，受社会影响或国家移民政策影响从山西洪洞迁来的约占10%。

（三）技术因素

躲避到深山区的人们掌握了较为成熟的旱作农耕技术，拥有适宜旱地种植的农作物。如果没有适宜种植的农作物和种植管理技术，躲到深山区的人们也无法维持生计。

由于秦统一后的400余年，政治与社会的相对稳定和农业技术的普及推广，涉县农业进入了一个剧烈扩张时期。牛耕的推广，铁农具的普及，旱地作物稷、麦、菽、粟、黍的栽培，以及以精耕细作、轮作倒茬为主体的耕作技术，大部分是在这一时期形成的。由于生产工具的改进、生产规模的扩大，农业生产能力得到稳步提高。到了南北朝，保墒、趋时、轮作、施肥、倒茬、间混作、选留种等技术都有了成熟的经验，新型农具的不断出现、管理技术不断更新，使得涉县旱作技术体系基本形成[8]。

唐朝后期，气候明显向干旱化发展，耕地开发向更加干旱的地域进行，到宋末元初，旱作保墒技术更加系统，精耕播种、制肥施肥、中耕除草、作物管理、种子选育、复种轮作等旱作农耕技术已发展到较高水平，能够支撑旱作农业生产[8]。

（四）物质因素

这里有能够适应当地环境气候条件的农作物以及在遭受大灾之后仍有能够满足人们抗击灾荒的食物资源。

唐、宋、金、元在土地政策上比较宽松，更由于涉县地处太行山中段、"滏口陉"咽喉之地，自古就是东西交通要道。受磁山文化粟作农业和东西物质交流影响，涉县先民对"地土所生，风气所宜"[2]有着更深刻的理解，增强了改变境内作物主要是"谷豆之数"[2]的单调局面的动力，促使农业向多元化发展。金元时期枣、杏以及软枣、柿子的开发促进了林果产业的发展，使人们拥有了丰富的食物资源。尤其是核桃、软枣和柿子等成为人们在大灾之年充饥果腹的食物资源。明嘉靖《涉县志》记载的物产有"谷：粟谷、黍、小麦、大麦、荞麦、绿豆、黑豆、菀豆、小豆、秫、扁豆、茶豆；果：桃、李、柿子、奈子、枣、软枣、核桃、梨、石榴；蔬菜：韭、葱、芥、菠菜、萝卜、苋菜、莙荙、芹菜、蔓菁、藤蒿"等可食用粮果蔬菜30多种[24]。而"明永乐十年（1412），枣二十七万三千一百七十二株，软枣七万二千四百九十株"[2]，即人均枣树25.2株，人均软枣树6.7株。枣、软枣是比较耐旱的木本粮食作物，在大旱之年能够帮助人们度过灾年。

（五）人文因素

人们富有勤俭节约、吃苦耐劳、艰苦奋斗的精神和尊重自然、利用自然、改造自然的智慧。

中国古粟作农业区的中心是华北和西北[1]，涉县地处西北高原、华北平原和中原农业适宜区的重要交通要道。农业的繁荣、扩散，多种文化的交流，以及涉县农业本身的发展，共同影响了涉县的农耕文化及先民的精神文化积淀。这种互动、交流、影响和融合，是形成涉县人民宽阔胸怀、包容性格十分重要的原因。而由于旱作农业条件更加艰苦、自然灾害更加频繁，时好时坏的粮食收成，更加需要人们节俭和作长远打算，人们在困难时又需要互相接济、共渡难关，宽容的胸怀和互相帮助的精神也就越来越牢固。明嘉靖《涉县志》记载："涉县，冈峦体势，佳丽雄伟；土俗醇厚，人民朴素；士以忠义立其节，儒以明经擢科第；无侈泰剽窃之糜，有端谨沉实之行。此则一邑之风俗也"[12]。清嘉庆《涉县志》记载："山地瘠，民故无大资，风俗最俭。宴会酒食，粗具数簋；衣服不过土布山茧，无绸缎之华糜。山不产木，屋材难得，虽富家无华构，贫者或穴土而居……"[12]。民国二十一年（1932）《涉县志》"涉境石厚土薄，人民大都业农，终岁披星戴月，手足胼胝，所获尚难敷用，惟赖俭约自持，餍糟糠，食藜藿始克维持生活，现况所种者，不过黍、稷、豆、麦、玉蜀黍而已"[12]。在长期的生产实践中，涉县人民逐步养成了艰苦奋斗、勤俭节约、团结互助的人文精神，更是在长期的梯田建设与经营中，涉县人民充分利用当地丰富的生物多样性，创造了"天人合一"的可持续发展的旱作农业生态系统，体现了人与自然和谐共处、可持续发展的生态智慧。

五、涉县旱作梯田的特点

（一）规模宏大的石堰旱作梯田景观

涉县旱作梯田总面积26.8万亩，其中核心区王金庄村的3 500多亩梯田，由46 000余块土地组成，分布在12平方公里24条大沟120余条小沟里。这里"两山夹一沟，没土光石头，路没五步平，地在半空中"，在蜿蜒陡峭的石灰岩山上，分布着大小不等的石堰梯田，最小的梯田不足1米^2，土层薄的不足20厘米，石堰长度近0.5万公里，在250多米高的山坡上层层叠叠分布着150余阶梯田。山有多高，堰垒多高，层层而上至山顶，除去90°的悬崖峭壁，70%以上的坡面都被利用了，有的坡面治理甚至多达80%～90%。石堰高的达3米，低的1米左右，石堰平均厚度0.7米，每平方米石堰大约由140块大小不等的石头垒砌而成，每立方石堰大约需要400块大小不等的石头。

与石堰梯田相伴而生的是浑然一体的石头博物馆。世代生活在这里的村民，巧妙地利用俯拾皆是的石头资源，不仅构筑了万里梯田石堰，而且建设了他们世代居住和使用的石房石院、石楼石阁、石阶石栏、石街石巷、石桌石凳、石碾石磨、石门石窗，处处是石，家家是石。

（二）高效的水土资源保护与利用模式

梯田块块相连，田面地平如镜，盘山道路坡坡相连，沟沟相通，路随地修，水随路走，下雨时雨是落在地里不是落在坡上而产生溪流，特大的雨水只能是渗透或者沿水平沟按着人们指引的方向流下去，不能肆意冲刷。石堰坚固，活土层厚。修一块梯田，总是先清基，后垒堰，堰分里外两层（外叫垒石，里叫贴石），随着山势凹凸，充分利用。因为土少，在底部用大石头铺垫，中间碎石分层填陷，上边是过筛细土，有的还在细土下边铺上一层薄薄的石板。这样的梯田不仅坚固，而且具有很强的蓄水保土能力，有洪防洪，无雨防旱。

（三）独特的山地雨养农业生产方式

在缺土少雨的石灰岩山区，当地人在适应自然、改造自然的过程中，围绕粮食生产和生计安全，通过保土、保水、蓄水和用水，实现了对土壤和雨水的有效利用，创造了独特的山地雨养农业生产方式，形成了完整的生产技术体系及与之相适应的传统农器具。主要体现在：一是以库、坝、塘、窖拦蓄雨水以及梯田花椒生物埂建设等为主体的水土保持工程技术体系；二是以精耕细作、蓄雨保墒为主体的耕作技术体系；三是以节水抗旱的作物种类、品种选育及轮作倒茬、错季适应栽培为主体的作物管理技术体系。独特的生产系统使山区坡地农业生产达到"田尽而地，地尽而山"。

（四）"石头、梯田、作物、毛驴、村民"五位一体旱作生态系统

旱作梯田系统是一个秉承循环理念、可持续发展的生态系统，依山而建的石头梯田，颇为丰富的食物资源，既是生产工具又是运输工具，还是有机物转化重要环节的毛驴，随处可见的集雨水窖、散落田间的石屋，在人的作用下巧妙结合，石头、梯田、毛驴、作物、村民相得益彰，融为一个五位一体的可持续发展的旱作生态系统。石头无处不在，无处不精，存在于村民生产生活的方方面面，成为梯田系统的基础所在；独具特色的旱作梯田，为人们提供了赖以生存的食物基础和经济基础；毛驴是梯田生态系统中的能量提供者、有机废弃物的转化者，起着平衡土壤养分、维护生态平衡的作用；丰富的食物资源和多样的作物品种，为人们提供了充足的食物资源和生计安全保障；村民充分利用丰富的食物资源，创造了优秀的农业文化遗产。

（五）丰富的生物多样性

旱作梯田拥有丰富的生物多样性。不仅拥有丰富的物种多样性和多样化的食物资源，如粮食作物、蔬菜作物、林果产品、药用植物等，成为当地人民调剂生活的主要食品和备荒抗灾的重要物质；而且拥有丰富的遗传多样性，如多种多样的各类作物的农家品种；更拥有丰富的生态系统多样性，如丰富的农林复合生态系统、山地农业生态系统等。从而为人们提供了充足的食物资源和生计安全保障，在几百年的历史长河中，中原曾经历过几次大的灾荒年，饿殍遍野，人们流离失所，而这里的人们却始终可以维持最低的口粮需求。

（六）独特的生存技巧

在长期的实践中，当地先民巧夺天工，使日益增长的人口、逐渐开辟的梯田与丰富多样的生物资源长期协同进化。通过藏粮于地的耕作技术、存粮于仓的贮存技术、节粮于口的生存智慧，凿石山而筑田，蓄雨露而润薄土，粟稷驴耕，椒聊蕃衍，传承700多年，使得"十年九旱"的山区，即使在遭遇严重自然灾害的大灾之年，人口不减反增。

涉县旱作梯田是当地先民为适应自然、改造环境而巧夺天工的创造之物。它不仅使这块贫瘠的土地滋养了一辈辈子孙，还培育了丰富多样的食物资源。村民创造的梯田生产系统及梯田修造技术、农作物的种植和管理技术、农机具的制作和使用技术以及作物

的抗灾和储存技术，不仅是梯田系统本土知识和生存智慧的最直接表达，更是当地村民保障粮食安全、生计安全和社会福祉的物质基础。然而，随着城市化进程的加快和现代农业的迅猛发展以及人们传统农业意识的淡漠，大量劳动力从农业系统外流，大量的微耕机械应用减少了食物链中驴的作用，并丢失传统作物品种和农耕技术，传统的农业生产方式正在被逐渐放弃，这些变化严重危害着不仅使当地人受益，而且对全球未来农业都有益处的农耕文化。这一从过去传承至今的珍贵、独特的农业系统正面临发展困境，亟须受到重视和重点保护。

参考文献

[1] 王星光，李秋芳.太行山地区与粟作农业的起源 [J].中国农史，2002，21（1）：27-36.

[2] 涉县旧志整理委员会.明清民国涉县志校注（[明] 嘉靖 [清] 顺治.涉县志校注）[M].北京：中华书局，2008.

[3] 倪根金.梁家勉农史文集 [M].北京：中国农业出版社，2012.

[4] 涉县地方志编纂委员会.涉县志（1991—2011）[M].北京：中华书局，2012.

[5] 涉县旧志整理委员会.明清民国涉县志校注（[清] 嘉庆.涉县志校注）[M].北京：中华书局，2008.

[6] 汪涛.古韵新风：涉县历史文化集萃 [M].北京：中国文史出版社，2016.

[7] 何炳棣，马中.中国农业的本土起源 [J].农业考古，1984（2）：43-52.

[8] 杨国强，赵学堂.涉县农业文明史鉴 [M].石家庄：河北科学技术出版社，2016.

[9] 涉县地名办公室.涉县地名志.出版社不详，1984.

[10] 王金庄村志编纂委员会.王金庄村志.内部资料，2009.

[11] 涉县土地志编纂委员会.涉县土地志.内部资料，2000.

[12] 涉县旧志整理委员会.明清民国涉县志校注（民国.涉县志校注）[M].北京：中华书局，2008.

[13] 《涉县农业志》编纂委员会.涉县农业志 [M].香港：天马出版有限公司，2011.

[14] 涉县地方志编纂委员会.涉县志 [M].北京：中国对外翻译出版公司，1998.

[15] 李旭，秦昭.梯田：不仅仅是风景 [J].中国国家地理，2011（6）.

[16] 涉县土壤普查办公室涉县农业局.涉县土壤志.内部资料，1984.

[17] 中国科学院南京土壤研究所.中国土壤 [M].北京：科学出版社，1980.

[18] 竺可桢.中国近五千年来气候变迁的初步研究 [J].考古学报，1972（1）：15-38.

[19] 阳小兰，许清海，赵鹤平.末次冰期以来太行山区的植被演替 [J].地理学与国土研究，1999，15（1）：81-88.

[20] 涉县旧志整理委员会.明清民国涉县志校注（[清] 康熙.涉县志校注）[M].北京：中华书局，2008.

[21] 杨国强，赵学堂.涉县农业文明史鉴 [M].石家庄：河北科学技术出版社，2016.

[22] 宋树友.旱地农业工程的理论与实践 [M].北京：北京农业大学，1995.

[23] 胡木强.河北旱作农业 [M].北京：中国农业科学技术出版社，2000.

[24] 马乃廷.涉县史志纵横 [M].北京：方志出版社，2004.

注：本文原载《中国农业大学学报（社会科学版）》，2017年第6期，第84-94页。

河北涉县旱作石堰梯田农业文化遗产景观特征及演变

杨荣娟　　刘　洋　　闵庆文　　刘荣高
焦雯珺　　刘某承　　李禾尧　　贺献林

摘要：【目的】河北涉县旱作石堰梯田系统作为我国重要农业文化遗产，是太行山区减少水土流失、保护生物多样性和提升粮食产量的重要手段。【方法】文章分析了遗产地的石堰梯田形态特征，景观空间分布及结构特征，并基于Landsat卫星遥感影像研究了1990—2017年遗产地的景观演变特征，探讨了景观演变的驱动因素。【结果/结论】与我国南方稻作梯田景观和北方黄土梯田相比，石堰梯田具有以石作埂、土层薄、田间土石混合的独特形态特征；遗产地形成了"林地—石堰梯田—村落—河流/河滩地"的景观立体结构，系统各景观要素共同作用，实现了水土资源高效利用和水土保持等重要功能；1990年以来遗产地景观发生深刻变化，梯田和草地面积减小，林地显著扩张，建设用地扩大；梯田面积显著缩减，由1990年的24.41%减少到2017年的13.55%，主要转出为林地、抛荒为草地和被建设用地扩张侵占；区域景观多样性和景观均匀度减小，林地的优势地位增强，而梯田和草地景观破碎程度持续加深；遗产地景观演变主要受"退耕还林"政策实施和城镇化发展等因素的影响。

关键词：农业文化遗产；旱作石堰梯田；景观特征；动态演变；涉县

DOI：10.12105/j.issn.1672-0423.20190607

一、引言

农业文化遗产是人类适应自然的长期农业活动中所创造的"活态""复合"的技术与知识集成[1]。现代农业快速发展，在提高生产力[2]的同时导致环境破坏、生态多样性减少、食品安全问题出现[3-4]，引发了人们对现代农业技术的反思和对传统农业的关注[5]。2002年，联合国粮食及农业组织（Food and Agriculture Organization of the United Nations，FAO）发起了全球重要农业遗产项目（Globally Important Agricultural Heritage Systems，GIAHS），引导保护传统农业方式[1,6]。农业景观作为农业文化遗产的主要内容之一，是系统实现生物多样性保护、粮食生产和文化传承等功能的重要承载体[1,7-8]。研究遗产地景观结构和特征，充分认识景观的演变特征和驱动机制，对保护和发展农业文化遗产具有重要意义。

梯田景观作为一种重要的农业景观，是山区居民治理坡耕地水土流失、保障山区粮食生产的有效措施，具有生态、经济和社会效益[8-9]。我国是世界上最早修建梯田的国家之一，在南方丘陵、西北黄土高原和华北山区分布有大量的稻作梯田和旱作梯田[10-11]。目前我国已有多个稻作梯田系统列入全球重要农业文化遗产，如云南红河哈尼梯田、福建尤溪联合梯田、广西龙胜龙脊梯田等[12]。学者们针对稻作梯田，从梯田系统的生态特征[13]、景观空间格局[14]、文化内涵、旅游价值[15]等多方面展开了研究，并提出挖掘农业遗产的历史文化内涵、发展农业生态产品、开展文化旅游等梯田保护和发展措施[2]。但当前研究多关注遗产地的景观现状，缺乏对遗产地景观演变特征的研究，这制约了对系统动态发展的认识，影响遗产保护和利用的科学性。Landsat等高分辨率遥感影像提供了1980年以来30米分辨率的卫星观测，为定量化研究景观要素结构特征及其空间分布关系提供了数据支撑，已被用于梯田的景观空间格局现状研究[16-17]。基于长时间序列遥感影像的景观格局分析，能够进一步掌握景观要素和景观格局的动态变化过程，揭示遗产地景观演变规律，为农业景观遗产的保护和可持续发展提供参考依据。

河北涉县分布着27万千米²旱作石堰梯田，其修筑历史最早可追溯到1290年，是当地山民适应和改造缺水少土的自然环境的一大创举，也是北方旱作石堰梯田的杰出代表[18-19]。河北涉县旱作石堰梯田系统于2014年被列为"中国重要农业文化遗产"，目前已成为全球重要农业文化遗产遴选地。文章从农业文化遗产角度出发，分析遗产地的梯田景观形态特征、空间分布和结构特征，基于Landsat卫星影像提取并分析1990—2017年的景观演变，结合自然与社会经济数据探讨景观演变的驱动机制，以期为当地有效保护和合理开发旱作石堰梯田景观提供定量数据和科学依据。

二、研究区概况

涉县位于河北省西南部（北纬36°17′至北纬36°55′，东经113°26′至东经114°）（图1），地处晋冀豫三省交界处，是太行山地区典型全山地区。区内海拔在200～1 600米，坡度最大达66°，清漳河和浊漳河贯流全境。涉县地属暖温带半湿润大陆性季风气候区，年均温12.4℃，多年平均年降水量540.5毫米，降水多集中于7、8月，夏季雨涝灾害频发而其他季节干旱少雨。遗产地位于涉县东南部的井店镇、更乐镇和关防乡，分布着涉县乃至整个太行山规模最大、分布最为密集的旱作石堰梯田景观，包括井店镇15个行政村、更乐镇15个行政村和关防乡全部16个行政村，土地总面积204.35千米²。相较于涉县其他地区，该区山势陡峭，缺水少土，所有耕地均为旱作石堰梯田。

三、材料与方法

（一）数据

该文使用的影像主要包括涉县土地利用数据和地形数据。涉县土地利用原始数据来源于中国科学院资源环境科学数据中心，包括1990年、2000年、2010年和2017年4期。该数据基于Landsat影像目视解译获得，空间分辨率为30米，分为耕地、林地、草地、水域、建设用地和未利用土地6个地类。遗产地未利用土地斑块面积极小、分布零散，多邻近草地，而区内河流为季节性河流，在枯水期为河滩地。根据遗产地土地利用特点对各类用地进行了归并，将未利用土地归为草地，将遗产地分为梯田、林地、草地、河流/河滩地、建设用地等5类。为了提高分类数据的质量，结合Google Earth高分辨率影像、历史Landsat影像和实地调研，通过对林地、草地误判区域的重分类和破碎梯田的识别，对数据进行修正，提高土地利用数据的分类精度。

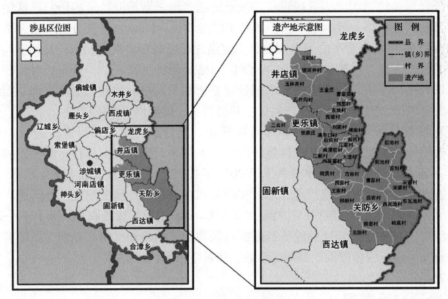

图1　遗产地位置示意图

另外，为探讨涉县旱作石堰梯田景观演变的驱动力，从涉县气象局获取涉县气象站（北纬36.34°，东经113.4°）1990—2017年每日降水和气温数据，并从邯郸市统计年鉴和涉县的县区统计资料获取劳动力等社会经济统计数据，部分社会经济数据来源于知网空间共享的统计年鉴等资料[20]。

（二）研究方法

1.土地利用转移分析法

土地利用类型间转移矩阵能够直观地反映研究区不同土地利用类型之间的相互转化，并且对类型间的转化量进行定量化描述。其计算公式为[21]：

$$N_{t+\Delta t}=pN_t \tag{1}$$

式（1）中，N_t和$N_{t+\Delta t}$分别为t和$t+\Delta t$时刻的状态向量，p为转化概率矩阵。p_{ij}（$0 \leqslant p_{ij} \leqslant 1$）为从$t$到$t+\Delta t$时刻斑块类型$i$转化为斑块类型$j$的概率，斑块发生转化时保持总面积不变，只发生内部转化，转化概率和为1。

2.景观指数

利用Fragstats软件基于土地利用数据分别计算不同时期的景观指数（表1），通过分析景观面积、形状和结构变化，揭示遗产地石堰梯田景观特征随时间演变的规律。为了反映梯田及其他各类型景观的空间分布特征变化，在类型水平上选取斑块密度（PD）、平均斑块面积（MPS）、最大斑块面积指数（LPI）、景观形状指数（LSI）、斑块破碎度指数（SPLIT），在景观水平上选取香农多样性指数（SHDI）、香农均匀度指数（SHEI）和蔓延度指数（CONTAG）对各类型景观的特征和系统内景观多样性变化进行定量描述[22]。

表 1 景观指数与含义

景观指标	简称	计算公式	范围	指标含义
斑块密度	PD	$PD=\dfrac{N_i}{A}$	$PD>0$，无上限	每单位面积的斑块个数，表征破碎化程度
平均斑块面积	MPS	$MPS=\dfrac{\sum_{j=1}^{n}a_{ij}}{n_i}$	$MPS>0$，无上限	景观中某种斑块的平均面积，反映景观的聚集或破碎化程度
最大斑块面积指数	LPI	$LPI=\dfrac{\max\ (a_1,\ a_2\cdots a_3)}{A}\times100\%$	$0<LPI\leqslant100$	最大斑块面积占整体景观面积的百分比
景观形状指数	LSI	$LSI=0.25\dfrac{E}{\sqrt{A}}$	$LSI>0$，无上限	表面斑块形状与相同面积正方形之间的偏离程度
斑块破碎度指数	SPLIT	$SPLIT=\dfrac{A^2}{\sum_{i=1}^{m}\sum_{j=1}^{n}a_{ij}^2}$	$SPLIT\geqslant1$，无上限	表征景观的破碎化程度。$SPLIT=1$时，景观只包含一个单一斑块
蔓延度指数	CONTAG	$CONTAG=\left[1+\dfrac{\sum_{i=1}^{m}\sum_{k=1}^{m}\left[P_i\left(\dfrac{g_{ik}}{\sum_{k=1}^{m}g_{ik}}\right)\right]\cdot\left[\ln(P_i)\left(\dfrac{g_{ik}}{\sum_{k=1}^{m}g_{ik}}\right)\right]}{2\ln(m)}\right]\times100\%$	$0<CONTAG\leqslant100$	表征景观斑块的团聚程度或延展趋势
香农多样性指数	SHDI	$SHDI=-\sum_{i=1}^{n}\left[P_i\ln(P_i)\right]$	$SHDI\geqslant0$，无上限	表征景观的多样性。$SHDI$越大，景观多样性越大，$SHDI=0$时景观只由一种斑块组成
香农均匀度指数	SHEI	$SHEI=\dfrac{-\sum_{i=1}^{n}\left[P_i\ln(P_i)\right]}{\ln(m)}$	$0\leqslant SHEI\leqslant1$	表征给定景观丰度下的最大多样性，$SHEI=1$时各斑块类型均匀分布，有最大多样性

四、结果与分析

（一）石堰梯田景观特征

1.景观形态特征

我国的梯田以西南、黄土高原、青藏地区和华北山区分布最为集中[23]，主要包括南方丘陵地区的稻作梯田和西北、华北地区的旱作梯田（表2），梯田随地理环境和气候差异呈现不同的形态特征[24]。稻作梯田分布在亚热带季风气候区，海拔跨度大，为200～2 000米，区域降水丰沛，梯田多以土为埂（极少数地区以土石混合的方式筑埂）、田面平整、土层较厚，田间有季节性水覆盖，主要种植水稻。西北黄土高原上分布的土埂梯田和河北涉县旱作石堰梯田是我国旱作梯田的典型代表，主要种植旱作作物。土埂梯田主要分布在温带半干旱气候区，海拔为1 500～2 600米[19]，黄土层深厚而降水稀少，田、埂一体，梯田弧线完整而连续。涉县旱作石堰梯田地处温带大陆性季风气候区，降水有限，石灰岩山坡地土层稀薄，"叠石相次，包土成田"[18]，以石灰石堆砌而成的灰白色石埂和田间镶嵌的石庵子为典型特征。

表2　我国稻作梯田和旱作梯田系统对比

梯田类型	稻作梯田	旱作梯田	
		土埂梯田	石堰梯田
典型代表	云南元阳红河哈尼梯田、福建尤溪联合梯田、广西龙胜龙脊梯田、江西崇义客家梯田、湖南新化紫鹊界梯田等	甘肃关川河流域梯田、甘肃庄浪梯田、陕西岔巴沟流域梯田等	河北涉县旱作石堰梯田、山西大寨梯田等
地理位置	南方丘陵区	西北黄土高原区	华北太行山、燕山地区
海拔高度	200～2 000米	1 500～2 600米	200～1 600米
气候特征	亚热带季风气候	温带半干旱气候	温带大陆性季风气候
水土资源特征	多水多土	少水多土	少水少土
田埂类型	主要为土埂	主要为土埂	石埂
土壤特征	土层厚，表层有水覆盖	土层厚	土石混合，土层薄
种植作物	以灌溉作物为主，如水稻等	以旱作作物为主，如小麦、玉米、马铃薯等	以旱作作物为主，如谷子、玉米、豆类等
梯田形态特征	田间水充足，田面光滑平整，梯田曲线流畅	田埂田块一体，梯田弧线完整连续	以石灰岩为基础，以石为埂，梯田弧线棱角分明，田间有石庵子分布

2.景观结构特征

遗产地由高至低形成了"山顶林地—灌丛—石堰梯田—村落—河流/河滩地"的复合景观结构（图2），这种结构是当地居民长期适应和改造当地缺土缺水环境的产物，实现了当地有限水土资源的充分利用和保护。山谷中的河流为系统提供水源；村落分布在地势平坦的沟谷地带，保存了极具特色的石板街和石头房屋，临近梯田与河流，便于梯田的管理和日常生活；梯田沿村落边缘向海拔更高的山地延伸，田中散布有方便田间野炊的石庵子，70%以上的坡面都得到了充分利用[18]，在生产粮食的同时，实现了水土保持和生物多样性保护的功能；山顶海拔高达1 142米，地形更为陡峭，一般为森林和灌丛，具有加固水土、涵养水源的作用。系统各景观要素密切相关、和谐共处，在水土资源有限的太行山区发挥了保持山地水土、提升粮食产量和承载农业文化等重要功能。

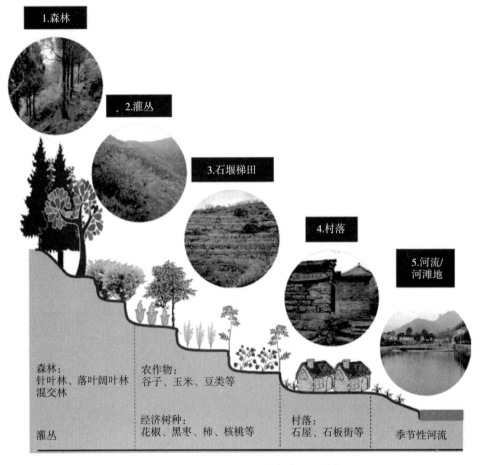

图2 涉县旱作石堰梯田遗产地景观结构

（二）石堰梯田景观演变分析

1.梯田分布及面积变化

2017年Landsat遥感影像显示，遗产地石堰梯田面积达27.68千米²，主要分布在沿河谷的山坡上（图3）。遗产地优势土地类型为林地和石堰梯田，分别占遗产地土地总面积的77.4%和13.6%；草地、建设用地和河流/河滩地分别占4.6%、2.8%和1.6%。井店镇王金庄5个村和更乐镇张家庄5个村的石堰梯田分布最为连续密集；关防乡的石堰梯田散布在沟谷间，主要分布在东北部的后池村、前池村以及东南部的岭底村。

遗产地土地利用分布图表明，林地和梯田是遗产地两大优势景观，随着时间的推移，梯田和林地的优势地位发生了变化：20世纪90年代，林地和草地是遗产地的两大主要土地覆盖类型；2000年以后，草地大幅度缩减，梯田成为遗产地的第二大景观类型；林地的优势地位更加突出，成为遗产地面积最大的景观类型[25]。

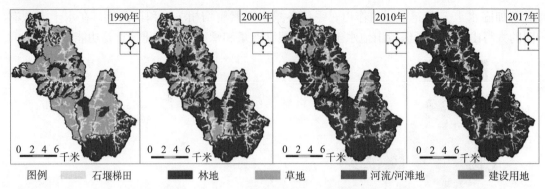

图3　1990、2000、2010、2017年涉县旱作梯田遗产地土地利用分布

　　各类型景观面积统计（图4）显示，1990年以来，旱作梯田农业文化遗产地的土地利用结构发生了明显的改变：1990年以来，梯田面积不断缩减，面积由49.874千米²减少到27.682千米²；林地面积显著增大，由69.242千米²增至158.204千米²；草地面积由80.088千米²锐减为9.451千米²；建设用地不断扩张，由2.140千米²增至5.819千米²；河滩地面积无明显变化。

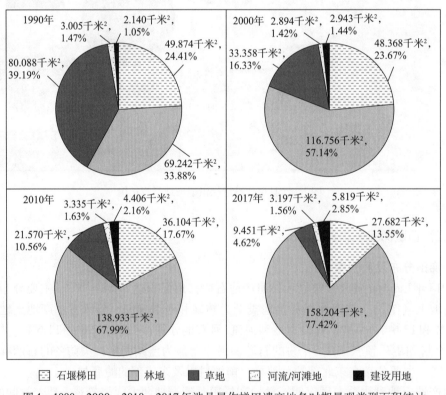

图4　1990、2000、2010、2017年涉县旱作梯田遗产地各时期景观类型面积统计

2.景观转移特征分析

　　根据土地利用数据计算的3个时期土地利用类型间转移矩阵（表3）表明，20世纪末

遗产地的地类之间整体上转移现象较少。96.73%（48.25千米²）的旱作梯田保持稳定，1.53%（0.76千米²）的梯田转换为建设用地，占2000年建设用地面积的25.93%，是建设用地扩张的主要来源。其间，最显著的转移现象发生在林地和草地之间，10年有58.97%（47.23千米²）的草地转化为林地。

21世纪以来，各地类之间的相互转移现象显著加剧。2000—2010年，旱作梯田面积大幅度缩减，26.40%（12.77千米²）的梯田转换为林地，是梯田缩减最主要的形式，占转出梯田面积的64.43%；建设用地面积迅速增长，2.32%（1.12千米²）的旱作梯田被建设用地扩张侵占；11.41%（5.52千米²）的梯田抛荒为草地。2010—2017年，旱作梯田面积持续缩减，有40.76%（14.72千米²）的梯田转换为林地，占转出梯田面积的79.31%；3.05%（1.10千米²）的梯田转换为建设用地，占2017年建设用地面积的18.92%；另有7.56%（2.73千米²）的梯田抛荒为草地。同时有3.51千米²（16.27%）的草地和6.41千米²（4.61%）的林地开垦为梯田，梯田总面积仍在下降。

表3　1990—2017年涉县旱作梯田遗产地景观类型间转移矩阵（千米²）

年份		梯田	林地	草地	建设用地	河流/河滩地
1990—2000	梯田	48.25 −96.73%	0.32 −0.63%	0.48 −0.97%	0.76 −1.53%	0.07 −0.14%
	林地	—	69.21 −99.95%	—	0.034 −0.05%	—
	草地	—	47.23 −58.97%	32.84 −41.00%	—	—
	建设用地	—	—	—	2.14 −100.00%	—
	河滩地	0.12 −4.03%	0.01 −0.20%	0.04 −1.24%	0.02 −0.55%	2.82 −93.98%
2000—2010	梯田	28.55 −59.02%	12.77 −26.40%	5.52 −11.41%	1.12 −2.32%	0.41 −0.85%
	林地	3.03 −2.60%	104.59 −89.58%	8.84 −7.57%	0.26 −0.22%	0.03 −0.03%
	草地	4.44 −13.32%	21.56 −64.63%	7.19 −21.55%	0.12 −0.35%	0.05 −0.15%
	建设用地	0.02 −0.67%	0.01 −0.34%	0.02 −0.67%	2.91 −97.65%	0.02 −0.67%
	河滩地	0.07 −2.30%	0.002 −0.08%	—	0.001 −0.04%	2.82 −97.58%

（续）

年份		梯田	林地	草地	建设用地	河流/河滩地
	梯田	17.55	14.72	2.73	1.10	0.01
		−48.60%	−40.76%	−7.56%	−3.05%	−0.03%
	林地	6.41	127.34	4.87	0.24	0.07
		−4.61%	−91.66%	−3.51%	−0.17%	−0.05%
2010—2017	草地	3.51	16.13	1.85	0.07	0.01
		−16.27%	−74.78%	−8.58%	−0.32%	−0.05%
	建设用地	—	—	—	4.47	—
					−100.00%	
	河滩地	0.21	0.01	—	—	3.11
		−6.36%	−0.43%			−93.21%

3.景观格局演变分析

景观格局指数显示，28年来涉县旱作石堰梯田遗产地梯田、草地和林地变化显著（图5）。梯田景观和草地景观斑块平均面积（图5b）和最大斑块指数（图5c）减小，而斑块密度（图5a）和形状指数（图5d）增大，表明其受到人类活动影响破碎化程度增加，斑块形状趋向复杂化，其中草地随着林地扩张破碎化程度增加趋势最为显著。林地最大斑块指数显著增大、形状指数减小、斑块破碎度最低，表明林地景观斑块形状简单，破碎化程度低且优势地位增强。建筑用地最大斑块指数和形状指数增大、斑块破碎度显著减小，这表明建筑用地扩张过程中破碎化程度降低，但斑块形状趋向复杂化。河流/河滩地受到人类活动干扰较小，几乎维持不变。

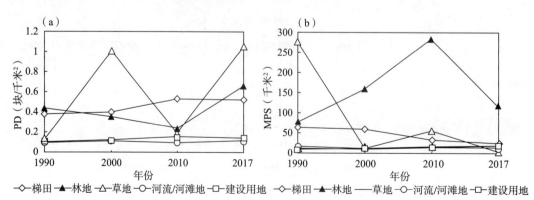

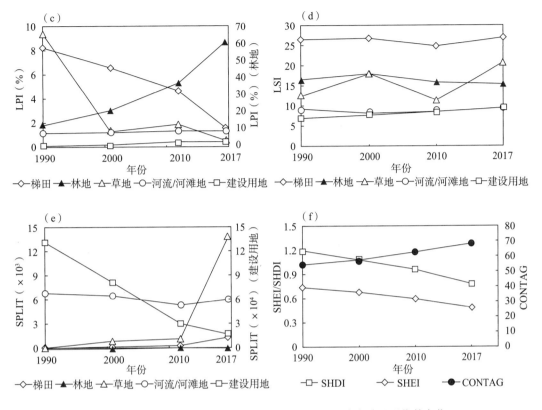

图5　1990、2000、2010、2017年涉县旱作梯田遗产地景观指数变化

遗产地整体景观格局也发生了显著变化。多样性指数（SHDI）和均匀度指数（SHEI）持续减小，这主要是因为林地不断扩张和草地缩减导致遗产地土地利用类型趋于简单化，且各类景观斑块的分布不均匀[24]。蔓延度指数（CONTAG）大于50且有上升趋势，表明林地、梯田等优势景观斑块间的连通性良好。

（三）景观演变驱动要素分析

农业文化遗产是人与自然协调下形成的动态性复合系统，系统景观受人类活动和自然要素影响会发生演变[25-26]。当地景观变化与相关政策实施高度吻合，说明政策可能是景观演变的重要驱动要素。涉县在20世纪末响应太行山绿化工程开展植树造林活动，21世纪初期全县域实施退耕还林[27]。同时期气温略微升高，降水保持稳定（图6），这有利于树苗存活和生长，有助于退耕还林等政策的顺利推进，使得遗产地大量草地转变为林地，部分旱作梯田也转变为林地，森林景观的优势地位加强。同时，遗产地也经历了城镇化发展，建设用地扩张入侵临近的梯田用地，也是导致石堰梯田景观面积缩减的一个因素。

劳动力是与梯田联系最为紧密的社会因素，遗产地劳动力统计数据（图7）显示，当地劳动力结构发生了深刻变化，2000年后农林牧渔业劳动力显著减少，非农劳动力增加。区域经济发展促使地区产业结构和劳动力结构调整，青年一代农业劳动力向外流失，这导

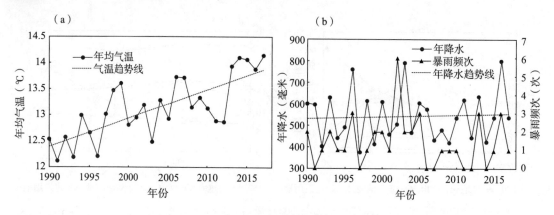

图6　1990—2017 年涉县气温和降水变化

致梯田荒置现象增多。另外，涉县夏季降水集中，暴雨可能引发洪涝灾害（图6b），造成梯田石堰损毁，劳动力流失也导致损毁梯田得不到及时维修进而荒废。

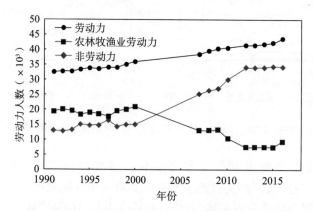

图7　1990—2016年涉县旱作梯田遗产地劳动力变化

四、结论与讨论

本文分析了涉县旱作梯田农业文化遗产地的梯田形态特征、景观分布和结构，探讨了1990—2017年景观演变及其驱动因素。

（1）涉县旱作石堰梯田作为山民长期适应和改造当地"缺水、少土、多石"的自然环境所形成的复合型活态农业文化遗产，具有以石作埂、田间土石混合、土层薄等独特形态特征。

（2）遗产地形成了"山顶林地–灌丛–石堰梯田–村落–河流/河滩地"的景观结构，这种结构是当地居民长期适应和改造当地缺土缺水环境的产物，实现了当地有限水土资源的有效利用和保护。

（3）1990年以来，遗产地景观发生了深刻变化，梯田和草地面积减少，林地面积显著增加，建设用地扩张。旱作石堰梯田景观作为遗产地的重要景观类型，与其他景观之间转换关系密切，面积占比由1990年的24.41%减少到2017年的13.55%，主要转出为林地和建设用地。

（4）涉县旱作石堰梯田景观系统景观整体多样性和景观均匀度持续降低。森林景观优势地位不断增强，梯田景观扩张，而梯田和草地景观面积和斑块密度不断减小、景观破碎度加剧。

（5）遗产地景观演变主要由人为因素驱动，"退耕还林"政策、城镇化发展等是当地景观变化的主要驱动因素。

涉县旱作梯田景观正面临面积缩减[28]、梯田撂荒等威胁。对于农业文化遗产地来说，旱作石堰梯田景观保护是农业文化遗产保护的重要内容[11]，林地的适度增加有助于山地水土保持和水源涵养，但应注意保证梯田景观的稳定性和规模。在后续梯田开发利用过程中[29-30]，应建立健全梯田管理体系，尽力维护旱作梯田景观的连续性和稳定性，激励当地居民维护传统旱作梯田耕作方式。

参考文献

[1] 闵庆文，孙业红. 农业文化遗产的概念特点以及保护与要求 [J]. 资源科学，2009，31（6）：914-918.

[2] 李文华，刘某承，闵庆文. 农业文化遗产保护：生态农业发展的新契机 [J]. 中国生态农业学报，2012，20（6）：663-667.

[3] Freemark K，Boutin C. Impacts of agricultural herbicide use on terrestrial wildlife in temperate landscapes：A review with special reference to North America [J]. Agriculture Ecosystems and Environment，1995，52（2）：67-91.

[4] Fernando P，Carvalho. Agriculture，pesticides，food security and food safety [J]. Environmental Science and Policy，2006，9（7）：685-692.

[5] 李文华，刘某承，闵庆文. 中国生态农业的发展与展望 [J]. 资源科学，2010，32（6）：1015-1021.

[6] 闵庆文，张永勋. 农业文化遗产与农业类文化景观遗产比较研究 [J]. 中国农业大学学报（社会科学版），2016，33（2）：119-126.

[7] Bennett A F，Radford J Q，Haslem A. Properties of land mosaics：Implications for nature conservation in agricultural environments [J]. Biological Conservation，2006，133（2）：250-264.

[8] 陈蝶，卫伟，陈利顶. 梯田景观的历史分布及典型国际案例分析 [J]. 应用生态学报，2017，28（2）：689-698.

[9] 闵庆文. 全球重要农业文化遗产评选标准解读及其启示 [J]. 资源科学，2010，32（6）：1022-1025.

[10] 张永勋，闵庆文. 稻作梯田农业文化遗产保护研究综述 [J]. 中国生态农业学报，2016，24（4）：460-469.

[11] 姚云峰，王礼先. 我国梯田的形成与发展 [J]. 中国水土保持，1991（6）：54-56.

[12] 中国新闻网. "中国南方稻作梯田系统"入选全球重要农业文化遗产 [J]. 遗产与保护研究，2018，3（2）：79.

[13] 徐义强，马岑晔. 农业文化遗产红河哈尼梯田生态特征与传统农耕仪礼 [J]. 农业考古，2012（6）：286-288.

[14] 胡文英, 角媛梅, 范弢. 哈尼梯田土地利用空间格局及其变化的信息图谱研究 [J]. 地理科学, 2008, 28 (3): 419-424.

[15] 张永勋, 闵庆文, 李先德. 红河哈尼稻作梯田旅游资源价值空间差异评价 [J]. 中国生态农业学报, 2018, 26 (7): 971-979.

[16] 陈桃金. 崇义客家梯田系统景观空间格局研究 [D]. 南昌: 江西师范大学, 2017.

[17] 严丹, 赖格英, 陈桃金, 等. GIAHS视角下崇义客家梯田系统景观空间格局特征分析 [J]. 江西科学, 2018, 36 (6): 970-978+1003.

[18] 贺献林. 河北涉县旱作梯田的起源、类型与特点 [J]. 中国农业大学学报 (社会科学版), 2017, 34 (6): 84-94.

[19] 李禾尧, 贺献林. 河北涉县旱作梯田系统的特征、价值与保护实践 [J]. 遗产与保护研究, 2019, 4 (1): 39-43.

[20] 邯郸市地方志办公室. 邯郸年鉴 [M]. 北京: 中国文史出版社, 2019.

[21] 胡春艳. 基于GIS和RS的黄土丘陵区梯田动态监测及驱动力分析——以关川河流域为例 [D]. 西安: 长安大学, 2017.

[22] 傅伯杰, 陈利顶. 景观多样性的类型及其生态意义 [J]. 地理学报, 1996, 51 (5): 454-462.

[23] 吴必虎, 刘筱娟. 中国景观史 [M]. 上海: 上海人民出版社, 2004.

[24] 姬婷. 梯田景观比较分析研究 [J]. 城市环境设计, 2007 (6): 31-35.

[25] 温利华, 刘红耀, 张广录. 河北省太行山区土地利用变化及预测研究——以涉县为例 [J]. 华中师范大学学报 (自然科学版), 2014 (2): 296-300.

[26] 郭轲. 兼业视角下河北省退耕农户生产要素配置行为: 动态演变及其驱动因素 [D]. 北京: 北京林业大学, 2016.

[27] 崔利梅. 涉县退耕还林工作主要做法及成效 [J]. 安徽农学通报, 2013, 19 (6): 118-119.

[28] 周湘山, 孙保平, 赵岩, 等. 土地利用/植被覆盖动态变化及其预测——以河北省涉县为例 [J]. 中国农学通报, 2010, 26 (19): 306-311.

[29] 史云, 李璐佳, 陆文励, 等. 基于全域旅游的农业文化遗产旅游开发研究——以涉县王金庄为例 [J]. 河北林果研究, 2017, 32 (2): 174-178.

[30] 侯惠珺, 罗丹, 赵鸣. 基于生态恢复和文化回归的梯田景观格局重建——以菲律宾科迪勒拉高山水稻梯田景观复兴为例 [J]. 生态学报, 2016, 36 (1): 148-155.

注: 本文原载《中国农业信息》2019年第6期, 第61-73页。

河北涉县旱作梯田系统的特征、价值与保护实践

李禾尧　　贺献林

摘要： 涉县位于河北省西南部太行山区中段，梯田总面积达26.8万亩，其独特的山地雨养农业系统和规模宏大的石堰梯田景观是我国北方山区生态、经济、社会、文化和科研价值高度统一的，具有全球意义的重要农业文化遗产。在人与自然协同发展的700余年间，当地人依靠"藏粮于地、存粮于仓、节粮于口"的独特生存智慧，在脆弱的生态环境系统中通过林农复合发展花椒、谷子、核桃、黑枣、柴胡等林下种植，形成了极具特色的生态农产品；旱作梯田所形成的"梯田–村民–作物–毛驴–石头"五位一体的复合社会生态系统发挥着遗传资源与生物多样性保护、蓄水保土保墒等重要的生态功能；遗产地人民在长期的劳作实践中形成了浓厚的以毛驴文化、石头文化为代表的地方文化，构成遗产地丰富多彩的人文景观。

关键词： 旱作梯田系统；农业文化遗产；特征；保护实践

一、河北涉县旱作梯田系统概况

涉县地处太行山地区中段，位于晋冀豫三省交界，是典型的太行山深山区县。境内以王金庄为核心的旱作梯田系统于2014年被农业部认定为中国重要农业文化遗产（图1）。当地人在适应自然、改造环境的700余年间，创造出了独特的山地雨养农业系统和规模宏大的石堰梯田景观。远望绵延近万里的石堰梯田，沟岭交错，群峰对峙，一望无际。其巨大的规模造就了壮观震撼的旱作梯田景观，被联合国粮食计划署的专家誉为"中国第二大万里长城"。

在长期不断的发展过程中，当地人充分利用丰富的食物资源，通过"藏粮于地"的耕作技术、"存粮于仓"的贮存技术和"节粮于口"的本土生态知识与生存智慧，促进生物多样性的保护和文化多样性的传承，使得"十年九旱"的山区，即使在严重灾害之年，也能保证人口不减反增，维系梯田社会的可持续发展[1]。规模宏大的旱作梯田，充分展现了当地人强大的抗争力、顽强的生命力，以及天人合一的农业生态智慧。梯田的农林作物种类繁多，装点着万顷梯田，呈现出春华秋实、冬雪夏翠的壮丽景象，是具有人与自然和谐之美的大地艺术。

图1　河北涉县旱作梯田系统

（贺献林　摄）

二、河北涉县旱作梯田系统的特征分析

（一）悠久的梯田修建历史

河北涉县旱作梯田系统是北方旱作石堰梯田最具代表的地区之一。涉县旱作梯田的源起，最早可以追溯至战国时期赵简子在涉县东北旱源地带的"筑城屯兵"，距今2 500余年[2]。宋元时期战乱频仍，屯兵建寨的现象逐渐增多，涉县先民逐渐将农业生产带入山区，促进了石堰梯田的产生与发展。据史料考证及农业考古发现，核心区王金庄村的旱作梯田修建历史可以追溯到元代至元十二年（1275），距今已有700余年的历史[3]。到20世纪80年代，涉县石堰梯田面积达182 931亩（1亩约为 666.67 米²），涉及人口146 646人，大约分布在432个村落。在414个移民村中，元代立村7个，明代立村130个，清代立村256个，是旱作梯田发展演化的历史见证[4]。

（二）丰富的遗传资源与物种多样性

据《涉县农业志》记载，涉县旱作梯田有植物176科、633属、1 441种；有动物307科、791属、1 080种[5]。其中，黑鹳、大鸨等国家一级野生保护动物，鸳鸯、红隼等8种国家二级野生保护动物，黄鼬、松鼠等20多种省级重点保护动物常见于梯田山林之中。丰富的物种多样性和多样化的食物资源，如粮食作物、蔬菜作物、药用植物、林果产品等为生活在涉县旱作梯田的村民提供了有力的粮食安全保障。此外，当地村民世代沿袭的留种习俗保存了大量玉米、谷子、小麦、花椒、大豆等作物的农家品种，增强了旱作梯田农作物的遗传多样性与稳定性，增强旱作梯田的农业生产抵御病虫害及旱涝灾害的能力，使得旱作梯田在700余年的历史长河中，几经战乱灾荒之年而始终存续。

（三）宏大的石堰旱作梯田景观

河北涉县旱作梯田系统总面积达26.8万亩，其中核心区王金庄村的3 500多亩梯田是由46 000余块田地组成的，散落分布在村落周边24条大沟、120余条小沟，占地面积达12千米²。在陡峭耸立的石灰岩山上面，分布着大小差异显著的石堰梯田，其中最小的田块面积甚至不足1米²，土壤瘠薄处深度不足20厘米，正所谓"两山夹一沟，没土光石头，路没五步平，地在半空中"[6]。规模宏大的旱作石堰梯田都是由一块块山石修葺而成，石堰平均厚度为0.7米，每立方米石堰大约由400块大小不一的石头堆叠而成。可谓山有多高，堰有多高。居住于此的先民将石堰层层叠叠修至山顶，对山坡面进行较为充分的利用。而根据坡面情况与耕作需求，石堰的高度也存在1～3米的差异。村落内部则俨然是一座生动的石头博物馆。世居于此的当地农民巧妙利用石头资源，创造了独具特色的村落风貌（图2）。

图2　旱作梯田景观

（崔永斌　摄）

（四）高效的山地雨养农业生产方式

河北涉县旱作梯田系统地处缺土少雨的石灰岩山区，当地村民通过保土、保水、蓄水和用水，实现了对土壤和雨水的有效利用，创造了与之相适应的传统农器具，逐步完善了完整的生产技术体系，并最终形成了高效的山地雨养农业生产方式。其核心技术主要体现在：一是以库、坝、塘、窖拦蓄雨水以及梯田花椒生物埂建设等为主体的水土保持工程技术体系；二是以精耕细作、蓄雨保墒为主体的耕作技术体系；三是以节水抗旱的作物种类、品种选育及其轮作倒茬、错季适应栽培为主体的作物管理技术体系。独特的生产系统使山区坡地农业生产达到"田尽而地，地尽而山"[7]。

当地村民在垒石堰时，充分利用土少石多的自然资源特征，在基部用大石头铺垫，中部用碎石分层填充，上部则用过筛细土铺就。这样的石堰梯田不仅结构稳固，而且具有很强的蓄水保土能力，达到"有洪防洪、无雨防旱"的效果。田间水窖是与梯田相配套的小型水利设施，将自然降水收集起来，为点种等农事活动提供水源，节约了宝贵的生活用水[8]。此外，机井、水柜、水井、水库等大大小小的水利设施都是当地村民惜土惜水的生存智慧的体现，是旱作梯田农业可持续生产的重要基础。

（五）独特的旱作梯田文化

河北涉县旱作梯田系统的传统文化非常丰富，不同的文化表现形式既是对当地自然生态环境的反映，也展现了其悠久的发展历史及深厚的文化积淀。其中，驴文化与石文化是遗产系统文化特色的集中体现。毛驴不仅是重要的生产工具、运输工具，更是村民们眼中的"家庭成员"。忌吃驴肉、给驴过生、祭拜马王庙、精心修葺驴棚驴圈等活动都体现了驴文化在遗产系统的深厚传统[9]。巧用丰富的石头资源，当地先民创造了一系列独具特色的石制品。不仅修筑了万里梯田石堰，更将其运用到生活日常。曲折蜿蜒的石街石巷、规矩方圆的石院石屋、雕工细致的石门石窗、厚重敦实的石碾石磨，无不体现着当地人的精湛技艺以及适应自然的非凡智慧（图3）。

图3　王金庄村落风貌

（陈永平　摄）

（六）"梯田－村民－作物－毛驴－石头"五位一体的复合社会生态系统

旱作梯田系统是一个秉承循环理念、可持续发展的生态系统。依山而建的石头梯田、颇为丰富的食物资源、既是生产工具又是运输工具还是有机物转化重要环节的毛驴、随处可见的集雨水窖、散落田间的石屋，在人的作用下巧妙结合，石头、梯田、毛驴、作物、村民相得益彰，融为一个五位一体的可持续发展的旱作生态系统。石头无处不在，无处不精，存在于村民生产生活的方方面面，成为梯田系统的基础所在；独具特色的旱作梯田，为人们提供了赖以生存的食物基础和经济基础；毛驴是梯田生态系统中的能量提供者、有机废弃物的转化者，起着平衡土壤养分、维护生态平衡的作用；丰富的食物资源和多样的作物品种，为人们提供了充足的食物资源和生计安全保障；村民充分利用丰富的食物资源，创造了优秀的农业文化遗产 [7]。

三、河北涉县旱作梯田系统的价值分析

（一）生态价值

河北涉县旱作梯田系统在长期的历史发展中，通过农林间作、林药间作等栽培技术，以及封山育林、兴修水利等工程措施，在自然条件贫瘠的太行山区形成了独特的山地农业生态系统，发挥着保护水土资源、保护遗传资源与物种多样性等重要的生态功能。一方面，花椒树的强健根系网络及毛驴的秸秆过腹还田使梯田土壤有机质含量显著提高，起到重要的固土保墒作用；另一方面，当地人在梯田周围和山顶种树育林，兴修水柜等储水设施，为梯田农业系统提供温度调节与水源保障。

（二）经济价值

河北涉县旱作梯田系统具有悠久的种植历史，当地农民在严苛的自然条件下通过逐步适应与改造，形成了一套独特的土地利用方式与农业生产方式。长期以来，当地农民在这片赖以生存的梯田上，探索多种种植模式，逐步提高土地收益率，稳定支撑了生计所需。花椒、核桃、黑枣、柴胡、连翘等特色农产品先后申请为地理标志产品；王金庄先后被评为省级、国家级传统古村落。农业功能向农事体验、生态观光和产品深加工逐步拓展，进一步为农户生计提供多种来源与坚实保障。

（三）社会价值

河北涉县旱作梯田系统提供了一种适应自然的生存方式，使得当地农民在采用传统农法耕作的过程中，既丰富了农作物的多样性，又减少了化肥农药的使用量，有力保障了粮食安全，实现农业生产的可持续。由于山高坡陡、田块破碎而分散的缘故，毛驴成为关键的生产与运输工具。农户间基于传统小农生产模式，因共用毛驴，彼此间形成了相对稳固的互助关系，是构筑旱作梯田社会稳定的基石。

（四）文化价值

河北涉县旱作梯田系统是北方旱作农耕文明的生态博物馆与民俗文化园，它集中展示了当地农民适应自然的农耕技术，天地人和谐共处的生存方式，以及由此衍生出与系统密切相关的乡村礼仪、风俗习惯、民间文艺与饮食文化等。其中，丰富多彩的毛驴文化与石头文化是对旱作梯田系统的凝练写照，一年一度给毛驴过生日的习俗以及蔚为壮观的石街石巷、石房石院、石桌石凳、石门石窗都鲜明地反映了遗产系统的特征，代代

相传，延续着当地朴素的文化传统。

（五）科研价值

河北涉县旱作梯田系统拥有丰富的遗传资源与生物多样性，为农业基础研究提供了十分丰富的资料。旱作梯田农业生态系统中动物、植物、微生物之间的相互作用关系，以及自然环境与人类生产生活的交互影响都可以作为自然科学的研究对象。同时，遗产系统的旱作梯田修建历史悠久，但文献记载相对较少，对其进行追根溯源的深入挖掘，有利于深入了解太行山区旱区农业的发展历史。其独特的文化形态与社会组织形式，也为社会学、民俗学、人类学等专业的专家学者提供广阔的研究天地。

四、河北涉县旱作梯田系统的保护实践

自2014年河北涉县旱作梯田系统被农业部认定为第二批中国重要农业文化遗产以来，在河北农业大学、中国农业大学、中国科学院地理科学与资源研究所等相关高校和科研单位的指导下，涉县县委县人民政府围绕构建"政府、科技、企业、农民、社会'五位一体'的多方参与机制"，启动卓有成效的保护与利用工作，实现遗产系统的可持续发展。

（一）政府层面，完善组织制度建设

涉县成立了由县长汪涛任组长的旱作梯田保护领导小组，统筹遗产保护与利用工作；制定《梯田保护与开发管理办法》，建立一整套遗产保护与利用政策激励机制；出台《涉县旱作梯田修复建设及保护发展实施方案》，并投入4 000多万元，对遗产地的道路、河道等基础设施进行建设、修缮，促进了遗产地生态旅游发展及特色农产品销售。2018年8月7—17日，领导小组指导开展主题为"魅力乡村椒香涉县"的中国·涉县首届花椒采摘节，举办花椒采摘趣味赛、花椒加工企业展示（展销）、花椒文化摄影、亲子摘花椒、采摘体验观光游等一系列主题活动。

（二）科技层面，加强院地交流合作

涉县农牧局等政府部门先后配合河北农业大学、中国农业大学、中国科学院地理科学与资源研究所等相关高校和科研院所，针对河北涉县旱作梯田农业文化遗产系统，从生态学、地理学、农学、社会学、人类学等多学科角度出发，开展历史起源与演变、农耕文化、经济发展变化、社会变迁、农业系统特点、粮食安全、生态文化等方面的专题调查研究，其产出的学术成果为旱作梯田的动态保护与适应性管理提供了坚实的科学依据与技术支撑。

（三）企业层面，鼓励特色产品开发

涉县县委县人民政府先后引入涉县梯田旅游开发有限公司、河北乡惠农产品有限公司、涉县微米电子商务有限公司、涉县曹氏农业开发有限公司等10余家企业，采用传统

农耕技艺开发梯田农产品与特色旅游纪念品。同时围绕知识产权保护与品牌培育，先后协助企业完成5项国家地理标志产品的申请及5件国家地理标志证明商标的注册。梯田特色产品的开发与市场运作，为梯田特色农产品及传统农作物品种的保护和利用开辟了一条有效路径。

（四）农民层面，开展专业技术指导

2017—2018年，涉县农牧局围绕农业文化遗产的保护要求、传统农耕技术的现代应用等主题，先后在遗产核心区的8个乡村举办农业文化遗产农民培训班共12期，培训农民400余人次，有效增强了农民的文化自信。组织农民开展传统农作物品种收集与种植比较，并协助对花椒、核桃、黑枣、柴胡、连翘等特色农产品申请注册国家地理标志证明商标。

（五）社会层面，引导民间组织建立

顺应旱作梯田系统基于小农户经营模式存续的规律，县委县人民政府引导遗产系统核心区王金庄村的贤达志士组建了"涉县旱作梯田保护与利用协会"（图4），将关心梯田保护与利用的村干部、企业家、合作社以及传统农耕的老农民、老手工艺人组织联合起来，共同参与到旱作梯田保护与利用之中。协会自2017年成立以来，先后组织开展了王金庄梯田摄影展、梯田协会标志注册、梯田社区农民农业文化遗产保护培训等工作。

图4　涉县旱作梯田保护与利用协会揭牌仪式

（王丽叶　摄）

五、结束语

河北涉县旱作梯田系统是当地人不断适应自然、改造自然所留存下的宝贵财富，其丰富的遗传资源与物种多样性、精深的本土知识与技术体系、悠久的农耕历史与文化，为当地村民的粮食安全、生计安全和社会福祉提供了重要的基础，促进了区域的可持续

发展，具有鲜明而重要的价值。动员各方力量参与保护与弘扬农业文化遗产的工作，不仅有利于提升涉县旱作梯田的知名度，促进遗产地特色产品与生态旅游的发展，更将为全球农业的可持续发展贡献中国智慧与发展典范。

参考文献

[1] 孙庆忠. 旱作梯田的智慧与韧性之美 [J]. 乡镇论坛，2017（3）：28-29.

[2] 汪涛. 古韵新风：涉县历史文化集萃 [M]. 北京：中国文史出版社，2016.

[3] 王金庄村志编纂委员会. 王金庄村志. 内部资料，2009.

[4] 涉县地名办公室. 涉县地名志. 内部资料，1984.

[5]《涉县农业志》编纂委员会. 涉县农业志 [M]. 香港：天马出版有限公司，2011.

[6] 郭天禹. 北枳代桃：农业系统中两种知识的补充、替代与融合 [J]. 中国农业大学学报（社会科学版），2017，34（6）：111-117.

[7] 贺献林. 河北涉县旱作梯田的起源、类型与特点 [J]. 中国农业大学学报（社会科学版），2017，34（6）：84-94.

[8] 江沛. 干渴的梯田：王金庄村水资源的分配与管理 [J]. 中国农业大学学报（社会科学版），2017，34（6）：95-102.

[9] 李禾尧. 农事与乡情：河北涉县旱作梯田系统的驴文化 [J]. 中国农业大学学报（社会科学版），2017，34（6）：103-110.

注：本文原载《遗产与保护研究》2019年第1期，第39-43页。

故土与远方：王金庄村道路的分界与融合

辛育航

摘要：河北涉县旱作梯田系统位于太行山东麓，当地生态脆弱，地势复杂，却保持近800年的稳定发展。王金庄村位于该系统核心区，本文通过对其村落道路进行民族志的描述，揭示道路在空间与功能上的分类，推动了本土知识的形塑；在此基础上，村民共有的修路技巧与记忆则构成社会网络，促进了村落文化的融合。道路是乡村与城市的分界，也是故土与远方的联结；是传统与现代的分割，也是本土知识与现代知识的融合。以道路为核心的社会网络，是村落在现代化过程中应对风险的源头活水，是实现村落稳定的平衡点，更是实现村落永续发展的内生性力量。

关键词：道路；分界；融合；本土知识；社会网络

中国是世界农业的重要起源地之一，其农耕历史已有10 000年以上。为了适应不同的自然生态条件，劳动人民在农业生产活动中创造了至今仍有重要价值的农业技术与知识体系，体现了中华民族的智慧与多元的灿烂文化。然而，在现代化发展方式席卷全球的今天，乡村生活的节奏被不断重构，农民原初的生活方式也被逐渐改写。道路无处不在，是人类与周边环境互动的最直接产物，也是生产与生活中最重要的组成部分之一[1]。道路的首要特点是其互通性，起到沟通人与自然、人与人、人与社会的作用；道路作为公共的空间场域，其空间形态和功能的变迁对文化多样性的影响深远；道路还具有丰富的隐喻，成为现代发展话语的代名词[2]。因此，在乡村社会普遍面临发展困境的现今，探究道路与农村发展的相关问题尤为关键。河北涉县的旱作梯田系统是如何在现代化与传统农业之间寻求平衡的？道路在系统的良性运作中又发挥出怎样的作用？由此，本文以王金庄的道路为切入点，对王金庄各种形式的道路进行细致的民族志的描述，探究以道路为核心的本土知识、道路文化与社会网络的形成及影响，试图阐释在缺乏土地资源的环境下王金庄人内在的生产与生活逻辑。

一、研究回顾

回顾学界对于道路的研究，大多注重现代道路作为一种空间形态对于区域的影响，古驿道对于历史、现在与未来的影响以及作为权力话语的体现等。翁乃群的《南昆八村》是较早从人类学的角度关注道路建设对沿线村落社会文化影响的著作，研究了南昆铁路沿线的八个村子在铁路修筑前后在社会文化、生活生计方式，以及观念层面的变化等[3]；

周永明发起的"路学"研究则是从道路史、道路的生态环境影响、道路与社会文化变化以及道路与社会生态弹持四个方面研究道路本身对文化的形塑问题[1]。刘文杰《路文化》一书则是对我国古代道路的分类、管理与变迁问题进行了研究，并从社会文化的视角对其进行了梳理和总结[4]；孙兆霞等通过黔滇古驿道的研究，试图探讨该区域的文化主体性、族群关系问题及黔滇驿道在民族国家权力建构过程中的模式化作用问题[5]；吴大华则发现该通道为国家法与沿线族群社会的习惯法之间的互动提供了条件[6]；杨志强等人开始从民族史学和人类学的视角着力研究黔滇古驿道，试图整合既有民族走廊研究的视角与内容，把黔滇驿道及其辐射的区域界定为"古苗疆走廊"，并对其形成的"地域文化"进行解读[7]。

关于道路空间性的研究，黄应贵认为空间是独立存在的但有其内在的逻辑，同社会文化密不可分。空间不仅仅涉及其中所在的物，同时对社会文化的形塑，人的行为等都有着或多或少的影响[8-9]。黄应贵等学者的研究也同样在探讨空间、力与社会之间的关系，特别从中国传统文化的视角论述了空间的力所具有的形塑作用[8]。周恩宇认为，在人造的物质空间中，人的观念是首要的。物质空间与人的社会生活密不可分，是人实现互通交换和权力运行的载体，对人的社会、文化及思想观念具有形塑力；人的观念和情感被附加在物质空间之上而使其受人的社会性因素左右，表达人的意识和文化诉求[2]。

国内关于道路的民族志研究，以费孝通对《江村经济》《云南三村》的研究为开端[10-11]；赵旭东提出了"线索民族志"的方法，倡导从固定的场所研究转向以动态线索追踪人或物的移动轨迹产生的文化现象，实现一种在"点"之上对"线"和"面"的宏观理解[12]；周恩宇尝试从观念的优先性、空间的文化表达及空间的力三个方面搭建人类学框架，进行道路民族志的研究。道路的出现，首先在于观念先行，存在观念的预设才有修筑道路的缘由、预设和动力。其次，由于意识的附加，道路在空间形态上有基于不同意识主导下的文化表达形态，使其具有不同的文化含义。最后，当道路作为一个空间物质实体，且以一定观念为支撑，自然会对其外在的人、社会和文化产生影响，同时将该空间物质实体所具有的力表现出来[13]。同时，道路的变迁伴随和助推社会的发展，社会的发展也迫使道路进行改变，二者在不断地形塑我国的民族关系[14]。在农业文化遗产地的道路研究中，苏薇通过对河北涉县王金庄村道路进行空间句法研究，总结出村落道路空间的分布与村落中主要功能要素分布有着直接的联系，道路系统之间联系的加深能提高街巷之间的认知程度，使其更容易形成一个整体[14]。

综上所述，学界对于道路的研究已经有较多关于社会学、人类学的思考，不同学科背景的专家学者也对道路进行了相当多的研究，并有大量的研究成果。然而对于乡村道路及其先行需求、道路文化、观念特性的研究相对较少，对于从文化角度来认知农业文化遗产地的道路研究更是几乎未见。

二、作为本土知识的道路

河北涉县旱作梯田系统位于太行山东南麓，于2014年被评为中国重要农业文化遗产地。王金庄村位于系统的核心区，当地生态脆弱，灾害频发，全村地形以山地丘陵为主，部分地表裸露岩石，土壤层较薄，"山高石头多，出门就爬坡"是当地的真实写照，因而村庄与梯田均依山势而建。为了最大程度地利用土地，王金庄人选择在多土、少风、向阳与多雨水的山腰中搭建聚居地，随之在周边开垦梯田，铺建道路。随着人口的增长，聚居地也由原本的同心圆分布转变为线性分布，由原本分散的小聚落转变为现在的5个街村。从山顶远眺，村庄就像一条鱼的形状。在这个过程中，王金庄村的道路也由原本的同心圆扩散式转变为交叉扩散式，数量与复杂程度与日俱增。

王金庄人被困在大山深处近800年，道路是沟通村落与外界的媒介，村落封闭的特性因道路的开通得以改善，村民对道路有着外人难以描述的渴望与特殊的认知。王金庄人认为道路在空间形态上主要分为4种：通往梯田的道路、梯田内部的道路、村庄内部的街道与村庄通往外界的道路。

通往梯田的道路当地人称为往地走的路，也被称为生计之路，它是连接梯田与村庄的生存之路。王金庄村的3 500多亩梯田，分布在12平方公里的24条大沟、120余条小沟里，往地走的路也就分布在这24条大沟、120余条小沟里，为方便毛驴驮垛在路上相遇，每相隔一段道路要留出一段相对较宽的地方（当地人叫"顶头垛"）。梯田内部的道路，也称田间路、盘山路，盘山道路坡坡相连，沟沟相通，路随地修，水随路走；它不仅连接着块块梯田，还是梯田防洪流水之道，承载着运输庄稼粪肥、疏通洪水的功能。自元代以来，伴随着梯田的修筑，王金庄先后修建了一万余条各式梯田道路。村庄内部的街道主要是石板街，它是村内的干道之一，全长约1.5公里，辅以纵横交错的辅路与小道，联系400余户人家，构成村民沟通的核心网络。村庄通往外界的道路是梯田道路的延伸，过去称驿道，现在称公路，旧时王金庄通往外界的道路一共有6条，分别是王金庄至井店、王金庄至七水岭、王金庄至西达、王金庄至龙虎石泊、王金庄至张家庄和王金庄至银河井。20世纪70年代，全长3公里的公路修通使村庄得以方便地接触外界，为村庄的经济发展起到极其重要的作用。

修建道路，观念先行。作为一个具体的空间物象，道路是人们区分界定与沟通联络的最典型标志物，在需求的基础上对村民的生产与生活进行了区分，是村民特有的道路空间本土知识以及空间文化的反映。在王金庄，为了满足行走的需求，"道路的优先级大于一切"。石头是修建道路的主要材料，锄头、铁锨、锤头和楔子是修路的主要工具。修路时，人们使用锄头和铁锨扒开路面，用碎石垫平底部，铺上打磨好的石板夯实，再把剩下的石料运到其他修路现场，实现原材料的循环。

为了不占用宝贵的土地，王金庄人一般在地势陡，坡度高，石头多的山间交界处修建田间盘山路。为了上山省力，也为了方便牲口爬坡，修盘山路时都要顺应山势拐几个弯；为满足牲畜通过的需求，梯田道路的宽度为毛驴驮载两个箩筐的宽度，一般为五尺至五尺半。在村内路段的宽度一般都会遵循单面墙五尺宽，双面墙六尺宽的规矩，也是为了方便毛驴的通行。如果距离达不到最低要求的五尺，村内随处可见内凹的墙壁就是村民为满足通行需求所做出的应对措施。

通过实地调查，笔者将王金庄村的道路按其功能分为三类：自然地理、仪式空间以及人居聚落，呈现出当地人在生产与生活上的分界与融合。

（一）自然地理：元素与系统

梯田是当地人的生计手段，道路除了满足通往梯田的需求之外，还会作为村民划分区域的标准。二街村的三行街，就是当年在此耕种土地时第三行田埂，后来土地被逐渐兴盛的人口需要侵占，田埂就变成了街道，并以此对不同的地块进行分割。王金庄历史上有几次大型的土地改革，每一次划分都是重新分配土地的过程，当地的会计会使用现成的梯田道路来进行土地的划分。

在王金庄，道路和水渠是相辅相成、融为一体的。王金庄因为整体依山而建，道路作为人们的通行之道，同时也起着疏通雨水的功能。过去有钱人家修的水窖，在雨季，灌进来的水没地方排出，很容易发生洪水肆溢，给人们生产生活造成灾害。村民认为道路要遵循地势，比如北面的房子整个地势都是西高东低，那么修出来的路，不论是干道还是小路，都会遵循东面低的规矩，方便下雨天的排水。王金庄的道路一般都会修建成中间低两边高的水槽状，以石板街为例，路面两侧青石宽约40厘米，是主要的人行路，中间部分为宽40多厘米的地槽，槽两边是宽约5厘米的薄石板作为石堰将两侧隔开，比中间石槽高5～8厘米，中间部分一方面是牲畜的通道，另一方面下雨还可以作排水的渠沟。此外修建房子的时候，家户之间还会留出40～60厘米宽的空隙，作为两座房子之间的排水沟，后来逐渐发展成了小路，成为村内道路与水利工程的完美结合，满足了当地人的行走与排水需求。

实际上，不仅仅是水，道路几乎融合了当地所有的元素，在密闭完整的农业系统中起到串联作用。王金庄特有的梯田生态系统就是依托道路为媒介形成的。离开了道路，人们就无法兴修梯田，毛驴不得进入山地，花椒也得不到耕种与维护，原本牢靠的生态结构就会土崩瓦解。

（二）人居聚落：家户与村庄

土地会被人们赋予耕地、猎场或是家屋的住址等用途，一旦土地的用途确认，道路也会随之衍生出各种各样的变化。村民会根据土地的用途来命名道路，目前有两种最主要的形式，一种是以自然地理环境直接命名，如"东崖路"；另外一种就是以家族聚居地的名字直接命名，如"张家胡同"。

在王金庄，现实的需求与精神的需求相互协调，使得道路在家屋的分布以及家族聚落的形成中发挥着关键作用，形成了当地特有的村落道路观念。村委会采取以道路为界的方式分割家屋与聚集地，以5条村民都耳熟能详的街道分割5个街村：王风如街以前都归一街，付家胡同以前归二街，曹金如家街道以前归三街，刘和定家街道以前归四街，后归五街。不论是家户与家族之间还是村委行政管理，甚至打扫卫生、清理垃圾，皆以此为界；旧时村庄内人口不多，一块土地上最多也就几户人家，很好区分。但是随着村庄人口增加，每块土地上都居住着十几家住户，以地块为分界区分家户不再现实。因此每家每户门前的道路也就成为现在村民区分家户与聚集地的边界。

王金庄村的布局以纵向平行为主[15]，其中又以各种小街、辅道、近道划分出圪洞与场口，因村庄人稠地少，这些纵横交错的道路便成为村民活动的公共空间，曹氏宗祠附近的石板街，每天都有大量村民在此交流，同时村民习惯在街道上围坐吃饭，以此形成了"人市儿"与"饭市儿"，成为聚居网络中互传信息、串联村民的纽带。

三、作为社会网络的道路

尽管长年被封闭在大山深处，王金庄人始终试图以道路的拓展来求得生存。也正是在这种被自然环境逼迫的背景之下，人们形成了生存的智慧，形塑了当地人独有的修路观念，这些知识与技艺都深深地刻印在了每一个王金庄人的脑海中，成为当地人"生来就会"的本领。祖辈流传下来的道路修建知识涵盖了村落日常生产与生活的方方面面，构成了具有当地特色的本土知识体系；而道路作为倾注了集体记忆的载体，也是村民产生共情的物象。王金庄的道路因其修建的困难程度与复杂程度，凝聚着一代又一代人的苦难记忆。这些共同的观念与记忆形塑了当地特色的社会网络，使得当地村民有了共同的感知与传承，对于村庄的自豪感与归属感也愈发强烈。

（一）熟人社会的评价体系

在修建村内道路与梯田内部的道路时，不得不提的是村庄修路的"纵向参与"模型：笔者观察到，梯田地势高的村民会主动帮助地势低的村民修建和维护道路，地势低的村民也会参与高地势村民的修路过程，以此形成存在地势差的"纵向参与"模型。但按照地势差与笔者的田野观察，梯田地势低的村民轻易是不会到地势高的梯田上去的，那么为什么村民会主动去修建与自己不相干的道路呢？在这个过程中首先满足的是行走需求和排水需求，这是所有村民都需要满足的基础需求。因此即使土地处在地势低位置的村民不去修那些高地势的道路，高地势梯田的主人依旧会为自己的利益将道路修建与维护好，因此，一定另有需求影响着地势低的村民自发参与修路，由此引出王金庄村民因道路修建而衍生的评价体系。

在王金庄村，修路在村民的观念里始终是第一位的，修路的好坏会直接影响村民在村中的形象好坏，村民会以此来给予修路者正面或者负面的评价。路修得平整、宽敞，甚至为了让过路的人好走一些而占用自己家的土地，这些都是能让村民收获良好评价的表现。收获这些评价会使村民在熟人社会里受人尊重，地位增高，收获满足感，形成正向驱动，自发主动地修建与维护一些与自己并不相干的道路，这是其中一条原因。另外，村民居住在一个村庄，低头不见抬头见，其他村民帮助自己修建了道路，出于同乡互帮互助的原则，等到对方修路的时候自己也必须要出一份力，只有这样在村里才能算是一个"懂事"的人，否则就会落得坏名声。为了避免这种情况，村民也会主动帮助其他人修建道路，形成反向驱动。两种驱动都是为了满足村民的社交需求，使其在村庄社会网络中收获一个好的评价。

通往梯田的道路往往是一个街村共同行走的道路，因此村民会共同参与修路过程。用村民的话来讲村中道路是最能"看人的"，如果有谁家修房子占了道路，村民就会在公共场合议论此事以表达对其行为的不满，这往往能迫使不良行为改正；遇到拒不改正的情况，村民会上报给村委会，由村委会出面解决这件事。

（二）高效稳定的治理模式

根据道路形成的"人市儿"与"饭市儿"，是村内最热闹的地方。老人在这里谈天说地，男人聊梯田收成，妇女讲家长里短，孩子们在这里嬉戏打闹。参与这些公共场合是村民获取信息的重要来源，村干部也会参与其中以获取第一手的信息，并形成高效的意见传达与村庄治理模式。在田野调查期间，村干部作为向导为笔者介绍道路情况的同时，路过村民聚集的街道，会停下来听听村民对于村庄的想法，对村干部的管理有没有更多的要求，村民也经常会在路边"等"村干部出现，形成了一种官与民的默契。这样的过程看似在拉家常，实际上村庄内部的很多问题在这个过程中都能得到反映与解决。据笔者了解，五个街村都极少存在村民到村委会反映问题的情况，一般在这样非正式反馈的过程中，问题就得以解决。与坐办公室相比，这样的互动方式也使得村内干部"更接地气"，拉近了与村民的距离，进一步促使了村庄的稳定。三街村天路（马鞍山路）的修建，就是三街村长曹肥定在街上和村民"聊"出来的项目，这样形式的效果往往比"村委会议"等形式更好。

上文提到家户之间也以道路为划分标准，因此同一条街上的家户就组成了村庄治理的基础单位，作为一个小团体选出群众代表参加村内组织的各种会议，村干部在管理上也会直接以道路的名称代称该处住户。村内还会根据评价体系，筛选出一批真正乐意为村庄服务的人，形成管理层，有效地加强了村内团结与管理。村内文化人王林定的父亲就是这样一位受村民尊敬的"修路者"，他热爱村庄，乐于奉献，时常主动修建和维护村内的道路，街坊们就自发地推举其成为整条街的"代言人"，代替大家发声。笔者通过访谈发现，目前村内五位村支书在上任前都曾自发组织过村民修建道路，是各自村内公认的修路能手，各个街村互相比较时也会首先考虑村内的道路，谁的道路修得多、修得好、修得让大家满意，谁的村子就最好。而道路作为建立这种良好的社会关系的纽带，使村庄自发性地维持稳定，在内部解决不和谐因素，平稳有效地促进村庄发展。

（三）王金庄人的精神归属

祖辈流传下来的道路修建知识构成了具有当地特色的本土知识，在产生这些知识的过程中，形塑了村民关于道路的集体记忆，促进了村落文化的融合。村民经常聚集在以道路为基础形成的"人市儿""饭市儿"上谈论当年修建道路的记忆。最让人津津乐道的是村内名人王全有带领村庄开辟梯田道路时所发扬的"修路精神"——坚忍不拔、乐观向上、勤劳肯干、团结一致，成为村民教育下一代的主要传承。村民会自豪地拍打石板，"看看这光溜溜的石板，这是我们一代代人用脚磨平的"，这些精神在日常生活中被不断地重复，逐渐成为王金庄人对于村庄的精神归属。

王金庄村民对于道路的看法出奇地相似："修路永远处在第一位""修路是为子孙后代造福""如果需要，可以以任何形式帮助修路""路的维护能看出人的心性如何"等等。历史上由于村内条件的限制，修路的过程往往艰辛而没有任何报酬，直到如今也最多只管一顿午餐，但村民从未有过一句怨言。王金庄村多灾多难，道路总会因为各种灾害而损毁，一旦发生，不需要村委会的组织，村民就会自发参与重修道路。二街书记曹海魁年轻时就组织过村民自发修建通往岩凹沟的小桥，历时两个月将其修建完毕，并命名为"自发桥"——目的是为了纪念数九寒冬里王金庄人自发修桥修路的无私奉献精神。2016年的"7·19"洪水是近几十年村内发生的最严重的水灾，冲毁了大部分道路，村庄损失严重。灾后停水停电，手机信号全无，外界救援杳无音讯。在这样的情况下村民立刻组织抢修道路，短短数天就完成了岩凹沟以及村中公路的疏通工作，为政府救援打下了基础。三街村修建天路时，群众不仅自发组织参与其中，更是到村委会捐地捐款，只为道路工程的顺利进行。

对于王金庄人来说，每修通一条路，都意味新的生机，而其衍生出的"修路精神"，更是激励着一代一代的王金庄人勤奋、踏实、充满希望地生活。道路对于村民来讲也具有特别的象征意义，因其而起的或动人或感伤的故事，则构成了当地村民独有的适应性集体记忆网络。在这样的本土知识与社会网络相互构建的过程中，村民的物质生活与精神世界得以对应起来。

四、作为沟通发展的道路

20世纪以来，随着村庄人口的增加和活动范围的扩张，原来作为主干道的石板街渐渐不能满足人们走出去的道路需求，因此修建一条适应新居住情况的道路迫在眉睫。20世纪70年代，王金庄隧道的修通，使得村民对于通车的要求越发强烈，村中在二街书记王全有的带领下，将原本作为村内便道的河道"水路变公路"，修成一条贯穿五个街村的主干道，之后历经数次重修与改建，成为现在平整的村内公路。这条公路打开了村庄与外界联系的大门，王金庄人真正实现了走出去的愿望。

伴随着公路的修通，除了经济上的发展与生活上的便利，王金庄村和其他中国村庄一样，不可避免会遇到现代性"入侵"的问题。目前村中主要面临三方面的困境：第一是村内的河道改建成公路之后不具备泄洪的功能，同时大量的商店、农家乐旅馆、车库抢占路宽，导致村庄排水系统彻底崩溃，这也是"7·19"洪水暴发时村庄损失惨重的主要原因之一；第二是王金庄的封闭循环系统因为大量外来物的入侵而被打破，原本作为肥料的驴粪便、秸秆以及作为建筑材料的石头成了村内无人问津的"新型垃圾"，外来物也得不到有效处理，村庄填埋的大量塑料垃圾被洪水冲出，成为灾后村内环保的大问题，整个旱作梯田系统正在面临危机；第三是大量的年轻人口外流，作为社区营造的主力军，王金庄的村民正在逐渐远离自己的家乡，不事农耕，又不能很好地融入城市生活，村庄传统文化与农耕技艺的传承正在面临"失忆"的危机。

在面临危机的同时，村庄也在逐渐发生一些良性的改变。王金庄人始终坚持道路为一切的基础、多一条路就是多一条生存方式的观念，因此当公路开通、现代性到来的时候，村民是持欢迎态度的。现代性的"入侵"并没有改变当地长久以来形成的社会网络，我们欣喜地发现，村庄传统文化在与外来文化的碰撞中依然发挥着重要的作用，并迅速地将外来的观念消化为己用。道路作为沟通的媒介，是最先也是最直观体现村内变化的存在，借助村内的本土知识与社会网络，自发地、迅速地形成一种更加适合当地发展的修路模式。20世纪70年代，王金庄村通往外界的公路修通后，大量的建材进入村庄，据统计村内目前共有12条水泥路，新的建材逐渐取代石头作为修路的主要材料。"7·19"水灾之后，村民通过观察保存完好的道路，在重新修建道路的时候迅速吸收经验，形成了新的道路修建模式与标准：以碎石为底，铺青石为路芯，上面浇筑一层水泥为路面，同时使用青石在道路两侧进行加固，这样的模式成为村内新修道路的范例。碎石和青石保证了水的流通，使得暴雨或者大水后水泥不至于被水压挤翻，两侧的青石在加固道路两侧的同时，也使得水可以从两侧渗出，进一步提升了抗洪能力。四街村以上述标准修建的道路就成功经受了暴雨的考验；三街村在修建6 000米盘山旅游"天路"的过程中，采取了相同的方式，同时在道路的一侧修建水窖，一方面使道路排水与抗洪能力进一步加强，另一方面也让村民浇灌土地更加方便，为旱作梯田系统的维系做出了贡献。

现代化进入的过程中，村民的观念发生了改变，路名也随之而改变，从侧面反映出传统与现代的融合。石板街一开始只是家户之间相互沟通的干道，因此其各个路段叫法也不相同，直到村里开始大力发展旅游经济，古朴的石板路变成了可以成为村庄旅游支柱的存在，石板街就取代了之前的道路名称。三街修建的马鞍山路，也是因为增添了旅游的附加值，摇身一变成为"天路"这个更具意味，更有吸引力的名字，而村民也乐于接受这样的改变。

在这样激烈的文化冲击中，王金庄村发生了各种适应与变化，除道路之外，我们还可以看到驴和微耕机一起上山，电商与传统地标产品相结合等现象，传统农耕文化与现代文化和谐共存。需要重点关注的是，传统文化与本土知识在这样的过程中始终发挥着不可或缺的作用，以其为基础形成的社会网络对于村庄内部的调节在效率上高出现代化方式许多。村庄正在逐渐觉醒属于自己的发展方式，展现出勃勃生机，村内的年轻人在走出去的过程中，也越发关注传统文化与传统知识的传承，对于村庄的发展有了自己的规划与见解。农业文化遗产地所带来的名气拓展，使得王金庄村的道路不只是现代性进入的渠道，更是发扬传统文化的渠道。以道路为开端，未来的村中将会有更多类似的变化发生。

五、结束语：既是出路，也是归途

随着人们需求的变化，道路的功能在生产和生活上发生了分界，产生了自然地理、仪式空间与人居聚落三种道路形式。这些修路的形式与过程逐渐形塑了当地人"修路永远是第一位"的修路观念，传统的修路知识得以存留与流传。基于王金庄村复杂与困难的修路过程，村民也收获了共同的修路记忆。这些记忆使得村民形塑了以道路为核心的社会网络，其特有的评价体系与治理模式使得村庄始终处于一种稳定的状态，有利于村落文化的融合。面对现代性的"入侵"，以道路为核心的社会网络并未发生变化，在保持原有修路方式的同时，积极接受外来的修路知识，促使传统与现代的有机结合，为探索出更适应村落现状的道路修建模式提供便利，促进了村庄的发展。

道路是一条纽带，代表着王金庄村民在功能上对生产与生活的分界与融合；在空间上将现实意义上的故土与"现代性"远方分割，也是沟通乡村与城市的媒介；道路将以乡村文化为代表的本土知识和以工业化为代表的现代性知识进行分界，两种知识体系虽仅仅一路之隔，但其背后的文化差异极大，同时，道路也为两种体系提供交流的可能，在王金庄村民的努力下，沉稳厚重的乡村故土与新奇未知的现代性远方在此地发生了良性的碰撞与融合，为村庄的未来提供了新的希望。而这种通过本土知识与社会网络进行的自发性调节，已经成为现代性"入侵"后村庄维持永续发展的内生性力量。

农业文化遗产不仅仅是农耕技术与遗产地的保护，更是对于本土知识和文化认同的保护与追思[16]，这些同自然打交道数千年后从环境中提炼出的知识，保证了当地农业生产的稳定性和持续性，遇到灾荒年月也可以平稳度过。因此，乡土社会能够长期稳定地存在与发展，不仅仅要依靠为其提供生计保障的农耕系统，更需要村落文化的不断传承，为其注入发展的因子。道路文化作为村落文化的一部分，体现了农业文化遗产地的文化多样性与可持续发展的特质。道路既是村民谋求发展的出路，也是我们传承村落文化的归途，在反复的出与归的过程中，在传统与现代文化的碰撞中为我们提供了一种乡村复兴的新视角。

参考文献

[1] 周永明. 路学：道路、空间与文化 [M]. 重庆：重庆大学出版社，2016.

[2] 周恩宇. 道路、发展与权力——中国西南的黔滇古驿道及其功能转变的人类学研究 [D]. 北京：中国农业大学，2014.

[3] 翁乃群. 南昆八村：南昆铁路建设与沿线村落社会文化变迁（贵州卷）[M]. 重庆：重庆大学出版社，2016.

[4] 刘文杰. 路文化 [M]. 北京：人民交通出版社，2009.

[5] 孙兆霞. 屯堡乡民社会 [M]. 北京：社会科学文献出版社，2005.

[6] 吴大华. 贵州通道文化与明清时期国家法律的传播 [N]. 贵阳日报，2011-07-15.

[7] 杨志强，赵旭东，曹端波. 重返"古苗疆走廊"——西南地区、民族研究与文化产业发展新视阈 [J]. 中国边疆史地研究，2012，22（2）：1-13+147.

[8] 黄应贵. 空间、力与社会 [J]. 广西民族学院学报（哲学社会科学）2002（2）：9-21.

[9] 黄应贵. 人观、意义与社会 [J]. 广西民族学院学报（哲学社会科学）2002，24（1）：52-60.

[10] 费孝通. 江村经济 [M]. 上海：上海人民出版社，2007.

[11] 费孝通. 云南三村 [M]. 北京：社会科学文献出版社，2006.

[12] 赵旭东. 线索民族志：民族志叙事的新范式 [J]. 民族研究，2015（1）：47-59.

[13] 周恩宇. 道路研究的人类学框架 [J]. 北方民族大学学报（哲学社会科学版），2016（3）：77-82.

[14] 赵旭东，周恩宇. 道路、发展与族群关系的"一体多元"——黔滇驿道的社会、文化与族群关系的型塑 [J]. 北方民族大学学报（哲学社会科学版），2013（6）：100-110.

[15] 苏薇，孔敬，孙丽平. 传统村落道路空间形态的句法研究——以邯郸涉县王金庄为例 [J]. 中外建筑，2016（11）：85-87.

[16] 张丹，闵庆文，何露，等. 全球重要农业文化遗产地的农业生物多样性特征及其保护与利用 [J]. 中国生态农业学报，2016，24（4）：451-459.

注：本文原载《中国农业大学学报（社会科学版）》2017年第6期，第125—132页。

基于全域旅游的农业文化遗产旅游开发研究
——以涉县王金庄为例

史 云 李璐佳 陆文励 胡伟荣 张 琪

摘要：农业文化遗产是一种新兴的遗产类型，既有遗产的共性，也有农业文化的特质。为了有效发挥农业文化遗产的旅游价值、开发新业态旅游产品、加快推进全域旅游，采用田野作业法和访谈法，对邯郸涉县王金庄的农业文化遗产进行了调查，研究发现其旱作梯田具有深厚的历史价值以及人文精神，村庄蕴含丰富的文化资源，主要包括石头文化、民居文化、金驴文化和水景文化等；据此提出了跨界整合、联动开发的旅游开发理念，对旅游资源和配套设施进行了旅游规划，期望对业界、学界有所裨益。

关键词：全域旅游；农业文化遗产；旅游开发；王金庄

2017年春节期间，全国共接待游客3.44亿人次，同比增长13.8%，实现旅游总收入4 233亿元，同比增长15.9%[1]。春节旅游市场的火爆，印证了中国经济转型升级的巨大潜力，全民皆游时代即将到来。旅游需求的日益个性化和自由化倒逼旅游供给侧结构改革，由不断减少低效、低端供给向不断提高和提供有效、中高端供给转变。特别是一些景观资源独特、农耕文化丰富的农业文化遗产地，单一的农业旅游功能已不能满足游客多元化的旅游需求，应运用"旅游+"的思维，创新旅游开发理念，将农业文化遗产与其他产业、行业、领域、区域对接，联合发展，构建全域旅游格局。为了有效发挥农业文化遗产的旅游价值、开发新业态旅游产品、加快推进全域旅游，采用田野作业法和访谈法，对邯郸涉县王金庄的农业文化遗产进行了调查研究，旨在为相关领域的研究和开发提供借鉴。

一、全域旅游概述

2010年，大连市在旅游沿海经济圈产业发展规划中，首次明确提出了"全域旅游"的理念[2]，以求转变发展方式，促进大连全域城市化的建设。李金早认为，全域旅游是指在一定区域内，以旅游业为优势产业，通过对区域内经济社会资源尤其是旅游资源、相关产业、生态环境、公共服务、体制机制、政策法规、文明素质等进行全方位、系统化的优化提升，实现区域资源有机整合、产业融合发展、社会共建共享，以旅游业带动和促进经济社会协调发展的一种新的区域协调发展理念和模式[3]。全域旅游是未来旅游发展的方向，也是指导旅游可持续健康发展的核心战略。

在全域旅游时代背景下，景点不是孤立存在的，而是要与周边环境、资源、产业、区位对接、相融，协同发展，互利多赢；不是一枝独秀，而是百花齐放。对"游客"的定义也不是只存在于景点里，这个身份是融入产业链的时间"线条"中，而不是一个孤立的"点"概念[4]。游客满意度的结构组成，不仅仅反映在对景点景区的感官与评价，而是渗透到"吃住行游购娱"各个环节、各个要素，每个要素都可能成为满意度的决定性因素，每个环节的好坏都决定着满意度的高低。

二、农业文化遗产概述

（一）概念

联合国粮食及农业组织（FAO）对农业文化遗产的定义为："农村与其所处环境长期协同进化和动态适应下所形成的独特的土地利用系统和农业景观，这种系统与景观具有丰富的生物多样性，而且可以满足当地社会经济与文化发展的需要，有利于促进区域可持续发展。"农业文化遗产对我国农业文化传承、农业可持续发展和农业功能拓展具有重要的科学价值和实践意义。虽然同为遗产，农业文化遗产却是人类在自然改造过程中形成的特殊遗产形式，寄托了人对自然的崇敬，诠释了人与自然的和谐相处[5]。其内涵和外延相当丰富，既有自然遗产与文化遗产的双重属性，又兼具物质文化与非物质文化的特性。

（二）特点

作为一种特殊的遗产类型，农业文化遗产兼具传统内涵和现代意义，表现在4个方面。

（1）**活态性**。在各项资源要素中，人是最具活态、无限开发的资源。农业文化遗产中土地利用系统的形成和农业景观的塑造都是先民参与的结果，无一不倾注了先民的智慧。由于人为因素作用、自然环境的变化、农业技术的革新、经济社会的发展使这些系统和景观呈现一种流变的特点，并因时、因地进行结构与功能的调整，不断改进和优化，适应当前农业生产需要，充分体现人与自然和谐相处的理念。

（2）**复合性**。农业文化遗产不仅包括一般意义上的传统农业知识和技术，还包括历史悠久、结构合理的传统农业景观，以及独特的农业生物资源与丰富的生物多样性。

（3）**战略性**。农业文化遗产本质上是一种战略性遗产，不仅是一种关乎过去的遗产，相反更是一种涉及人类未来的遗产。农业文化遗产对于应对经济全球化和全球气候变化，保护生物多样性、生态安全、粮食安全，解决贫困等重大问题，以及促进农业可持续发展和农村生态文明建设具有重要的战略意义。

（4）**濒危性**。政策的变化、技术的改进和社会经济发展的阶段性，会对系统的稳定性产生重大影响，从而导致农业生物多样性减少、传统农业技术更迭及农业生态环境退化等，使农业文化遗产面临消失的境地。

（三）我国农业文化遗产现状

农业部自2012年开展中国重要农业文化遗产发掘工作以来，截至目前，共分3批认定了62项中国重要农业文化遗产；2016年6月，又开始部署第四批中国重要农业文化遗产发掘工作。实践证明，农业文化遗产的发掘与保护具有显著的社会效益、生态效益与经济效益。首先，它为遗产地的休闲农业发展提供了重要载体，激活了当地旅游市场，典型代表如云南哈尼梯田稻作系统；其次，对农业文化遗产的发掘与保护可以带动遗产地农业科学发展，切实缓解当地就业压力，有效增加农民收入，典型代表如陕西佳县泥河沟古枣园；最后，对农业文化遗产实施动态保护，能改善农村生态环境，优化农业微观环境，促进农业可持续发展，增强产业发展后劲，典型代表如浙江青田稻鱼共生系统；最后，农业文化遗产是千百年来人类农业智慧的结晶与农耕技术的经验总结，对有效传承农耕文明和弘扬农耕文化具有重大的现实意义和深远的历史影响，典型代表如新疆的坎儿井。

三、旱作梯田系统遗产地——王金庄概况

王金庄地处河北省涉县井店镇东部深山，距县城15千米，距井店镇8.5千米，毗邻G22青兰高速和309国道。境内峰峦叠嶂，沟壑纵横，"举头尽见奇峰峙，着足曾无尺土平"，是典型的北方山村代表。1个自然村，分设5个行政村，总人口4 520人。丰富的山体资源和梯田优势造就了农业生物的多样性。现阶段粮食作物有小麦、谷子、玉米、大豆等，经济作物有花椒，曾有"万亩梯田，万亩花椒"的说法。此外还有柿子、核桃等。据考证，早在宋朝末年就有人在此居住，积淀了丰富的文化资源，古朴悠远，独具特色。2008年王金庄入选河北省第二批历史文化名村；2012年入选首批国家级传统村落。王金庄的文化资源如表1所示。

表1　王金庄文化资源概览

文化类型	概况/特点	说明
梯田文化	世界一大奇迹 中国第二长城	梯田总面积达837公顷，长度约为4 860千米，分为8万余块，高低落差达500米，土层厚的不足0.5米、薄的仅0.2米
石头文化	石街石道、石房石墙、石桌石凳、石碾石磨、石桥石栏、石碑石碣、石井石窖、石槽石臼	1条主街道、9条巷子，石板路总长超过2 000米，500多条小街巷
民居文化	条石砌墙，白灰勾缝，木梁青瓦或石板盖顶	明清民居有600多幢、4 000多间，建筑面积约25万米^2
金驴文化	驴行天下	梯田耕作、衣食住行都需要毛驴驮物负重，是农户不可或缺的交通工具
水景文化	黄金水道	水库、塘坝、水窖一应俱全，600万立方米梯阶生态水域

（一）梯田文化

王金庄地处涉县井店镇东部深山，沟岭交错、群峰对峙的地理环境和石厚土薄、天干少雨的自然条件十分不利于农业生产，从元初建村开始，先民们为了改变当时"吃水比油贵，吃粮更发愁"的生计问题，劈山垫地，垒石造田，将大石块垒成双层的地堰，小石块填入底层，上面敷上从石缝中抠出的土，一直致力于梯田的修筑。农业学大寨时期，这里的村民更是历时11年，先后垒起了长达250千米、用石2 250多块、共计33公顷的梯田。据记载，耗费600多个工才能修一亩梯田。层层叠叠的石堰梯田，由山脚至山顶、高低相差500米，纵横延绵的石堰，如一条条巨龙起伏蜿蜒在座座山谷间，并随着季节的变化呈现出各种姿态，展现出震撼人心的大地艺术景观，展现了人工与自然的巧妙结合。梯田里农林作物丰富多样，谷子、玉米、豆类、花椒、柿子漫山遍野，各类瓜果点缀在梯田里，呈现出春华秋实、冬雪夏翠的壮丽景象，迸发出人与自然的和谐之美。

如今，王金庄梯田总面积达837公顷，长度约为4 860千米，分为8万余块，高低落差达500米，土层厚的不足0.5米、薄的仅0.2米，形成了中国规模最大、最具代表性的旱作梯田农业系统。这一伟大奇迹彰显了劳动人民的群体智慧，及其挑战自然、顽强拼搏的坚强意志和团结互助的友爱精神。1990年，涉县旱作梯田被联合国世界粮食计划署专家称为"世界一大奇迹""中国第二长城"，2014年被农业部认定为第二批"中国重要农业文化遗产"，也是唯一的旱作梯田系统。

（二）石头文化

"山高石头多，出门就爬坡"是王金庄的典型写照。王金庄坐落在山坡上，有1条主街道、9条巷子，石板路总长超过2 000米，从远处看就像一座巨大的"空中楼阁"，自下而上，层层叠叠。还有500多条石板或鹅卵石铺就的小街巷高低俯仰，纵横交织，迂回曲折，奠定了古村的空间形态基础。石街石道、石房石墙、石桌石凳、石碾石磨、石桥石栏、石碑石碣、石井石窖、石槽石臼，整个村落系统犹如一部博大精深的石头博物馆，更增添了沧桑古朴的魅力。

（三）民居文化

王金庄是典型的山村，建造房屋就地取材，石建民居既有共性，又不失个性，建筑布局灵活多样，依高就低，顺势而建，挖去山坡一隅，凿开一方石平面，就是民居宅基。条石砌墙，白灰勾缝，木梁青瓦或石板盖顶。上房、厢房、下房围出一个小石院，清爽干净。岁月流转，人增屋扩，石院高低错落，鳞次栉比，形成了独有的传统民居特色。石道光可鉴影，石墙老旧沧桑，石烟洞炊烟袅袅。民居建筑沿袭明清风格。目前，村里留存的明清风格民居有600多幢、4 000多间，建筑面积约25万米^2。房屋材料一律为石材，门庭雕刻图案和造型匠心独具，如以蝙蝠、寿字组成的"福寿双全"，以插月季的崐花瓶寓意"四季平安"，还有象征家庭兴旺的"子孙万代""玉棠富贵""福禄寿喜"，有代表个人品性的"岁寒三友"，还有宣扬睦邻文化的"德为邻""致中和"等，图案丰富而洗练、朴实而高雅，凸显了独具特色的石建筑文化，也表达了王金庄村民对美好生活的向往。

（四）金驴文化

王金庄民俗文化源远流长，丰富深厚，突出表现在当地交通民俗上。受制于地理环境，毛驴因为其超强的爬坡能力成为王金庄村重要的生产工具和交通运输工具，也是村民的最大家当。人们梯田耕作、衣食住行，都需要毛驴驮物负重。毛驴是农户不可或缺的交通工具。由此，村民对驴持有特殊情感。驴子死后村民并不食其肉，而是将其好好掩埋。这也是出于对自然、生灵的一种敬畏。每到春种秋收时节，广大农民赶着毛驴在一弯弯梯田上辛勤劳作，形成了一道独特的田园景观，充分体现了传统农耕文明，形成了深山里典型的"驴文化"。

（五）水景文化

为了保持水土，当地村民在山间沟谷建设用于蓄水的水库、塘坝、水窖等蓄水设施。从王金庄村西百米深的黄龙洞起，以双龙水库等生态水域工程为主体，沿线12多座水库、塘坝的坝水连接，形成了总蓄水600万立方米的梯阶生态水域。夏秋两季，清水四溢，河流遍野，瀑布流泉，山光水色。整个山区呈现出路在水中，屋在水中，山在水中，人在画中，不是江南胜江南的"黄金水道"美丽景观。

四、旅游开发策略

鉴于王金庄蕴含的上述多种文化，开发旅游时应遵循全域旅游理念，统筹规划，构建集生态、科普、休闲、观光于一体的文化遗产旅游。

（一）跨界整合，联动开发

旅游业具有较强的黏着性、渗透性，既能发挥"1+2+3"的产业叠加效应，也能发挥"1×2×3"的乘数效应，因此被认为是第六产业。保护和传承农业文化遗产，应运用"旅游+"的思维，跨界整合资源，产业联动发展，以农兴旅，以旅促农，共同推进遗产旅游健康可持续发展。

（1）**梯田遗产**。主打"观光采摘游+科普研学游+婚纱摄影游"。世界旅游组织认为，遗产旅游是与区域性自然景观、人类遗产、民族风俗、艺术哲学等相关的旅游。王金庄拥有中国唯一的旱作梯田系统，旅游开发时应发挥其稀缺性和不可替代性的资源禀赋，将其置于首要地位进行重点开发。"梯田是世界上最美的油画"，除了传统的观光旅游、艺术创作，还应挖掘农业文化遗产蕴含的农耕技术和农业文明，将其以通俗易懂的科普教育形式展示出来，开发科普游和研学游；与影楼对接，提供婚纱外景拍摄基地，开发婚纱摄影旅游产品；遵循作物生长规律，不同的时节开展农耕体验游，比如采摘花椒、柿子、中药材等。

（2）**民居古建**。主打"古韵民居游+楹联书画游+乡村美食游"。秉持全域旅游理念，将梯田遗产旅游作为一个节点与王金庄村落游衔接起来，充分利用各种文化的叠加优势，跨界整合，联动开发。凭借石头民居，开展古韵民居游，将一批有代表性的明清民居加以整饬，依旧建旧，修旧建旧，最大程度保留民宅的原有风味和形式，介绍形制特点、构造原理、楹联家训，强化游客对民居建筑的体验效果。将部分民居内部加以功能性改造，配上现代化设施（空调、卫生间），装饰成古朴清幽的餐厅，每户民居同时接待10～30人游客用餐，推荐涉县地方特色饮食——抿节儿、软柿子摸窝子、小米焖饭、花椒子油烙饼等。

（3）**驴友乐园**。主打"亲子游+民俗游+艺术风情游"。驴是王金庄的特色风景，也是旅游开发不容忽视的重要内容。以"驴"为主题搭建休闲乐园，园区分为三大功能区，一是雕塑园，就地取材，选用当地石头雕刻与驴相关的影视故事，如《阿凡提的故事》《毛驴县令》《八仙过海——张果老倒骑毛驴》《黔驴技穷》等，让游客在影视作品中增长智慧、吸取经验；二是驴饲养园，针对亲子市场需求，让小朋友近距离地接触驴、喂养驴，了解驴的生活习性。在当地村民的协助下，可以让他们体验骑驴，或以家庭为单位开展骑驴运输比赛；三是民俗大观园，游客可观看毛驴拉磨、社火表演、婚俗表演等，参与掰玉米、收谷穗、摘花椒、刨红薯等农事体验活动；四是绘画作品展览，黄胄先生善于画驴，可以建造一家小型艺术馆，陈列其作品，供游客欣赏。

（4）**黄金水道**。主打"生态观光游+亲水体验游"。黄金水道从王金庄穿村而过，两岸山形多变、景致迥异、山石奇特，夏季溪水潺潺、风景独特，是难得的旅游风景廊道。可开展生态观光游，或选取部分节点开展岸边嬉戏、探险漂流等水上运动，让游客在青山绿水中融入自然，返璞归真。

（二）旅游基础设施建设

一个旅游目的地的吸引力不仅依赖于核心景观的资源禀赋，还与当地的旅游配套设施密不可分。在全域旅游理念下，更应注重旅游综合实力的提升。旅游配套设施包括道路系统、标识系统、公共服务设施（停车场、游客服务中心、旅游厕所、无线网、购物设施）、旅游接待设施（住宿、餐饮）等。从旅游供给侧角度来讲，当前王金庄农业文化遗产地应增加高端有效供给，具体来说，包括以下4个方面。

（1）**道路系统**。王金庄地处深山，偏远闭塞，旅游交通可达性差。亟须开辟一条景区专用车道，双向4车道，供旅游大巴顺畅通行。在景区入口处修建大型生态停车场。景区内部可依山势地形提供摆渡车使游人进入王金庄景区。

（2）**标识系统**。从G22青兰高速上设置户外广告牌或指示牌，引导游客前往景区。沿途每隔500米设置标识，景区内部设有导览图，完善标识系统。

（3）**公共服务设施**。景区入口处设有游客服务中心，提供旅游问询、票务服务，摆放宣传册，电子显示屏实时播报景区情况。在景区内部，每隔500米设置环保垃圾箱，并视景区规模设置数量不同的生态厕所及购物设施。

（4）**旅游接待设施**。在王金庄选取一批石建古民居，仿照上海新天地模式，保持民居现有外观，将民居内部加以功能性改造，院落植入当地花草树木、时令果蔬，房间配备现代化的生活设施，如厨房（灶具、电磁炉、微波炉）、卫生间（洗衣机）、卧室（原木睡床、石头家具）、会客厅（电脑、电视、无线网）等，建设富有特色的山野民居，让游客远离喧嚣城市，体验宁静质朴的山中岁月。

农业文化遗产旅游是一种特殊的旅游形式，开发过程中既要遵循全域旅游开发理念，让遗产成为开展科学研究的平台、展示传统农业文明的窗口、开发生态文化型农产品的生产基地、开展农业文化旅游的目的地，也要严守保护性开发的原则，避免"大拆大建"的"破坏性"开发，同时摒弃"原汁原味"的"冷冻式"保护[6]，逐步探索一条真正适合农业文化遗产保护的开发机制，既要有效保护和传承农耕文化，又能增进人类福祉。

参考文献

[1] 姜贞宇. 春节期间全国接待游客3.44亿人次，收入4 233亿元 [EB/OL]. 中国新闻网. (2017-02-03). https：//www.chinanews.com.cn/cj/2017/02-03/8139208.shtml.

[2] 张欣，桑祖南. 全域旅游视角下县域旅游产业集群化发展模式——以长阳土家族自治县为例 [J]. 旅游纵览，2016（12）：81-82.

[3] 李金早. 全域旅游的价值和途径 [N]. 人民日报，2016-03-04（7）.

[4] 朱凤娟，徐灵夏. 千岛潮的"供给侧改革"路径 [N]. 浙江日报，2016-03-30（16）.

[5] 吴肖淮. 农业文化遗产及其旅游发展研究进展 [J]. 中国培训，2016（16）：29-30.

[6] 闵庆文，张丹，何露，等. 中国农业文化遗产研究与保护实践的主要进展 [J]. 资源科学，2011，33（6）：1018-1024.

注：本文原载《河北林果研究》2017年第2期。

干渴的梯田：王金庄村水资源的分配与管理

江　沛

摘要： 河北省涉县旱作梯田系统是中国重要农业文化遗产。其核心保护区域王金庄村位于太行山东麓，地形条件复杂，缺土少水、旱涝频发，但其梯田系统因独特的人文智慧延续近800年而不衰。本文以水为切入点，阐释水资源短缺情况下居民的生存逻辑与生计策略。村庄作为一个系统对自然环境进行着补救性适应、抗风险适应与常态适应，这些文化适应性举措使旱作梯田的可持续发展得以实现，也展示出古老农耕智慧对于农业永续发展的重要意义。因此，保护农业文化遗产不仅是对传统文化与社会系统的保护，更是对现代农业后果的生态补救，对农业与农村发展的现实反思，对可持续发展之路的探寻。

关键词： 农业文化遗产；旱作梯田；水资源；管理

我国是全球13个贫水国家之一，水资源总量丰富，但人均不足。农业方面是用水大户，2016年全国农业用水量占经济社会总用水量的62.4%[1]，预计到2030年，全国多年平均缺水量为536亿米³，其中农业缺水约300亿米³[2]。在发展社会经济和保障粮食安全等压力下，水资源供需矛盾已成为亟待解决的问题。旱作梯田是雨养农业，无须灌溉，是缺水环境下人与自然协同创造的产物。以河北涉县王金庄村为核心的旱作梯田系统已有近800年历史，并于2014年被农业部列入"中国重要农业文化遗产"。当地的农耕技术与人文环境不曾中断，百姓们对水资源的分配与管理有着历久弥新的适应性举措，这些措施或许能为其他旱区的农事活动与日常生活提供借鉴。

一、研究回顾

水在人类文明的发展中有着重要作用，没有水的滋润便没有生命力。一直以来，学界对水的研究有着众多视角。生态人类学关注文化核心（cultural core）[3]，剖析地方性知识。罗康隆研究了侗族高秆糯稻、深田蓄水和养鱼之间构成的相对独立的生态体系，这是当地人生态智慧与民族文化的完美融合[4]。杨庭硕、罗康智分析了侗族储养、利用水资源和维持水质的机制。当地人民通过拼接文化手段，能动地扩大水资源的再生，满足自身生存与发展所需[5]。杨庭硕分析了哈尼族、侗族等优化自身所处水环境的方式，并指出"各民族文化都得通过适应手段去消解水环境的不利因素"[6]。

农业文化遗产领域中也有关于水和梯田的研究。云南哈尼稻作梯田系统是全球重要农业文化遗产保护试点之一。哈尼族人有着水利设施修建、水资源管理、梯田开垦和维护等知识，"村寨-森林-水源-梯田"四位一体的结构有效地保护了梯田生态系统。此外，水也是当地崇敬自然的文化缩影[7]。闵庆文认为哈尼梯田系统的核心是水资源管理，这种管理策略对今后应对粮食安全和水土资源危机等有借鉴意义[8]。福建尤溪联合梯田正面临着水资源涵养能力下降、农业环境质量下降和传统生态文化式微等问题，徐玲琳认为政府应牵头予以保护[9]。张永勋梳理了国内外稻作梯田的相关研究，指出景观、生态和文化是此类型农业文化遗产的保护核心[10]。方丹主张对水利型农业遗产的保护应以水利灌溉系统为核心，向区域层面扩展，从而实现保护和发展[11]。坎儿井是适应干旱环境的地下水利工程，崔峰等讨论了它的农业文化遗产价值和当前面对的问题，并提出了保护对策[12]。

张俊峰从"水权"角度研究了清代至民国时期山西水利社会中的公私水交易[13]。张亚辉在治水工程、家族械斗与水资源分配、水神祭祀等方面梳理了人类学中的水研究[14]。赵世瑜对汾水流域分水案例的分析发现，分水体现了乡土社会公共资源中的权力渗透[15]。在行龙的研究中，晋水流域的36个村庄为了争夺有限的水资源发展出一套水神崇拜和水利祭祀活动[16]。本着公众利益至上的原则，生活在同一区域的人们往往会约定一套有关水的管理制度，用于处理人与水、人与人、人与社会的关系及问题，尤其是应对旱涝灾害，处理水事纠纷等[17]。

生态人类学的研究多是以丰水区、除汉族以外的其他民族地区为例，呈现了文化的生态适应与社会适应，缺乏水资源短缺地区和汉族地区的研究。对农业文化遗产地的研究大多从自然科学的角度分析遗产地的维系机制，并提供保护和发展策略，对文化层面的关注和解释较少。本文的田野点王金庄村缺土少水，人们在恶劣的环境中发展出一套生存智慧，在此过程中没有激烈的权力斗争，均靠约定俗成的村庄规范。笔者将从水资源获取、管理和利用等方面入手，结合生态人类学与社会学的相关理论，试图阐释旱作梯田社会得以延续的逻辑。

二、旱作梯田的生命叙事

王金庄村的不利生态因素表现为干旱与多灾。从地形上看，村子西北高、东南低，当地地质条件复杂、土地贫乏，流传着"山高石头多，出门就爬坡。路无五步平，年年灾情多"的民谣。村庄属北温带大陆性气候，处在半湿润偏旱地区，干湿季节分明，仅7—8月为湿润期，降水量年际悬殊极大。境内地表水奇缺且分布不均，地下水埋藏较深，有水处均在200米以下，前人留下"首苦乏水"的无奈感叹。南北走向的桃水河和东西走向的岭沟河均为季节性河流，二者形成的"人"字形沟谷在村前合流，汇入清漳河。王金庄村旱涝频发，自明初至2000年，有记载的较大自然灾害共150次。其中旱灾较多，有"十年九旱"之说；洪灾次之，1949年以来，有记载的洪灾共5次。王金庄村的自然环境有其自身发展变化的规律，并非按照人类的需求。因此，人们只有在不断调适中来寻求环境与自身的平衡。

（一）旱作梯田弥补生态缺陷

当地人充分认识到所处生态系统的脆弱环节，即土层薄、降水少。为了发展农业，他们的补救办法便是垒堰、建梯田。梯田是雨养农业存水的依托，也是村民赖以生存的基础。梯田的修建技艺代代相传，垒堰是梯田修建过程中最关键的一环。王金庄村石多土少，因此这里的梯田绝大多数是以石为堰。如果堰垒得不结实就很容易坍塌，修复起来费

工费力，也不利于作物的生长。垒堰时，石头要稍稍向里倾斜，形态上类似于"反坡梯田"，具有较强的蓄水保土能力。选定梯田的位置后，人们重置梯田中的土石分布，即将三四十厘米的大石块放在最下面，将小石块放在中间，再将土筛筛出来的土放在最上面。此外，村民还在梯田沿边种植花椒树，此举能够有效减少地表径流，兼具生态、经济和景观价值。土、石、花椒形成的结构就像小型水网，把自然降水"兜"在田间（图1）。

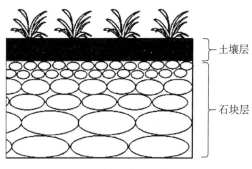

图1 梯田截面示意图

梯田不仅能够最大程度地截留降水、减少地表水分蒸发，更能在相当一段时间内存住雨水，满足作物生长的需求。

田间水窖是与梯田相配套的小型水利设施。据村志记载，目前村中野外可用水窖约有135眼。水窖里的水可用于田间野炊，但大多数村民会从家中带水或取附近泉水，因此这些水常用于点种等生产活动，农事活动不再消耗宝贵的生活用水。水窖有集体修的，也有相邻种地的几户本着"共修、共用、共管"的原则一同修建的。水窖口一般是盖上的，侧面挖有一个土坑，土坑与水窖相连的地方留有小口。下雨时，泥沙在土坑中堆积，相对澄清的水从小口中流入水窖（图2）。若是泥沙进入了水窖，既污染水源，又影响蓄水量，来挑水的人如果发现土坑里有淤泥，就会把泥沙挖走。

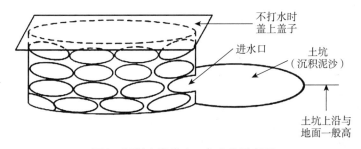

图2 田间水窖进水口与土坑示意图

除水窖外，与梯田建设相配套的还有水库。村民们意识到仅仅通过修梯田的方式来治"土"是不够的，还得治"水"，水土结合方为长效机制。于是，在老村支书王全有的带领下，村民在村西大南沟修建起"团结水库"，设计浇地面积300亩。水库取址于黄龙洞，用于储存洞中流水和雨水。村中传说黄龙洞中有水眼，直通清漳河。大坝侧面雕刻

着16个大字："自力更生艰苦奋斗"和"水利是农业的命脉"。1975年水库建成后，虽未起到设想时的浇地作用，但其少量渗漏使得村中河沟基本保持常年有水，井水也很旺盛，村民说这是"大河有水，小河不干"。

（二）农耕技艺维持梯田活力

在缺水乏土的王金庄村保墒技术尤为重要。保墒，即通过深耕、细耙、勤锄等手段来减少土壤水分的蒸发，尽可能地满足作物对水分的需求。松土与覆盖是两类保墒措施。村民王林定说："收秋后要用牲口犁一遍地，清明前后再犁一遍。种下作物之前耢一遍，种完以后踩一遍，这样作物的根就能扎到土里。头遍浅，二遍深，三遍挠破皮。这都是祖上传下来的诀窍。锄过四遍的地上种出来的谷粒是圆的。再有，锄头是金，锄头把是木，根据五行的原理，金生水，水生木，多锄几遍，金就能化出水来，给庄稼提供水分，谷子就发圆了。"

《齐民要术·杂说》中就有"锄头三寸泽"的说法，这和村民们相信的五行相生本质上相同，都是说精耕细作能保持土壤水分。实际上，根据土壤学的理论，水通过的土壤会形成毛细管通往地表，并会随着缩水过程开裂，而锄地能切开这些毛细管，有效地堵塞裂缝，实现保墒的目的[18]。覆盖是另一种防止水分蒸发的有效途径，它能使水蒸气冷凝成水滴回归土壤，减少水分散失，也能够给土壤保温，有利于植物生长。村民会将塑料薄膜覆在土壤表面，仅在作物的幼苗处剪开小孔，保障其呼吸作用与光合作用正常进行。

不同作物对水的需求量不同，选择合适的品种有利于水资源的充分利用。谷子耐干旱、耐贫瘠，是村里历来种植面积最大的作物。玉米产量高，是村中种植量第二大的作物。村民说"谷子一条腿伸进海里，玉米头上顶着一碗水"，说的就是谷子和玉米都十分耐旱。由于收益甚少，近年来小麦的种植面积下降。马铃薯和甘薯也是村中的主要作物。大豆、青豆等生长周期短，易施肥、易储存，营养价值高，是村民喜爱的作物。此外，村中还种有南瓜、西葫芦、豆角、胡萝卜、番茄、青椒等蔬菜。通过选择抗旱品种来应对缺水困境是村民在长期的历史实践过程中所创造的，并经过世代相传，不断沉淀、过滤和积累形成的经验体系，具有很强的操作性和鲜明的地域色彩，也有一定的科学性。

作物栽种的节令很有讲究。一般情况下，清明种春播谷，立夏小满种二楼谷，芒种种晚谷、大豆、萝卜，谷雨种玉米。这种"错季适应栽培技术"通过应用配套品种、适当调节时差，做到"种在雨头、长在雨中、收在雨尾"。在播种季节，农民通过担水、驮拉水和引水等方式，采取"镢头开穴人工点种""锄镢犁拉沟人工撒播"和"使用人畜力拉耧播种"等方式，实现集流雨水的高效利用。

作物栽种的位置也有讲究。王金庄村多为山坡梯田，阳坡、阴坡区别明显，光照条件差异大，选用的作物品种、采用的耕作方式也不相同。人们因地制宜、适时播种。阴坡无霜期短，每年只能种一季春播谷。玉米在阳坡、阴坡均可种植。

（三）水利设施保障人畜饮水

王金庄村至今未通自来水，千百年来人们全靠井水与雨水维系生活。经过历代开凿，目前村中主干道两侧共有浅水井13眼，井深为10～20米，其中2眼已废弃。降水正常时井里常年有水，若逢旱年便会干涸。旱年开井困难，井水量小，无法满足村民全年生活的需求。在适应环境的妥协与创新中，村民结合自身的经济条件，把"开源"的希望从地下水转向天上水，发展出家户之中的储水设备——水窖（图3）。李书魁从一个专业石匠角度讲述了水窖的修建工艺。

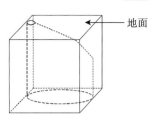

图3　水窖示意图

　　修水窖是个大工程。"宁盖三间房，也不修一个水窖"，就是说修一个水窖比盖三间房都要费工。盖房打地基的时候就把水窖位置确定了。水窖要尽量大，至少保证天旱的时候足够一户吃两个月。修水窖有很多讲究，一般都是先用石头砌好，再把红土和白灰按照三比七的比例和成"三七土"。红土黏性极强，用这样混合后的土给水窖糊上边儿，干了以后十分坚固，还有保渗的功能。为了让容水量大一点儿，修建时会把水窖上面扣成箩头。水窖砌出来是个圆顶，先把长条石头十字交错，再在交错的空隙处把石块交错垒起来，我们这儿叫做"扣篮心"。收口的时候底下全部都是空的，就跟房顶一样。这个技术也只有我们王金庄有。水窖的取水口和进水口是分开的，取水口略高一点，这样比较卫生。

　　到了雨季，看天不好了，就先将院子、房顶打扫一遍。下雨时先不打开水窖的进水口，等雨水把院子冲干净了，再堵住院子里对外面的排水口，往水窖里蓄水。水窖满了后再把排水孔打开，水就流出去了。

　　随着生活水平的提高，家家户户几乎都修起了水窖，这才解决了饮水问题，满足了日常生活需求。流出院子之后，水会沿着房屋之间的明滴水沟、道路下方类似于涵洞的暗滴水沟排进主干道的水渠里，再顺着水渠向下游流去（图4）。

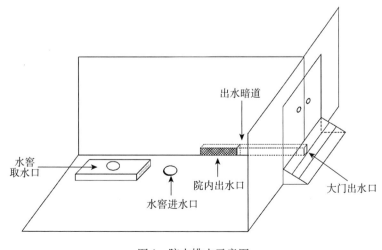

图4　院内排水示意图

水池是村中重要的蓄水工程。王金庄自然村由5个行政村组成，分别为一街到五街，每街都修有大型蓄水池，前后共6个。目前一街水池由曹跃灵管理，他是村中唯一一家澡堂的老板，其他水池由村联社主任王林怀管理。管理者主要负责上水并维护水池卫生。

村民对水的用途有着自己的分类，如表1所示。

表1　水的分类与使用

用途	优先级			
	1	2	3	4
吃	水窖	水井	山泉	水池
洗	水井	河沟（村内水渠）	水池	
建筑	水池	水井		
闲置	水库	水池		

水窖里的水经过自然沉降，水体清澈，是村民日常吃水的首选。山泉虽是活水，但一般都离村较远。由于存水量有限，人们舍不得用水窖里的水洗衣服，而是选择井水和河沟里的水。水井沿河沟分布，在井边洗完衣服可以直接将水泼到河沟里。在村民的观念里，"水流三尺清"，他们不会因上游泼脏水而感到困扰。水池的水主要用来预防大旱，换水、消毒频率低，一般仅将其作为建筑用水。水库取水不便且水质一般，几乎无人问津。但"大河有水小河满"，水库里的水渗漏到地下，经过沙石过滤，保证了村中水井长年不断水。

谈及吃水，不得不提到作为"家庭成员"的驴。王金庄山高路陡，驴在生产生活中占据着至关重要的地位。它们能耕地、驮肥料、运庄稼、背石块，被称作"半个家当"。王书真的妻子告诉我们，一般家中"油不多的锅碗就用清水洗洗，洗了锅、洗了碗的水倒了给驴喝……就算是碰上缺水的年头也得给驴喝水，驴不能干着。驴一天喝两次，早起饮一回，天黑饮一回，一天一桶水，一桶十来斤。"这不仅体现出当地人对驴的深厚情感，更能表现出他们循环用水的理念。

（四）"祈祷神明莫伤黎民百姓"

（原文略）

三、水资源分配与管理的机制探讨

王金庄村既无明显的人口变迁，亦无重大的生态灾变。现在我们已经看到了旱涝灾害中村民们举步维艰的状态，也看到了他们联合起来应对天灾、用智慧弥补自然缺陷的尝试，了解了当地人在生产、生活中管理水的方式。村庄作为一个整体在传承祖辈生态与人文智慧的同时，也在创造性地适应自身所在的环境，至今仍有生命力，这也与农业文化遗产"生物多样性""文化多样性"和"可持续发展"的特点相契合。传统农业中蕴藏着丰富的经验与技艺，它们是维系小农经济的基本元素。从王金庄的故事中我们可以探索这些事件的深层逻辑，探究它如何作为一个系统去调适环境，考察作为中国重要农业文化遗产地的村庄如何存留世代传承的生产生活方式，保育乡村活力。

（一）生存逻辑：夏水春调，远水近调

王金庄的水资源情况受其境内降水和地下水存量的影响，改变水的时空分布是当地人分配与管理水资源的基本逻辑。

从时间角度看，王金庄村降水夏秋多、冬春少，缺水季节为3—5月，6月后雨量增加，春季旱情便会缓解。集体兴建水库、水池，能够在丰水期蓄水、枯水期供水，调控水量，提高防洪抗旱能力；家中修建水窖，能够在夏季将雨水存下，留到春季使用。

村民在改变水的空间分布上曾做出许多尝试。比如，构筑具有较好的储水功能的梯田。大石块、小石子、土层三层结构有效减少了地表径流，为作物提供了更多水分；再如，团结水库完成后，王全有又带领水利专业队修建了2.5公里盘山渠道，从团结水库一直延伸到村前下游的月亮湖，但因水库漏水严重，支渠缺乏配套设施，加上水渠下方梯田土层薄，首次水库放水时便冲毁了部分梯田，群众对此不满，自此不再放水。村东北方向的明国寺外也有一条水渠，村民原想利用石槽将寺后的泉水引到地里，方便干活的时候饮用或育苗，但由于泉水流量小，石槽每节之间有缝隙，水几乎不到地里就流干了，水最终没能被引出来，石制的水渠也就此荒废。这些类似"南水北调"的工程由于种种问题均未实现最初的设想。

（二）生计策略：存蓄为主，开调为辅

王金庄村的文化延续相对稳定，在对前人生活经验无意识地传承之中，村民同样进行着有意识地创造。当地的生计策略可总结为"存蓄为主，开调为辅"，笔者尝试从文化适应的三个方面，即"补救性适应""抗风险适应"和"常态适应"来透视人们应对水资源匮乏的生活窘况所采取的调适性举措。

在分析王金庄的实例之前，先引入"非对称反馈"这一说法。简单来说就是自为体系有选择地吸收对自身有利的能量与物质，排除一切对自身无益的能力和物质以维持其自身的有序与对称，对周围环境制造无序与非对称[19]。这意味着对人类而言，生态系统并不完善，是有一定缺陷的。"每个民族对所处的自然与生态环境都有一套成熟的补救办法"[20]。缺土少水是王金庄村生态系统中最突出的缺陷，修建梯田便是针对此缺陷的"补救性适应"[20]。

应对降水、温度等波动以及病虫害的暴发等人类不欢迎却又肯定会发生的事情时，人们会表现出"抗风险适应"[20]。王金庄村的降水年际、年内都不均衡。适当的降水能够解决人畜饮水问题，给庄稼提供必要的水分；过多的降水反而影响耐旱作物的收成，甚至冲毁石堰，造成经济损失。洪水来临时，团结水库和大坝能够在一定程度上缓解雨量过大对村庄带来的冲击；为了应对干旱，集体组织开挖水井、修建大型蓄水池，家家户户相互帮工修水窖。

笔者认为，文化适应的三个方面并不是完全独立的，在人们一定程度适应自然、改

造自然后，非对称反馈逐渐定型，"补救性适应""抗风险适应"也许会转化为"常态适应"[20]。梯田的修建工艺、作物品种的选择、农技等都是在长期摸索中沉淀下来的，已然成为当地人农事活动中不可缺少的成分。村民日常生活利用井水或水窖里储存的雨水，这是直观的现象，更关键的内容潜藏在表象背后。不知情的人会问，为什么不通自来水？只要政府拨款，有了自来水，一切都解决了。这显然是忽视了当地自然与生态系统的特异性。王金庄周围全是旱庄，人们均是依靠自然降水或地下水维生，整个涉县的水量也并不充足，这种情形下，即便是想要供应自来水，也无水可供。除此之外，王金庄村山高石头多，石头是主要的建筑材料。为抵御寒冬，石房子的墙体都是由双层石块砌成，厚度可达60厘米，打孔不易，无论是埋管还是让水管直接裸露在空气中，都面临着众多问题。因此，从自然环境和现实条件合拍的角度出发，当前的状态或许是最经济的方案。

这些文化适应性举措均需要一定时间的积累，在应对长期性的环境缺陷时有着相当的效用，如果遇到突发灾害，紧急补救措施同样是村庄整体适应生态环境的重要方式。王林怀是村联社主任，他曾讲述。

> 1998年水奇缺，连一街的水池都快要见底了。我组织村民每天开车去井店镇拉水，安排大队的两委成员分发水票。王凤所、王合等人都是骨干力量。水票先分到各个大队，再由大队发给村民，按照两口人一桶水、一张水票来发。家中要是养了牲口，就按照每个牲口每天一桶水的量多发水票。水票是手写的，盖上村联社的章。发水时村干部要把旧的水票收上来，再把新的水票发下去。有的人家有水窖，拿到水票以后就会把水票让给困难的邻居，自觉地不去集体领水了。
>
> 发水票的目的是保障个人饮水，有了水票，村民们就不会哄抢，这种方式维持了良好的取水秩序。此外，干旱往往发生在春天，那时候还没到农忙时节，村民大多是盖房子或是修梯田，因此发水票有效地限制了建筑用水。在干旱的年份，每滴水都得用在刀刃上。那年缺水的日子没有持续太久，大约过了一个月，天开始降雨，问题就解决了。后来，村里的水窖相对较多了，即便天再旱，水基本也都够吃了。

从他的讲述中可以看出，水拉回村后，或贫或富，或是普通百姓或是村里干部，这些社会阶序似乎不再那么明晰，各家各户凭水票取水。这不仅仅是基层百姓追求公平的体现，更重要的是，凝聚在水滴之中并传达出来的价值构建起社会认同。王金庄的每个成员应按照村庄的规矩行事，任何打破这种规矩的行为都是不被群体所接受的。

作为中国重要农业文化遗产地，王金庄村有着可持续发展的特点，这不仅体现在传承至今的农耕模式，也体现在村民对于未来可能发生的灾害的预防。2016年7月的特大洪水之后，人们想着在修复道路时要加宽、加固河沟，并把横跨在河沟上的小桥做成可活动的，发水时将桥升起来，保证河沟的泄洪功能。此外，团结水库已于2017年4月动工修缮，以期最大限度地降低未来可能发生的洪水威胁。只有在这种人与自然螺旋式斗争和不断调适中，整个农业系统、整个文化系统才会历久弥新，永葆活力。

四、结束语

水本身是充满灵性的，当它的流动性与土地的固定性结合起来，自然的水又多了一层社会的属性，无边际的水又有了地方色彩。它的流动充满着时间与生命相关的隐喻，它的分配与管理带有着权力与象征的意味、体现着洁净与危险的分类。水就像村庄的血脉，维系一方土地上的生命。无论是时空分布的调整、对环境的创造性调适，还是寻求上天的庇佑，当地人对水的管理背后潜藏着他们对自然的认识——敬畏与共生。

兼论生产与生活，由水资源的短缺而形成的生产生活方式同以"土"为中心的农事生产模式双线并行，王金庄村在"乡土中国"与"水利社会"的结合下表现出自身系统的独特性。在生态脆弱的环境中，水资源的高效分配与管理使得箪食瓢饮的村庄能够维持生计，这种"土智慧"彰显出村庄可持续发展的内生性力量。王金庄作为涉县东部的小村，它的"干渴"映照了太行山东南的"干渴"；作为农业文化遗产地，它的生计模式或许能为其他干旱地区的生存与发展提供参照，相关的观念和技艺应作为解决水危机的重要文化基础而得到尊重与传承。对农业文化遗产的保护不仅仅是存留传统农耕智慧，更是反思农业与农村的发展前景，它直指当今的乡村建设，应培养乡村自我重建的能力，寻求人和自然的和谐共存[22]。

参考文献

[1]《2016年中国水资源公报》发布 [N]. 中国科学报，2017-7-18（004）.

[2] 张丹. 农业节水灌溉存在的问题与发展对策研究 [J]. 水资源研究，2017，6（1）：49-54.

[3] 史徒华. 文化变迁的理论 [M]. 张恭启，译. 台北：台湾远流出版事业股份有限公司，1989.

[4] 罗康隆. 水资源的利用与生计方式——以湖南通道阳烂村为例. 人类学与乡土中国：第三届人类学高级论坛 [C]. 武汉：中南民族大学，2005.

[5] 杨庭硕，罗康智. 侗族传统生计与水资源的储养和利用 [J]. 鄱阳湖学刊，2009（2）：62-68.

[6] 杨庭硕，王楠. 民族文化与生态环境之间的水资源供求优化 [J]. 吉首大学学报（社会科学版），2011，32（1）：32-36.

[7] 巢译方. 云南哈尼族水井的生态人类学解读——以元阳县全福庄村为例 [D]. 昆明：云南大学，2015.

[8] 闵庆文. 哈尼梯田的农业文化遗产特征及其保护 [J]. 学术探索，2009（3）：12-14+23.

[9] 徐玲琳，高灯州，张起景，等. 联合梯田农业文化遗产地农业生态系统保护的关键问题与途径 [J]. 亚热带水土保持，2015，27（4）：22-27+52.

[10] 张永勋，闵庆文. 稻作梯田农业文化遗产保护研究综述 [J]. 中国生态农业学报，2016，24（4）：460-469.

[11] 方丹，王玏. 水利型农业遗产保护历程研究 [J]. 建筑与文化，2016（3）：93-95.

[12] 崔峰，王思明，赵英. 新疆坎儿井的农业文化遗产价值及其保护利用 [J]. 干旱区资源与环境，2012，26（2）：47-55.

[13] 张俊峰.清至民国山西水利社会中的公私水交易——以新发现的水契和水碑为中心 [J].近代史研究,2014 (5):56-71.

[14] 张亚辉.人类学中的水研究——读几本书 [J].西北民族研究,2006 (3):187-192.

[15] 赵世瑜.分水之争:公共资源与乡土社会的权力和象征——以明清山西汾水流域的若干案例为中心 [J].中国社会科学,2005 (2):189-203+208.

[16] 行龙.晋水流域36村水利祭祀系统个案研究 [J].史林,2005 (4):1-10+123.

[17] 黄龙光."因水而治"——西南少数民族传统管水制度研究 [J].西南边疆民族研究,2014 (2):120-126.

[18] 邓石桥,任露泉,韩志武.土壤-犁壁界面毛细负压的形成和作用 [J].吉林大学学报(工学版),2004,34 (3):517-520.

[19] 杨庭硕.生态人类学导论 [M].北京:民族出版社,2007.

[20] 杨庭硕,田红.本土生态知识引论 [M].北京:民族出版社,2010.

[21] 黄应贵.空间、力与社会 [J].广西民族学院学报(哲学社会科学) 2002 (2):9-21.

[22] 孙庆忠,关瑶.中国农业文化遗产保护:实践路径与研究进展 [J].中国农业大学学报(社会科学版),2012,29 (3):34-43.

[23] 牛千飞,张耀义.涉县水利志 [M].天津:天津大学出版社,1993.

[24] 王金庄村志编纂委员会.王金庄村志.内部资料,2009.

注:本文原载《中国农业大学学报(社会科学版)》2017年第6期,第95-102页。

北方土石山区石堰梯田的水土保持作用

米 琦 詹天宇 何楷迪 孙 建 罗 璐

摘要： 北方土石山区的石堰梯田土地管理模式被认为能够有效地保持水土、提升土壤地力、增加农田生产力，但是该模式的具体水保效益以及生态学机制尚不清楚。因此，本文以河北涉县旱作石堰梯田为研究区，利用GIS和RS技术，以及修正的通用土壤流失方程（RUSLE）估算了研究区2000—2005年、2006—2011年和2012—2017年三个阶段的石堰梯田土壤侵蚀量和保持量，得到了研究区土壤侵蚀量的空间分布特征，并通过原位观测实验对研究区石堰梯田的水土保持措施因子P进行校正。结果表明：石堰梯田区的水土保持能力良好，相较自然条件（无耕作措施），可减少泥沙流失量91.5%左右。此外，石堰梯田系统的土壤侵蚀量低于林地和草地的土壤侵蚀量。就区域尺度而言，2000—2005年、2006—2011年和2012—2017年三个时期的年均土壤侵蚀模数分别为14 925、9 495和82 783吨/（千米^2·年）。根据土壤侵蚀的分类分级标准（SL19090），石堰梯田系统基本为微度或轻度侵蚀。由于石堰梯田耦合了花椒树边际种植模式，其土壤保持量也远高于其他土地利用方式。研究成果将为雨养农业生产和山区生态环境保护提供参考。

关键词： 土壤侵蚀；土壤流失方程；水土保持；石堰梯田

水土流失作为全球性环境问题之一，被持续、广泛和深入地研究和讨论[1-5]。在长时期的生产实践中，北方土石山区形成的石堰梯田土地管理模式被认为能够有效保持水土、提升土壤地力、增加农田生产力。因此，深入探讨该土地管理模式下的水土保持作用机制，能够有效防治区域水土流失，加强区域生态安全保护。

相关研究表明，相比于其他基于过程的土壤侵蚀估算模型，如欧洲土壤侵蚀预报模型（EUROSEM）和水蚀预报模型（WEPP）等，修正的通用土壤侵蚀模型（Revised Universal Soil Loss Equation，RUSLE）对参数的要求低，易获取并且精度高，在全球范围内得到广泛的应用[6]。中国学者也运用该模型做了大量研究，针对不同水土保持措施对水土保持能力的影响，特别是不同治理条件下的景观特征对水土保持进行了系统的研究[7]。就RUSLE模型本身的影响，学者们对RUSLE中的坡长因子[8]，和水土保持因子P的选择和确定进行了研究[9]，还有一些学者就同一地区不同水土保持措施的P因子值进行了比对[10]。这些研究都说明了不同水土保持措施导致的水土保持能力大为迥异，尤其RUSLE模型中P值的确定尤为重要。然而，目前对于北方土石山区石堰梯田的水土保持能力尚未有研究涉及。

北方土石山区降雨主要集中在6—9月，多暴雨，成土母质多为石灰岩和片麻岩，而且地形破碎，坡度大，沟壑密度大，极易发生土壤侵蚀。区内地表土石混杂，石多土少，地面常见沙砾化和石化[11]。地表土层薄，如永定河流域土层一般在20～60厘米，淮河流域有接近一半的地区土层厚度不到50厘米[12]。长期的水土流失导致土地生产能力的降低，加剧洪涝灾害且阻碍当地社会经济的发展[13]。

河北省涉县旱作梯田区域，属于典型的北方土石山区的水蚀类型。在长时期的生产实践中，形成石堰与植被耦合的土地管理模式，该保护型农业生产能有效减少水土流失[14]，但是该模式的具体水保效益以及生态学机制尚不清楚。因此，本文利用RUSLE模型，通过区域尺度对河北涉县旱作石堰梯田的水土保持作用进行评估，并通过原位模拟实验修正 P 因子，对区域评估数据进行验证，以提高研究结果精度，并对其中的生态学机制进行剖析，以期为当地的农业生产和生态环境保护提供参考。

一、材料与方法

（一）研究区概况

本文以河北省邯郸市涉县境内的更乐、关防和井店三个乡镇为研究区（图1）。涉县旱作梯田总面积178.75千米^2，石堰梯田呈现大小不一、土层厚薄不一，分布层叠的特征，主要种植作物为谷子、玉米、大豆和小麦等。该区域属太行山系，土壤以褐土为主，土质松散，易流失。地势自西北向东南倾斜，最高点海拔1 562.9米，相对高差1 359.9米，地形陡峭破碎，坡降比1/43。区内流域属太行山海河流域漳卫河区域，年平均降水556毫米，年均温12.4℃，6—9月期间降水总量可达全年的85%～90%，而汛期降水又主要集中在7月和8月的1～2次降雨过程，日降水量超过150毫米。

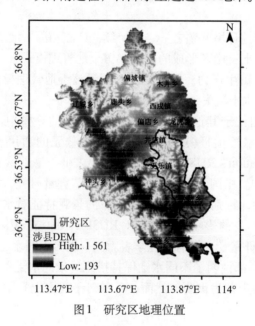

图1 研究区地理位置

研究区内林地按林种分类可划分5个级别：用材林、水源林、水保林、经济林和风景林。水保林优势树种为原生树木皂荚、天然灌木荆条和人工种植花椒等。

（二）野外调查

研究区内选择坡向和坡度一致的3个地块作为径流小区。其中：1号小区属于无水土保持措施的自然坡地；2号小区为石堰梯田，修筑石堰的农耕梯田；3号小区花椒生物埂石堰梯田，即在石堰梯田的堰边栽种花椒树，形成花椒生物埂石堰梯田复合系统。小区面积为200厘米×100厘米，小区下端开口设置地表径流集流桶，承接地表径流，观察径流量，每500毫升记录1次。雨强设置为15～35毫米，3次重复。采用人工模拟降雨，持续向小区中喷洒，径流产生后继续模拟降雨30分钟。人工模拟的降雨装置，由供水系统、过滤器、供水管和喷头组成，并由支架固定。通过供水速度和喷头开关控制雨强和雨量。收集的泥沙和产流量在实验室称重并记录，用以计算水土保持措施因子P值。

（三）其他数据来源

数字高程模型（Digital Elevation Model，DEM）来自地理空间数据云平台（http://www.gscloud.cn/），空间分辨率为30米。NDVI和土地利用数据均来自NASA的Landsat5（https://earthexplorer.usgs.gov/），土地利用数据采用目视解译。降水数据采用涉县气象站点2000—2017年的逐年降雨数据。

（四）土壤侵蚀量计算模型

采用修正的通用土壤流失方程模拟河北涉县地区石堰梯田年均土壤侵蚀模数，其数学表达式为：

$$A = R \times K \times LS \times C \times P \tag{1}$$

式中，A为土壤侵蚀模数；R为降雨侵蚀因子（兆焦耳·毫米）/（千米^2·时·年）；K为土壤可蚀性因子（吨·千米^2·时/（兆焦耳·毫米·千米^2））；LS为坡长坡度因子；C表示地表覆盖与管理因子；P表示水土保持措施因子。C和P是水土流失的阻碍因子，均为无量纲因子，取值在0～1之间，0表示没有土壤侵蚀现象发生，取值越高土壤侵蚀量越大。

估算地表植被和水土保护措施对水土流失的保持量A_2，由式（2）预测：

$$A_2 = R \times K \times LS \times (1 - C \times P) \tag{2}$$

降雨因子R的经典计算公式为$R = EI_{30}$，E是降雨总动能，I_{30}是最大30分钟雨强。因其雨强的数据获取难度大，本研究采用各月和各年平均降水量计算降水的侵蚀力。已有学者针对太行山区海河流域的气候和地貌特点提出了利用降水量数据估算R因子的计算公式[15]：

$$R = 1.2157 \sum_{i=1}^{12} 10^{\left(1.5 \log_{10}\left(\frac{P_i^2}{P}\right) - 0.08188\right)} \tag{3}$$

式中，P_i为月均降雨量（毫米）；AMP为年均降雨量（毫米）；R为降雨侵蚀力因子。公式（3）与经典计算公式$R = EI_{30}$在对应点上的估算结果相关系数显著相关（$r = 0.887$）。

研究区内降水主要集中在6—9月（图2），2016年7月发生特大洪灾，降水量（325.6毫米）为近20年的最高峰。由于研究区面积较小，只有一个气象站点，降水分布空间异质性不强，因此采用统一的R值。2000—2005年、2006—2011年和2012—2017年的年均降水量分别为576.93、511.79、558.93毫米。2000—2005年、2006—2011年和2012—2017年的年均R因子分别为176、109、894（兆焦耳·毫米）/（千米²·时·年）。

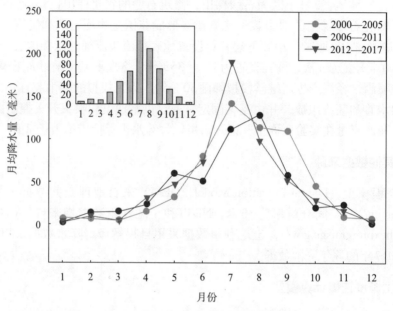

图2　2000—2017年降水逐月分布图

本文土壤K值采用前人的研究成果，河北省褐土K值为0.32（吨·千米²·时）/（兆焦耳·毫米　千米²）[16]。

借助ArcGIS中的Spatial Analyst—slope模块提取分辨率为30米的DEM的坡度与坡长。参考刘宝元和Mccool等[17-18]修正公式计算LS因子图层（图3）：

$$L=(\frac{\lambda}{22.1})^m \tag{4}$$

$$m=\begin{cases}0.2,& \theta\leqslant1°\\0.3,& 1°<\theta\leqslant3°\\0.4,& 3°<\theta\leqslant5°\\0.5,& \theta\geqslant5°\end{cases} \tag{5}$$

$$S=\begin{cases}10.8\sin\theta+0.036,& \theta<5°\\16.8\sin\theta-0.5,& 5°\leqslant\theta<10°\\21.9\sin\theta-0.96,& \theta\geqslant10°\end{cases} \tag{6}$$

式中，λ为坡长（米）；θ为坡度（%）；L为坡长因子；m为坡长因子公式指数；S为坡度因子。

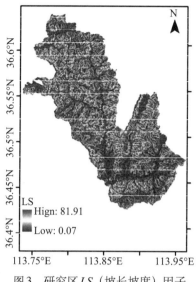

图3　研究区 *LS*（坡长坡度）因子

植被覆盖与管理因子是短时期内对土壤侵蚀敏感度最高的因子。流域内的土壤侵蚀 *LS* 因子与 *K* 值因子基本由地貌地形和成土母质决定，一定时期内两者不会发生变化。本研究以6—9月作物生长季的植被覆盖度计算 *C* 因子值[19]（图4）：

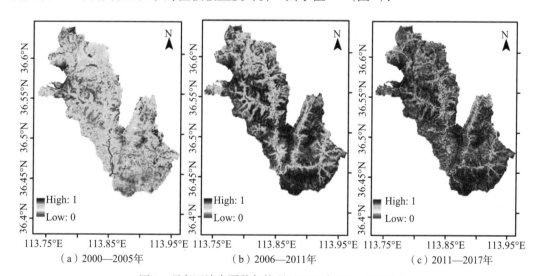

（a）2000—2005年　　　　　（b）2006—2011年　　　　　（c）2011—2017年

图4　研究区地表覆盖与管理因子 *C*（2000—2017年）

$$C_g = e^{-0.041\,8(V-0.05)}, \quad V \leqslant 0.05, \quad C = 1 \tag{7}$$

$$C_f = e^{-0.008\,5(V-0.05)1.5}, \quad V \leqslant 0.05, \quad C = 1 \tag{8}$$

$$C_c = 0.221 - 0.595\log_{10}V \tag{9}$$

$$V_c = \frac{NDVI - NDVI_{\min}}{NDVI_{\max} - NDVI_{\min}} \tag{10}$$

式中，V表示植被覆盖度；$NDVI$表示归一化的植被指数；C_g、C_f和C_c分别表示草地、林地和农田的C因子值。

土地利用数据由landsat影像目视解译。$NDVI$数据源选取2000—2017年6—9月的landsat5影像，采用最大值合成法，计算各年的$NDVI$值。每六年为一阶段估算年均$NDVI$值（图5）。

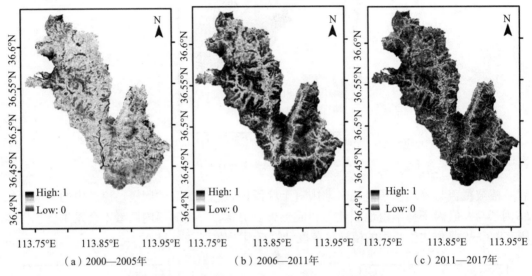

（a）2000—2005年　　（b）2006—2011年　　（c）2011—2017年

图5　研究区NDVI空间分布（2000—2017年）

水土保持措施因子是指采取水土保持措施后的土壤流失量与顺坡种植的土壤流失量的比值。水土保持措施可分为生物措施和工程措施两类，生物措施通过植树造林，退耕还草等增加植被覆盖度、涵养水源和减少水土流失，而工程措施则通过改变地形减少径流。研究区内水保措施以人工种植林为主，截至2017年，林地面积占研究区总面积的60%，草地面积占总面积的19%。以皂荚为主林地面积占林地总面积40%，以花椒为主林地面积占林地总面积22%，皂荚盖度最大为67%。皂荚林冠可截持水率23.1%，折合水层厚度0.29毫米，枯落物最大持水量15.9吨/千米^2，有效调蓄量11.09吨/千米^2；侵蚀模数为3.05吨/（千米^2·年）[20]。参考前人的研究成果[21-23]，结合研究区内实际情况，将各类土地利用类型赋值（表1）。

表1　不同土地利用类型P因子值

土地利用类型	P值
林地	0.90
草地	0.95
河滩地	1
居民点	1

石堰梯田是结合工程措施和生物措施的传统农耕系统，其水土保持作用主要体现在

三个方面：①外高内低的反坡梯田可最大限度地利用降水资源；②应用石堰建造技术的梯田减少径流的能力明显高于传统的土坡梯田；③田埂种植的花椒树，套作的黑枣和核桃等植被可以拦截降雨、根固土壤、并增强土壤的抗碱程度。石堰梯田P值采用实测方式获取，计算公式如下（11）：

$$P_C = \frac{A_C}{A_S} \tag{11}$$

式中，P_C为石堰梯田的实测P值；A_C为石堰梯田下的水土流失量（吨/公顷·年）；A_S为自然坡地的水土流失量（吨/公顷·年）。

二、结果与分析

（一）石堰梯田的水土保持作用

野外实测的观察值表明，同等条件下石堰梯田可减沙88%，花椒生物埂石堰梯田复合系统可减沙95%。随着模拟降水量的不断增加，自然坡地地表径流的含沙量明显高于石堰梯田系统。花椒生物埂石堰梯田系统的减沙效益比石堰梯田高7%。在模拟降水达到15毫米时，自然状态下的坡地产沙量几乎是石堰梯田系统的20倍；模拟降雨持续达到35毫米时，自然状态下的坡地产沙量已达到1125吨/千米^2，石堰梯田产沙量为118吨/千米^2，花椒生物埂石堰梯田系统的产沙量为60.8吨/千米^2，是石堰梯田系统产沙量的一半。依据式（11）得到石堰梯田系统的P_{C1}=0.1，花椒生物埂石堰梯田的P_{C2}=0.054。考虑到研究区并非所有梯田种植花椒树，实际P_C=0.077，实际减沙91.5%。通过对西南山区和黄土高原地区水平梯田相关文献的梳理[9, 24]，得到了四川、陕西、山西、贵州和云南等地的梯田减沙效益与P值（表2）。从表2可以看出石堰梯田的水土保持效益高于其他地区绝大多数的梯田水平，减沙量高于平均水平4.74%。

表2 不同区域梯田减沙效益[9, 24]

实验站点	减沙效益（%）	P值
贵州毕节	71.21	0.287
湖北秭归	98.40	0.016
江西德安	91.20	0.088
江西泰和	85.60	0.144
陕西汉中	81.50	0.185
陕西镇巴	95.00	0.050
四川安居	65.01	0.349
四川简阳	82.13	0.178
四川遂宁	83.53	0.164
四川宣汉	94.22	0.057

（续）

实验站点	减沙效益（%）	P 值
四川资阳	70.01	0.300
云南沾益	85.85	0.141
云南昭通	96.84	0.031
重庆合川	85.84	0.141
重庆开县	86.86	0.131
重庆潼南	96.30	0.037
重庆渝北	98.92	0.010
甘肃西峰	98.40	0.016
山西绥德	88.70	0.113
山西离石	71.30	0.287
陕西延安	91.60	0.084
陕西耀州	74.60	0.254
陕西彬县	94.90	0.051
陕西淳化	94.50	0.055
平均	86.76	0.130

（二）土壤流失量

土壤侵蚀是地形、气候、土壤和人为影响等多因素综合作用的产物。利用RUSLE模型估算得到研究区水土流失模数空间分布图，研究区内侵蚀等级依据《土壤侵蚀分类分级标准》划分，多数地区属于侵蚀模数 $> 1.5 \times 10^4$ 吨/（千米^2·年）的剧烈侵蚀等级。为了直观的分辨侵蚀强度，在此基础上将剧烈侵蚀划分为微度剧烈侵蚀 [$1.5 \times 10^4 \sim 3 \times 10^4$ 吨/（千米^2·年）]、中度剧烈侵蚀 [$3 \times 10^4 \sim 6 \times 10^4$ 吨/（千米^2·年）]、强度剧烈侵蚀 [$6 \times 10^4 \sim 1.2 \times 10^5$ 吨/（千米^2·年）] 和极强剧烈侵蚀 [$> 1.2 \times 10^5$ 吨/（千米^2·年）] 四个等级。

表3　土壤侵蚀划分标准

侵蚀等级		侵蚀范围（吨/千米^2·年）
微度侵蚀		$< 0.2 \times 10^3$
轻度侵蚀		$0.2 \times 10^3 \sim 2.5 \times 10^3$
中度侵蚀		$2.5 \times 10^3 \sim 5 \times 10^3$
强烈侵蚀		$5 \times 10^3 \sim 8 \times 10^3$
极强烈侵蚀		$8 \times 10^3 \sim 1.5 \times 10^4$
剧烈侵蚀	微度	$1.5 \times 10^4 \sim 3 \times 10^4$
	中度	$3 \times 10^4 \sim 6 \times 10^4$
	强度	$6 \times 10^4 \sim 1.2 \times 10^5$
	极强	$> 1.2 \times 10^5$

资料来源：土壤侵蚀分类分级标准表（SL19090）。

　　图6展示了研究区三个不同时间段的土壤侵蚀模数空间分布特征。表4显示了研究区各侵蚀强度所占面积及百分比。2000—2005年的年平均土壤侵蚀模数为14 925吨/（千米^2·年），微度侵蚀地区占研究区总面积的17.78%，极强烈侵蚀地区、微度剧烈侵蚀地区和中度剧烈侵蚀地区分别占研究区总面积的15.12%、22.45%和17.1%。2006—2011年年均侵蚀模数为9 495吨/（千米^2·年），微度侵蚀面积占研究区总面积18.61%；极强烈侵蚀地区和微度剧烈侵蚀地区分别占研究区总面积的20.66%、19.58%。2012—2017年受洪灾影响，年均侵蚀模数82 783吨/（千米^2·年），剧烈侵蚀地区达到研究区总面积的76%。其中，微度剧烈侵蚀地区、中度剧烈侵蚀地区、强度剧烈侵蚀地区、极强剧烈侵蚀地区分别占研究区总面积的8.35%、16.02%、24.62%、27.03%。从图7中可以看出，分布在河谷两侧的石堰梯田区侵蚀强度在三个不同时间段均低于梯田以外的区域。

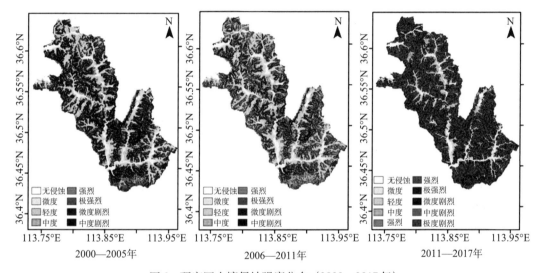

图6　研究区土壤侵蚀强度分布（2000—2017年）

表4　研究区土壤侵蚀强度分级及响应面积

土壤侵蚀强度	侵蚀面积（千米^2）			百分比（%）		
	2000—2005年	2006—2011年	2012—2017年	2000—2005年	2006—2011年	2012—2017年
无侵蚀	8.50	8.62	8.40	4.21	4.27	4.16
微度侵蚀	35.92	37.62	13.20	17.78	18.61	6.53
轻度侵蚀	17.06	18.96	9.34	8.44	9.38	4.63
中度侵蚀	15.24	22.44	6.24	7.54	11.11	3.09
强烈侵蚀	14.86	23.07	3.65	7.35	11.42	1.81
极强烈侵蚀	30.57	41.76	7.61	15.12	20.66	3.77
微度剧烈侵蚀	45.37	39.58	16.87	22.45	19.58	8.35
中度剧烈侵蚀	34.56	10.04	32.38	17.10	4.97	16.02
强度剧烈侵蚀	—	—	49.75	—	—	24.62
极强剧烈侵蚀	—	—	54.63	—	—	27.03

（三）土壤保持量

若假设研究内 C 和 P 因子值都为1，则估算的研究区土壤侵蚀结果为无任何生物或工程水土保持措施下的土壤侵蚀量。应用式（2）得到研究区修建梯田和种植水土保持林等措施后的土壤保持量空间分布（图7）。研究区内主要土地利用类型为林地、草地和石堰梯田。从表5可知，2000—2005年石堰梯田土壤保持量平均值为12 049.57吨/（千米²·年）；同时期林地和草地的土壤保持量平均值为2 991.76、2 848.22吨/（千米²·年），林地和草地的土壤保持效益是石堰梯田的24.82%和23.63%。2006—2011年间石堰梯田土壤保持量平均值为7 864.22吨/（千米²·年）；同时期林地和草地的土壤保持量平均值为1 821.76和1 633.16吨/（千米²·年），土壤保持效益只有石堰梯田的23.16%和20.76%。2012—2017年石堰梯田土壤保持量平均值为55 496.26吨/（千米²·年）；林地和草地的土壤保持平均值分别为12 970.36、6 958.28吨/（千米²·年），土壤保持效益只有石堰梯田23.37%和12.53%。由此可知，林地和草地在三个不同时间段的土壤保持效益均低于石堰梯田土壤保持效益。相对于其他土地利用方式，石堰梯田土壤保持效果显著，相对保持效益较高的地区基本全部集中在梯田区内。

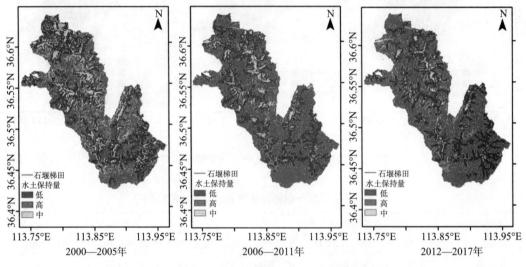

图7 研究区土壤保持强度分布（2000—2017年）

表5 研究区不同土地利用方式土壤保持量

年份	土地利用方式	土壤保持量 [吨/（千米²·年）]			面积（千米²）	保持总量（吨）
		平均值	最大值	最小值		
	梯田	12 049.57	98 210.99	15.71	48.44	583 650.00
2000—2005	林地	2991.76	84 439.48	11.85	116.74	349 254.71
	草地	2848.22	74 578.98	8.87	33.28	94 798.39

（续）

年份	土地利用方式	土壤保持量 [吨/（千米²·年）]			面积（千米²）	保持总量（吨）
		平均值	最大值	最小值		
2006—2011	梯田	7864.22	60 823.86	9.78	36.11	284 008.45
	林地	1821.76	56 029.92	7.34	138.91	253 063.66
	草地	1633.16	49 033.70	5.00	21.58	35 247.40
2012—2017	梯田	55 496.26	490 398.34	80.17	27.64	1 533 916.72
	林地	12 970.36	430 879.81	59.43	158.30	2 053 162.54
	草地	6958.28	470 655.66	54.29	9.37	65 231.13

三、讨论

降水是研究区水土流失的主要驱动因素。2000—2005年、2006—2011年和2012—2017年的每六年雨季中，最大月均降水量分别为142毫米、112.21毫米和190.38毫米，因此2012—2017年的土壤侵蚀模数最高为82 783吨/（千米²·年），2006—2011年土壤侵蚀模数最低只有9495吨/（千米²·年）。石堰梯田减沙减流作用明显高于其他地区的梯田系统，平均可减沙88%～95%，水土保持措施因子值为0.077，高于土坡梯田。且石堰梯田的保土效益高于林地和草地，水土保持高的区域普遍集中在梯田区内。究其原因，在于梯田能够有效减少地表径流量，减少降水产生的径流对地表土壤的冲刷，对水土流失起到很大的阻缓作用，能够增加土壤的抗冲性。同时，由于地表径流路径的改变，其水分可以通过蒸发和入渗等方式进入大气或者渗入地下水，进一步参与到区域的水循环过程[25]。

石堰梯田区种植的植物即花椒，也是其水土保持作用效果显著的另一原因。花椒树的根系可以锚固到更深的基岩层，其作用程度与根的分布形态、根径和长度密切相关[26]。河北石质山区的花椒树根系在垂直梯度上主要集中在0～40厘米土层，该层根系密集，且细根集中，而土壤抗侵蚀性与直径＜1毫米的细根密度关系最为密切，因此种植在石堰梯田区的花椒的众多细根增加了土壤抗侵蚀性[27]。此外，花椒的根系扎进土层中，对上部的土层起到支撑作用[28]，固持表层的土粒，增加地表粗糙度，加大了土壤渗透性。根系对土体的固定作用必须穿过边坡的可能滑移面，最理想的情形是根系可以深入岩层的缝隙之中，才能起到锚固作用，将土体的剪切能力转移到植被根系的拉伸作用[29]。并且植物根系能将土壤单粒团聚起来，形成具有空隙结构的不易破碎的团聚体，而团聚体的形成使得土壤的透水性增强，使得地表径流不易将土壤冲走，同时形成团聚体的土壤表面相对粗糙，能够阻缓地表径流的流速，在一定程度上阻止了地表径流的集中[25]。石堰梯田恰好具备这一特征。

进一步而言，花椒增加了农田的植被覆盖度，减少土层的吸水与蒸发。冠层叶片阻挡雨滴，降低雨滴的溅蚀能力[30]。根系吸收土壤中的水分，降低土壤空隙中的水压力，加强土壤吸力，稳定土体[31]。花椒的枯枝落叶层能够阻缓地表径流的流速，增加土壤入渗时间，使得部分地表径流转化为土内径流。在农作物全部覆盖时，保土作用系数最高可达到0.8，而林地的覆盖度超过85%时，可能完全避免土壤侵蚀的发生，当林木覆盖度地域为30%，保土作用系数在0.4左右[32]。石堰梯田套作花椒生物埂弥补了农田保土作用低于林地的缺陷。

黄土高原地区的土坡梯田是应用最广泛的水土保持措施[33]，多个实验站点的研究表明黄土高原土坡梯田的平均蓄水效益为86.7%，平均保土效益为87.7%；西南土石山区的水平梯田减沙效益为86.38%；江西地区梯田减沙效益81.09%[9, 34-36]。相比本研究结果，石堰梯田的减沙效益为91.5%，相对较高，因此，石堰与花椒耦合的水土保持技术具有明显的优势，并且适用于土石山区石多土少的土地利用模式。

有研究指出在杏河水文站集水流域测得2001—2010年平均输沙模数为6 270.66吨/（千米^2·年），土壤侵蚀模数为5 812.28吨/（千米^2·年）[3]，在晋北干线沿线地区测得其褐土在2010年的平均土壤侵蚀模数为4 254.5吨/（千米^2·年）[37]。与前人的研究成果相比，我们测得的土壤侵蚀模数相对更高，其原因可能是我们所测研究区处在高山上，土质松散，土壤侵蚀更为严重。

四、结论

本文基于RUSLE模型对涉县旱作石堰梯田土壤保持量和侵蚀量进行估算，并通过与研究区林地和草地相比较，得出如下结论。

（1）石堰梯田水土保持功能优越。通过野外模拟降水的土壤侵蚀观察发现，在同等条件下修建石堰梯田可减少泥沙流失91.5%。关于梯田本身减沙减流作用的研究指出梯田可减沙80%～95%，减少径流70%～90%。梳理其他地区梯田系统的研究文献后，可以明确石堰梯田的水土保持效益高于绝大部分地区。

（2）基于RUSLE土壤侵蚀模型的估算，石堰梯田系统区域的土壤侵蚀量低于林地和草地的土壤侵蚀量。2011—2017年研究区多次发生特大暴雨，强度侵蚀以上的地区皆是在石堰梯田系统以外。2005年、2011年和2017年三个时期的土壤侵蚀量，石堰梯田系统所在区域基本保持微度侵蚀或者轻度侵蚀，因此，土壤保持量石堰梯田系统也远高于其他土地利用方式。

（3）石堰梯田与花椒种植耦合的土地利用模式能够有效地提升研究区的水土保持能力，因此，该模式对土石山区石多土少区域的农业生产实践和生态环境保护具有一定的参考价值。

致谢

感谢唐勇副教授对本文的修改工作提出的宝贵意见，感谢刘碧颖硕士对本文图件修改给予的帮助。

参考文献

[1] BO R RELLI P, R OBINSON D A, FLEISCHE R L R, et al. An assessment of the global impact of 21st century land use change on soil erosion [J]. Nature Communications, 2017, 8 (1): 2013.

[2] ZHANG Fu, XING Zisheng, ZHAO Chuanyan, et al. Characterizing long-term soil and water erosion and their interactions with various conservation practices in the semi-arid Zulihe basin, Dingxi, Gansu, China [J]. Ecological Engineering, 2017, 106: 458-470.

[3] 李天宏, 郑丽娜. 基于RUSLE模型的延河流域2001—2010年土壤侵蚀动态变化 [J]. 自然资源学报, 2012, 27 (07): 1164-1175.

[4] V R IELING A, STE R K G, VIGIAK O. Spatial evaluation of soil erosion risk in the West Usambara Mountains, Tanzania [J]. Land Degradation & Development, 2006, 17 (3): 301-319.

[5] SCHIETTECATTE W, D' HONDT L, CO R NELIS W M, et al. Influence of landuse on soil erosion risk in the Cuyaguateje watershed (Cuba) [J]. Catena, 2008, 74 (1): 1-12.

[6] R ENA R D K G, FOSTE R G R, WEESIES G A, et al. Predicting soil erosion by water: a guide to conservation planning with the Revised Universal Soil Loss Equation (RUSLE) [J]. Agricultural Handbook, 2018.

[7] 魏建兵, 肖笃宁, 李秀珍, 等. 东北黑土区小流域农业景观结构与土壤侵蚀的关系 [J]. 生态学报, 2006, 26 (8): 2608-2615.

[8] 秦伟, 朱清科, 张岩. 基于GIS和RUSLE的黄土高原小流域土壤侵蚀评估 [J]. 农业工程学报, 2009, 25 (8): 157-163+4.

[9] 刘斌涛, 宋春风, 史展, 等. 西南土石山区水平梯田的水土保持措施因子 [J]. 中国水土保持, 2015 (4): 36-39.

[10] 范建荣, 王念忠, 陈光, 等. 东北地区水土保持措施因子研究 [J]. 中国水土保持科学, 2011, 9 (3): 75-78+92.

[11] 李秀彬, 马志尊, 姚孝友, 等. 北方土石山区水土流失现状与综合治理对策 [J]. 中国水土保持科学, 2008, 6 (1): 9-15.

[12] 水利部, 中国科学院, 中国工程院. 中国水土流失防治与生态安全: 北方土石山区卷 [M]. 北京: 科学出版社, 2010.

[13] 夏积德, 王稳江, 仇文娟. 永寿县"十二五"期间坡耕地综合治理成效和经验 [J]. 中国水土保持, 2019 (6): 48-50.

[14] SEITZ S, GOEBES P, PUERTA V L, et al. Conservation tillage and organic farming reduce soil erosion [J]. Agronomy for Sustainable Development, 2018, 39 (1): 339-346.

[15] 马志尊. 应用卫星影像估算通用土壤流失方程各因子值方法的探讨 [J]. 中国水土保持, 1989 (3): 24-27.

[16] 曹祥会, 龙怀玉, 雷秋良, 等. 河北省表层土壤可侵蚀性K值评估与分析 [J]. 土壤, 2015, 47 (6): 1192-1198.

[17] LIU B Y, NEARING M A, SHI P J, et al. Slope length effects on soil loss for steep slopes [J]. Soil Science Society of America Journal, 2000, 64 (5): 1759-1763.

[18] MCCOOL D K, FOSTER G R, MUTCHLER C K, et al. Revised slope length factor for the universal

soil loss equation [J]. Transactions of the ASAE, 1989, 32 (5): 1571-1576.

[19] 冯强, 赵文武. USLE /RUSLE 中植被覆盖与管理因子研究进展 [J]. 生态学报, 2014, 34 (16): 4461-4472.

[20] 李新平. 太行山南部水土保持植物材料选择研究 [D]. 北京: 北京林业大学, 2006.

[21] CHEN Tao, NIU Ruiqing, LI Pingxiang, et al. Regional soil erosion risk mapping using RUSLE, GIS, and remote sensing: a case study in Miyun Watershed, North China [J]. Environmental Earth Sciences, 2011, 63 (3): 533-541.

[22] 孙文义, 邵全琴, 刘纪远. 黄土高原不同生态系统水土保持服务功能评价 [J]. 自然资源学报, 2014, 29 (3): 365-376.

[23] 王万忠, 焦菊英. 中国的土壤侵蚀因子定量评价研究 [J]. 水土保持通报, 1996, 16 (5): 1-20.

[24] 高海东, 李占斌, 李鹏, 等. 梯田建设和淤地坝淤积对土壤侵蚀影响的定量分析 [J]. Journal of Geographical Sciences, 2012, 22 (5): 946-960.

[25] 朱显谟. 黄土地区植被因素对于水土流失的影响 [J]. 土壤学报, 1960, 8 (2): 110-121.

[26] 朱美秋, 马长明, 翟明普, 等. 河北石质山区花椒细根分布特征 [J]. 林业科学, 2009, 45 (2): 131-135.

[27] 李勇, 徐晓琴, 朱显谟. 黄土高原植物根系提高土壤抗冲性机制初步研究 [J]. 中国科学, 1992 (3): 254-259.

[28] 骆宗诗, 向成华, 章路, 等. 花椒林细根空间分布特征及椒草种间地下竞争 [J]. 北京林业大学学报, 2010, 32 (2): 86-91.

[29] 王可钧, 李焯芬. 植物固坡的力学简析 [J]. 岩石力学与工程学报, 1998, 17 (6): 687-691.

[30] 李建红, 张水华, 孔令会. 花椒研究进展 [J]. 中国调味品, 2009, 34 (2): 28-31+35.

[31] 吴钦孝, 杨文治. 黄土高原植被建设与持续发展 [M]. 北京: 科学出版社, 1998.

[32] 刘秉正, 刘世海, 郑随定. 作物植被的保土作用及作用系数 [J]. 水土保持研究, 1999, 6 (2): 32-36+113.

[33] 魏童, 谭军利, 马中昇. 黄土高原地区水土保持措施对土壤水分影响研究综述 [J]. 节水灌溉, 2018 (10): 97-99+103.

[34] 张靖宇, 魏伟, 张聃, 等. 赣北红壤坡地不同类型梯田减流减沙效益研究 [J]. 现代农业科技, 2014 (22): 188-189+191.

[35] 吴发启, 张玉斌, 王健. 黄土高原水平梯田的蓄水保土效益分析 [J]. 中国水土保持科学, 2004, 2 (1): 34-37.

[36] 刘晓燕, 王富贵, 杨胜天, 等. 黄土丘陵沟壑区水平梯田减沙作用研究 [J]. 水利学报, 2014, 45 (7): 793-800.

[37] 郭子萍, 王乃昂, 屈志勇. 基于 RUSLE 的引黄入晋北干线沿线地区土壤侵蚀定量研究 [J]. 水土保持通报, 2018, 38 (3): 180-186.

注: 本文原载《山地学报》2019年第6期, 第828–838页。

北方土石山区石堰梯田的土壤肥力保持作用

余　婷　周天财　孙　建　闵庆文　刘某承
焦雯珺　李禾尧　贺献林　刘　洋

摘要： 通过调查河北省涉县全国重要农业文化遗产地石堰梯田核心区梯田耕地和非梯田坡地土壤养分、土壤含水量和土壤容重等要素（土壤观测深度为0～20厘米）。结果表明，石堰梯田的土壤有机质、土壤全碳和土壤全氮含量显著高于非梯田坡地（$P < 0.05$），且梯田土壤速效性养分（铵态氮、硝态氮和有效磷）明显高于非梯田坡地。和非梯田坡地土壤养分相比，梯田的土壤有机质、土壤全碳、土壤全氮、铵态氮、硝态氮和有效磷含量分别增加了26.32%、29.46%、24.28%、6.09%、2.77%、30.27%。值得注意的是，梯田土壤含水量显著高于非梯田土壤（$P < 0.05$），除有效磷外，梯田土壤速效性养分的含量随着土壤含水量的增加显著增加，即梯田土壤含水量显著增加了其土壤的铵态氮（$R^2 = 19$，$P < 0.05$）和硝态氮（$R^2 = 19$，$P < 0.05$）含量。梯田与非梯田土壤养分的分析对比结果指示石堰梯田外源有机肥的输入能够明显改善土壤养分条件和土壤水分状况，对旱区山区农田管理可持续利用有积极的意义。

关键词： 石堰梯田；土壤养分；太行山；北方土石山区

土壤是人类赖以生存的物质基础，其作为植物生产的基地、农业的基本生产资料及人类耕作的劳动对象，与社会经济发展紧密关联，因此，土壤性质一直是土壤学领域中的研究热点[1-5]。其中，土壤养分是土壤肥力质量的核心组成部分，是土壤肥力质量的重要指标，也是科学施肥的主要依据[6-10]。而水土流失是世界最主要环境灾害之一，大规模的水土流失不仅损坏了土壤资源，使大量丰富的土壤养分随降水流失，而且土壤性状也受到损坏、肥力质量下降，进而导致土壤生产力降低。土壤养分的流失必然会导致土壤质量下降，土壤质量是影响和制约生态环境修复、土地退化治理、水土保持和农业可持续发展的关键所在[11,12]。我国开展了对水土流失长期的治理工作，采取的主要水土保持措施有三类，包括林草措施、耕作措施和工程措施（坡改梯工程和沟道工程）。梯田是坡改梯的主要呈现形式，梯田主要是把坡地改造成阶梯式断面的地块，也是河北省涉县地区最常见的农田[13]。建设梯田的主要原因是减缓坡度和改变小地形，进而提高土壤入渗、减小径流速度，缓解当地严重的水土流失情况[13,14]，它是既能保证粮食产量，又能保障水土保持的双向型耕地类型。

涉县旱作梯田系统是五位一体（"石头-梯田-作物-毛驴-村民"）的，秉承循环理念的、可持续发展的生态系统[13]。区域自然特性是缺土缺水，但当地劳动人民世代于梯田外沿兴修双层石堰以保护梯田，层叠的石块因纵向的压力使石土层更加紧密，减少了土壤和土壤养分的流失。并在旱作梯田外沿种植花椒树、黑枣树、核桃树等以稳固石堰梯田和保护其中的土壤[13,14]。由此构建的农林复合生态系统提高了当地生物的多样性，改善了当地梯田系统的小气候。虽然当地居民常年以农作物秸秆和驴粪沤制的有机肥施用于梯田耕地，以改善土壤结构，增加土壤肥力[13,14]，但当地农民对"石堰梯田-经济林-有机肥"耦合系统蕴含的科学还不是很清楚。鉴于此，本文通过对涉县旱作梯田核心区梯田土壤和非梯田土壤的采样，进行土壤理化性质的分析，试图：①阐明梯田系统与非梯田土壤养分的差异；②探究造成以上差异可能存在的原因。

一、研究区与研究方法

（一）研究区概况

涉县位于河北省西南部，北纬36°17′至北纬36°55′，东经113°26′至东经114°，东西横跨37.5公里，南北纵距64.5公里，总面积1 509.26平方公里。区域年均降水540.50毫米，年降水变率26%，降水主要集中在6—8月，占全年的63%。年平均气温12.5℃，年较差27.8℃，冬季气温1月最低-2.5℃，夏季气温7月最高25.3℃，极端最低气温-19.3℃，极端最高气温40.4℃，年平均日照时数2 478.7小时，年太阳总辐射3 946兆焦/米²。研究区位于河北省邯郸市涉县境内的更乐、关防和井店三个乡镇，其中王金庄是石堰梯田分布的核心区域（图1），区内流域属漳卫河流域，受季风气候影响显著，6—9月降水总量可达全年的85%～90%，而汛期降水又主要集中在7月和8月的1～2次降水过程，日降水量超过150毫米。

图1　研究区地形地貌

（二）样品采集

2018年5月，在涉县3个乡镇（更乐、关防和井店镇）的主要梯田群，分5个海拔高度进行布点，遵循土壤分析的采样原则从低到高进行土壤样品采集；对应梯田和非梯田坡地成对分别进行采集，采样深度为0～20厘米，重复2次。土壤样品采用挖掘法，去除地表植被和草根层后用直径为5厘米的土钻在各样方内进行随机采样，并将土样带回实验室，土样混合后过100毫米和20毫米筛备用，并将部分样品存于4℃的冰箱内，部分样品风干研磨，进行土壤养分各指标的测定。相应地，用直径5厘米的环刀从5个海拔梯度由上至下取样，每个梯度取3个重复。装塑封袋后带回实验室105℃烘干至恒重，然后称量其干重，根据公式计算土壤容重和土壤重量含水量。

（三）样品分析

土壤养分测定前首先清除土壤中的杂物，碾碎，经2毫米孔径大小的过滤筛过滤，使用常量元素分析仪（Elementar Analysensysteme GmbH，German）测定土壤样品有机碳和土壤全氮含量；铵态氮（NH_4^+–N）与硝态氮（NO_3^-–N）含量通过氯化钾溶液浸提后，采用连续流动分析仪进行测定；土壤全磷（STP）的测定方法为硫酸–高氯酸消煮法，土壤样品中有机质（SOM）含量的测定选用重铬酸钾–外加热法，每个样品进行3次平行重复测定。土壤容重（SBD）和土壤含水量（SWC）的测定采用环刀法，土壤容重＝土壤烘干重/环刀体积，土壤含水量＝（土壤湿重－土壤干重）/土壤干重×100%。

（四）数据分析

软件ArcGIS 10.2（ESRI, Inc., Redlands, CA, USA）用于制作研究区位图，R（R Core Development Team, R Foundation for Statistical Computing, Vienna, Austria）用于箱线图的制作和差异性分析，Sigma Plot 10.0（Systat Software, Inc., Chicago, IL, USA）用于散点图的制作，Amos（17.0.2, Amos Development Corporation, Crawfordville, FL, USA）用于结构方程模型（Structural Equation Modeling, SEM）分析。

二、结果与分析

（一）土壤物理性质

土壤物理性质不仅能影响土壤的通气性、透水性、蓄水性，其和土壤养分也紧密相关。研究表明，梯田SWC显著高于非梯田土壤（$P < 0.05$），梯田和非梯田SWC分别为0.221和0.209（图2）。相比非梯田坡地，说明在施肥的基础上梯田耕地进行常年翻耕可

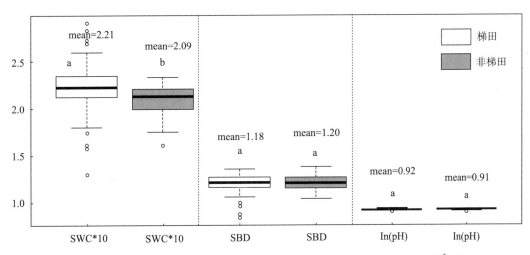

图2　梯田与非梯田坡地土壤含水量（SWC，%），土壤容重（SBD，克/厘米^3）和pH

有效提高土壤含水量。梯田的pH也高于非梯田，分别为8.23和8.17（图2），这可能与梯田常年施用有机肥有关，因为有机肥具有改良土壤酸化的功能。图2还表明非梯田的SBD高于梯田土壤，对应的SBD值分别为1.20和1.18，可见，梯田的常年耕作处理会使土层变疏松，土壤容重减少。

（二）土壤养分

土壤养分是反映土壤肥力的重要指标，图3表明，梯田SOM、STC和STN显著高于非梯田坡地（$P < 0.05$），梯田土壤的速效性元素（NO_3^--N，NH_4^+-N和SAP）明显高于非梯田坡地。具体而言，非梯田坡地对应的SOM、STC和STN平均数值分别为2.32、2.90和0.13，相应地，梯田的SOM、STC和STN平均数值分别为2.94、3.76和0.16（图3A）。游离态、水溶态的土壤有效氮（NO_3^--N，NH_4^+-N）和土壤的有效磷（SAP）可以被植物根系直接吸收利用。与非梯田坡地相比，梯田土壤NO_3^--N，NH_4^+-N和SAP含量分别提高了0.08、0.14和0.11（图3B）。说明，梯田对土壤SOM，STC，STN，NO_3^--N，NH_4^+-N和SAP含量有不同程度的提高，即梯田的总有机养分和速效性养分含量高于非梯田坡地。

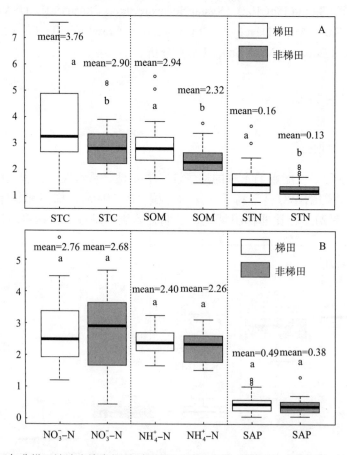

图3　梯田与非梯田坡地土壤有机质（SOM，%），全碳（STC，%），全氮（STN，%），硝态氮（NO_3^--N，毫克/升），铵态氮（NH_4^+-N，毫克/升）和有效磷（SAP，毫克/升）的含量

（三）土壤养分与土壤水分和容重的关系

土壤水分不仅是旱生植物根系吸收水分的主要来源，同时土壤中的养分离子溶解于土壤水中，才能被植物根系表面直接吸收与利用。结果表明，梯田中，土壤NO_3^--N含量（$R^2=0.19$，$P<0.05$）和土壤NH_4^+-N含量（$R^2=0.19$，$P<0.05$）分别随着SWC含量的增加而显著增加，SWC含量的增加对SAP含量没有显著影响（图4A）。同样的现象也存在于非梯田坡地（$R^2=0.33$，$P<0.05$），但没有显著改变SAP含量（图4B）。土壤容重是土壤水分、土壤肥力、土壤通气性、土壤温度协调的指标，SWC含量的增加显著增加了土壤NO_3^--N含量（$R^2=0.14$，$P<0.05$）和土壤NH_4^+-N含量。研究结果表明，梯田中，土壤NO_3^--N的含量随着SBD含量的增加而显著减少（$R^2=0.14$，$P<0.05$），SBD对土壤NH_4^+-N含量和SAP含量没有显著影响（图4C）。非梯田坡地中，SBD与土壤速效性元素（NO_3^--N，NH_4^+-N和SAP）无显著相关关系（图4D）。

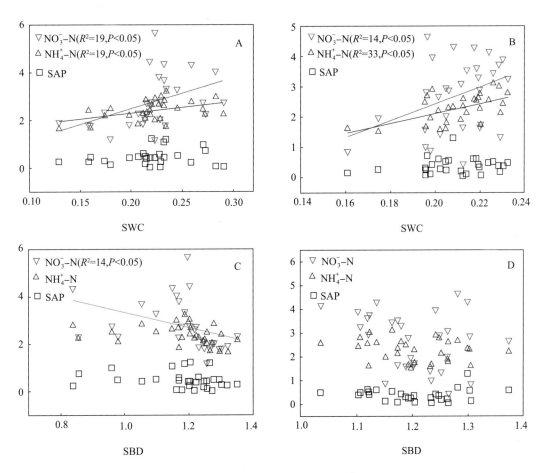

图4　土壤含水量（SWC，%），土壤容重（SBD，克/厘米³）与土壤养分的相关性分析。
A和C表示梯田土壤要素间的拟合，B和D表示非梯田土壤要素间的拟合。

三、讨论

土壤容重能够表征土壤结构，也能反映土壤的疏松程度，土壤疏松程度是重要的土壤物理性质之一，它直接影响植物根系的生长和发育。梯田的土壤容重低于非梯田坡地（图2），表明梯田土壤疏松多孔，这主要得益于涉县旱作梯田核心区坚持实行保护性深耕和一年多次耕作，梯田的耕作能够明显降低耕层土壤的容重，长期免耕的农田土壤容重比常年翻耕的高[15,16]，尤其是深耕，能够明显增加20～30厘米土层的孔隙度[17]。孔隙是土壤结构中极为重要的部分，对水、气在土壤中的传导，根系的穿扎，土壤生物的活动均有重要影响。非梯田坡地完全没有翻耕，导致土壤紧实[15]，容重比梯田土壤大（图2）。梯田土壤容重较小有利于梯田土壤中水、气流通[18]，为土壤中植物根系及土壤微生物的有效活动创造适宜的环境，进而有利于土壤中微生物的活动、加速土壤有机质的分解、促进土壤养分的活化。相比非梯田，梯田较小的土壤容重、较高的土壤含水量（图2）均有利于土壤有机质的分解，更多土壤有机质分解为植物易于吸收的铵态氮，铵态氮在硝化细菌作用下进一步转换为硝态氮（图3B）。在干旱、半干旱地区，土壤含水量的增加能够促进土壤速效性元素含量的增加。考虑到采样地的实际情况，非梯田坡地覆盖有稀疏的草地，同时王金庄梯田边上树木的枯枝落叶散落于非梯田坡地形成腐殖质，日积月累，非梯田坡地有机质含量，有机碳含量和总氮含量并不低。但是，由于非梯田坡地土壤容重大、土壤孔隙度小、含水量低等原因限制了土壤微生物的活动，小环境不利于土壤有机质分解为可溶性养分，因此，非梯田坡地土壤的速效性元素含量低于梯田。此外，深耕或深松能够打破耕地底层对来自上层土壤水分入渗的限制，增加降雨期土壤水分入渗量，提高耕层土壤的水分总含量[19]。即多耕有利于土壤储水，尤其是耕作后降雨，能够改善土壤孔隙状况，明显减少土壤中大、中孔隙的数量，增加土壤中、小孔隙的数量，有效维持毛管孔隙度在土壤中的相对稳定。良好的土壤孔隙分布，可使土壤水气兼蓄并存，因而增强土壤中微生物的有效活动，促进有机质的分解和土壤养分的活化。此外，长期来看，保护性耕作（深耕与多耕）不仅能明显提高表层土壤的含水量[20,21]和改善土壤结构[22]，同时，还减少了降水时期的地表径流[23]，克服了心土紧实对梯田土壤水分有效性的限制[24,25]，有利于土壤水分利用效率的提高[15]。

农作物秸秆中含有丰富的有机质，富含木质素、纤维素等碳含量丰富的物质，秸秆分解时形成土壤微生物体、固持或矿化释放无机氮，并最终形成土壤有机质[26-28]。涉县梯田核心区常年主要以作物秸秆（小米与玉米秸秆）与驴粪沤制有机肥并还田的方式改善土壤结构，增加土壤肥力。长期进行秸秆还田能显著提高土壤有机质含量，增强土壤肥力[29,30]。此外，作物秸秆中还含有相当数量的氮、磷、钾等营养元素[27]。玉米秸秆常年还田能明显提高土壤氮素和磷素供应水平，增加当季耕作层有效钾的含量[31]。因为土壤磷是作物高产的重要限制因素，土壤中的磷不能转化为植物直接吸收利用的有机态，而秸秆还田有利于扩大土壤有效磷库，提高土壤磷供应能力，促进溶磷微生物群体和高效溶磷菌的生长，从而活化土壤磷素，大幅度提高有效磷含量[32]。此外，秸秆与驴粪沤制的有机肥含有丰富的有机质，有机肥能显著改善土壤物理性状，缓解土壤酸化，增加土壤有效养分，维持土壤养分平衡，提高土壤生物和化学特性，优化土壤微生物群落的结构组成。有机肥的有机质含量高、养分全面、肥效长，能改善土壤微生物群落结构，改良土壤维持地力，有机肥在物质循环和环境保护上有重要作用（表1），施用有机肥时应符合有机农业或生态农业的要求。施用有机肥对改善土壤物理性状有显著的作用，有机肥施入土壤后首先进行矿质化，将有机物彻底分解为CO_2、H_2O和矿物质养分，一定时间后，如物料、水分和温度等条件适宜，腐殖化过程逐渐发展，产生能改善土壤理化性状的腐殖物质，从而增强土壤保水保肥的能力，提高土壤养分和水分的有效性[29,30]。

此外，施有机肥有利于大团聚体的形成和保持[33,34]。有机质是土壤团聚体的主要胶结剂，施有机肥除了可直接增加有机质含量外，其残体分解能激发微生物活性，形成真菌和糖，这些物质也可以胶结土壤颗粒形成大团聚体[35]。土壤酸化已经成为制约土壤生产潜力的关键因子和影响农业发展的难题，而有机肥在改良土壤酸化方面起到积极的作用。土壤中NH_4^+硝化、硝酸盐淋溶以及作物对阴阳离子吸收的不均衡是加速土壤酸化的重要因素。有机肥在分解过程中产生的腐殖酸是含有许多酸性功能团的弱酸，可通过酸基解离和胺基质子化提高土壤的酸碱缓冲性。很多研究报道，牛粪、鸡粪、农家肥、农作物秸秆均可提高土壤pH[36,37]，我们的研究结果与上述报道一致，梯田土壤pH高于非梯田（图2）。另外，由于土壤酸化往往伴随着盐基离子的耗竭与养分的淋失，而施用有机肥能加强土壤保水保肥能力，减少土壤养分淋失，有效缓解土壤和地下水的酸化程度[38,39]。长期施用有机肥可以增加土壤供肥容量，加快腐殖酸对土壤养分的活化速度，提高土壤养分含量，保持速效养分供应平衡，改良和培肥土地效果明显[6]。土壤有机质是土壤固相部分的重要组成成分，对养分供给和防止养分淋失有重要作用。有机肥的施用将大量的有机质带入土壤，有机质的分解会产生有机酸，通过酸溶作用可促进矿物的风化和养分释放，通过络合（螯合）作用可增加矿质养分的有效性。有机肥还会增加土壤活性炭和活性氮组分，增强与养分转化有关的微生物和酶的活性，从而提高土壤有效养分含量[7,40]。另外，有机质对速效性养分的吸附可减少速效性养分的流失，因此，施用有机肥既可保证足量的速效性养分，又减少了养分流失，提高了肥料利用率。不难看出，常年施用有机肥才是涉县旱作梯田土壤养分含量高于非梯田的关键因素，农林复合生态系统减少了土壤、土壤水分和养分的流失。梯田的高含水量有利于土壤生物的有效活动，加速了有机质的分解，显著提高了土壤速效性养分含量。

表1 有机肥对土壤肥力和土壤环境质量的影响

土壤特性	主要影响或机理	有机肥种类
土壤物理性状	降低土壤容重，增加总孔隙度，增加土壤团聚体数量和稳定性，增强土壤保水保肥的能力，缓解土壤酸化等	畜禽粪便、农家肥、作物秸秆、生物废弃物、绿肥、商品有机肥
土壤养分	提高土壤供肥容量；加快腐殖酸对土壤养分的活化速度，提高与养分转化有关的微生物和酶的活性；保持速效养分供应平衡，提高肥料利用效率；增加微量元素的有效性	畜禽粪便、农家肥、作物秸秆、生物废弃物、污泥、绿肥、商品有机肥

（续）

土壤特性	主要影响或机理	有机肥种类
土壤微生物	增加有机质，提高土壤肥力，为土壤微生物和酶提供碳源、氮源、能量和结合位点；改善土壤微生态环境，促进微生物生长和繁殖	畜禽粪便、农家肥、作物秸秆、生物废弃物、污泥、绿肥、商品有机肥

四、结论

旱作石堰梯田的土壤有机质，土壤全碳和土壤全氮含量显著高于非梯田土壤，这主要是因为土壤施用的秸秆与驴粪沤制的有机肥能显著增加土壤有机质、土壤全碳和土壤全氮含量；加之梯田土壤中含有更多的土壤水分，且容重小、孔隙多，为土壤生物创造了有利的生存和繁殖条件，有利于土壤生物的有效活动；也就是有利于更多土壤有机质分解为土壤速效性养分，因此，土壤水分的增加显著增加了梯田土壤中的速效性养分、铵态氮和硝态氮含量，也明显增加了土壤中的有效磷含量。涉县的石堰梯田兼具保持土壤水分和土壤养分的功能，秸秆和驴粪沤制的有机肥是当地生态农业凝练的生存智慧。

参考文献

[1] Bronick C J, Lal R. Soil structure and management：a review [J]. Geoderma, 2004, 124 (1)：3-22.

[2] 高飞, 贾志宽, 韩清芳, 等. 有机肥不同施用量对宁南土壤团聚体粒级分布和稳定性的影响 [J]. 干旱地区农业研究, 2010, 28 (3)：100-106.

[3] 韩秉进, 陈渊, 乔云发, 等. 连年施用有机肥对土壤理化性状的影响 [J]. 农业系统科学与综合研究, 2004, 20 (4)：294-296.

[4] 刘光荣, 冯兆滨, 刘秀梅, 等. 不同有机肥源对红壤旱地耕层土壤性质的影响 [J]. 江西农业大学学报, 2009, 31 (5)：927-932+938.

[5] 张永春, 汪吉东, 沈明星, 等. 长期不同施肥对太湖地区典型土壤酸化的影响 [J]. 土壤学报, 2010, 47 (3)：465-472.

[6] Huang, S, Rui W, Peng, X, et al. Organic carbon fractions affected by long-term fertilization in a subtropical paddy soil [J]. Nutrient Cycling in Agroecosystems, 2010, 86 (1)：153-160.

[7] Lazcano, et al. Short-term effects of organic and inorganic fertilizers on soil;microbial community structure and function [J]. Biol Fertil Soils, 2013, 49, 723-733.

[8] 黄鸿翔, 李书田, 李向林, 等. 我国有机肥的现状与发展前景分析 [J]. 土壤肥料, 2006 (1)：3-8.

[9] 唐继伟, 林治安, 许建新, 等. 有机肥与无机肥在提高土壤肥力中的作用 [J]. 中国土壤与肥料, 2006 (3)：44-47.

[10] 杨丽娟, 李天来, 周崇浚. 塑料大棚内长期施肥对菜田土壤磷素组成及其含量影响 [J]. 水土保持学报, 2009, 23 (5)：205-208.

[11] 巩杰, 陈利顶, 傅伯杰, 等. 黄土丘陵区小流域植被恢复的土壤养分效应研究 [J]. 水土保持学报,

2005，19（1）：93-96.

[12] 傅伯杰，郭旭东，陈利顶，等.土地利用变化与土壤养分的变化——以河北省遵化县为例［J］.生态学报，2001，21（6）：926-931.

[13] 贺献林.河北涉县旱作梯田的起源、类型与特点［J］.中国农业大学学报（社会科学版），2017，34（6）：84-94.

[14] 李禾尧.农事与乡情：河北涉县旱作梯田系统的驴文化［J］.中国农业大学学报（社会科学版），2017，34（6）：103-110.

[15] 冀保毅.深耕与秸秆还田的土壤改良效果及其作物增产效应研究［D］.郑州：河南农业大学，2013.

[16] 刘武仁，郑金玉，罗洋，等.玉米留高少，免耕对土壤环境的影响［C］.第十届全国玉米栽培学术研讨会，2008.

[17] Heuer H，Tomanová O，Koch H J. Subsoil properties and cereal growth as affected by a single pass of heavy machinery and two tillage systems on a Luvisol［J］. Journal of Plant Nutrition and Soil Science，2008，171（4）：580-590.

[18] Munkholm L J，Schjønning P，Rüeg，K. Mitigation of subsoil recompaction by light traffic and on-land ploughing：I［J］. Soil response Soil and Tillage Research，2005，80（1-2）：149-158.

[19] Laddha，K. C.，Totawat，K. L. Effects of deep tillage under rainfed agriculture on production of sorghum（*Sorghum biocolor* L. Moench）intercropped with green gram（*Vigna radiata* L. Wilczek）in western India［J］. Soil and Tillage Research，1997，43（3）：241-250.

[20] Moraru，P. I.，Rusu，T. Soil tillage conservation and its effect on soil organic matter，water management and carbon sequestration［J］.（Journal of Food，Agriculture and Evionment，2018，8（3）：309-312.

[21] 郭清毅.黄高宝，Guangdi Li，等.保护性耕作对旱地麦-豆双序列轮作农田土壤水分及利用效率的影响［J］.水土保持学报，2005，19（3）：165-169.

[22] Rusu，T.，et al. Implications of minimum tillage systems on sustainability of agricultural production and soil conservation［J］. Journal of Food，Agriculture and Envionment，2009，216（16），335-338.

[23] Chong S K，Cowsert P T. Infiltration in reclaimed mined land ameliorated with deep tillage treatments［J］. Soil and Tillage Research，1997，44（3）：255-264.

[24] Motavalli P P，Stevens W E，Hartwig G. Remediation of subsoil compaction and compaction effects on corn N availability by deep tillage and application of poultry manure in a sandy-textured soil［J］. Soil and Tillage Research，2003，71（2）：121-131.

[25] Salih A A，Babikir H M，Ali S A M. Preliminary observations on effects of tillage systems on soil physical properties，cotton root growth and yield in Gezira Scheme，Sudan 1 Present address［J］. Soil and Tillage Research，1998，46（3）：187-191.

[26] 陈鲜妮，来航线，田霄鸿，等.接种微生物条件下牛粪+麦秸堆腐过程有机组分的动态变化［J］.农业环境科学学报，2009，28（11）：2417-2421.

[27] 路文涛.秸秆还田对宁南旱作农田土壤理化性状及作物产量的影响［D］.西安：西北农林科技大学，2011.

[28] 周卫军，王凯荣，刘鑫.有机物循环对红壤稻田土壤N矿化的影响［J］.生态学杂志，2004，23（1）：39-43.

[29] 李全起, 陈雨海, 于舜章, 等. 覆盖与灌溉条件下农田耕层土壤养分含量的动态变化 [J]. 水土保持学报, 2006, 20 (1): 37-40.

[30] 陈芝兰, 张涪平, 蔡晓布, 等. 秸秆还田对西藏中部退化农田土壤微生物的影响 [J]. 土壤学报, 2005, 42 (4): 696-699.

[31] 张电学, 韩志卿, 刘微, 等. 不同促腐条件下秸秆直接还田对土壤酶活性动态变化的影响 [J]. 土壤通报, 2006, 37 (3): 475-478.

[32] 范丙全, 唐玉霞, 孟春香. 长期施肥对土壤溶磷微生物的影响 [J]. 河北农业科学, 1999, 3 (3): 9-12.

[33] Whalen J K, Hu Q, Liu A. Compost Applications Increase Water-Stable Aggregates in Conventional and No-Tillage Systems [J]. Soil Science Society of America Journal, 2003, 67 (6): 1842-1847.

[34] 毛霞丽, 陆扣萍, 何丽芝, 等. 长期施肥对浙江稻田土壤团聚体及其有机碳分布的影响 [J]. 土壤学报, 2015, 52 (4): 828-838.

[35] Mikha M M, Rice C W. Tillage and Manure Effects on Soil and Aggregate-Associated Carbon and Nitrogen [J]. Soil Science Society of America Journal, 2004, 68 (3): 809-816.

[36] Singh A, Agrawal M, Marshall F M. The role of organic vs. Inorganic fertilizers in reducing phytoavailability of heavy metals in a wastewater-irrigated area [J]. Ecological Engineering, 2010, 36 (12): 1733-1740.

[37] Chaiyarat R, Suebsima R, Putwattana N, et al. Effects of Soil Amendments on Growth and Metal Uptake by Ocimum gratissimum Grown in Cd/Zn-Contaminated Soil [J]. Water, Air and Soil Pollution, 2011, 214 (1-4): 383-392.

[38] 谢红梅, 朱波, 朱钟麟. 无机与有机肥配施下紫色土铵态氮、硝态氮时空变异研究——夏玉米季 [J]. 中国生态农业学报, 2006, 14 (2): 103-106.

[39] Lee J. Effect of application methods of organic fertilizer on growth, soil chemical properties and microbial densities in organic bulb onion production [J]. Scientia Horticulturae, 2010, 124 (3): 299-305.

[40] 张亚丽, 张娟, 沈其荣, 等. 秸秆生物有机肥的施用对土壤供氮能力的影响 [J]. 应用生态学报, 2002, 13 (12): 1575-1578.

[41] Diacono M, Montemurro F. Long-term effects of organic amendments on soil fertility. A review [J]. Agronomy for Sustainable Development, 2010, 30 (2): 401-422.

[42] Dinesh R, Srinivasan V, Hamza S, et al. Short-term incorporation of organic manures and biofertilizers influences biochemical and microbial characteristics of soils under an annual crop [Turmeric (*Curcuma longa* L.)] [J]. Bioresource Technology, 2010, 101 (12): 4697-4702.

[43] Pascual J A, García C, Hernandez T. Lasting microbiological and biochemical effects of the addition of municipal solid waste to an arid soil [J]. Biology and Fertility of Soils, 1999, 30 (1-2): 1-6.

[44] 林瑞余, 林豪森, 张重义, 等. 不同施肥条件对鱼腥草根际土壤酶活性及根系活力的影响 [J]. 中国农学通报, 2007, 23 (1): 280-284.

注: 本文选自《河北涉县旱作梯田系统申报全球重要农业文化遗产项目阶段性研究成果》, 中国科学院地理科学与资源研究所, 2018年。

重要农业文化遗产监测体系设计及实践

焦雯珺　闵庆文　李禾尧　张碧天

摘要：重要农业文化遗产作为传承至今的传统农业生产系统，是遗产所在地乃至全人类的宝贵资源和共同财富。如何保护与管理这些弥足珍贵的重要资源，成为各遗产地申报成功后面临的重要任务。遗产监测在遗产保护与管理中的基础性作用以及相关政策法规中对开展遗产监测的要求，使得遗产监测体系的建立与实施成为当前亟须解决的关键问题。本文搭建了农业文化遗产监测体系的总体框架，并从监测范围、监测内容、监测方法和数据管理四个方面对农业文化遗产动态监测系统进行了重点阐述。在此基础上，本文从遗产系统本身和遗产管理措施两个方面，综合考虑生态维持功能、经济发展功能、社会维系功能、文化传承功能、体制机制建设、宣传示范推广6项监测内容，选取了24个监测项目作为农业文化遗产监测年度报告中的常规监测项目，并在中国重要农业文化遗产河北涉县旱作梯田系统进行了实践应用。研究结果不仅为农业文化遗产监测工作的实地开展提供了具体指导，而且为下一步需要开展的农业文化遗产保护成效的评估奠定了基础。

关键词：全球重要农业文化遗产；中国重要农业文化遗产；监测体系；总体框架；年度报告；河北涉县旱作梯田

一、引言

遗产监测是加强遗产保护的必然要求，是提升遗产管理水平的重要途径。早在1972年，联合国教科文组织在巴黎举行的第十七届会议上通过的《保护世界文化和自然遗产公约》中就明确提出了监测的理念。1997年世界遗产委员会颁布了《世界遗产公约操作指南》，建立了反应性监测和定期报告两种监测形式[1]。我国于2006年出台了《世界文化遗产保护管理办法》和《中国世界文化遗产监测巡视管理办法》，2007年又出台了《中国世界文化遗产专家咨询管理办法》和《世界文化遗产监测规程》（征求意见稿），2012年编制了《中国世界文化遗产监测预警体系总体规划》，并于2014年年底正式启用了中国世界文化遗产预警监测系统。为更好地配合联合国教科文组织开展监测，我国于2001年在武夷山建成全国第一个世界遗产监测中心，随后又在敦煌、苏州园林开展了系统性监测试点工作，并于2015年成立了中国世界文化遗产监测中心[2-4]。关于世界遗产监测的研究也不断增加，既有关于遗产监测体系[5]、监测指标[6]、监测方法[7]、监测的问题与对策[8]等的理论研究，也有关于环境系统监测[9]、旅游影响监测[10]等的专题研究，遗产监测理论得到不断丰富和完善。

相对于世界文化与自然遗产监测工作的系统开展，农业文化遗产的监测工作处于起步阶段。作为一种新的遗产类型，农业文化遗产具有自然遗产、文化遗产、非物质文化遗产等遗产类型的复合特征，可以说是其他类型遗产的基础[11-13]。自2002年FAO发起"全球重要农业文化遗产"保护行动以来，农业文化遗产的保护在试点项目申报、动态保护途径研究、法律与政策保障、保护与发展实践探索等方面都取得了很大进展[14]。截至2018年8月，已有21个国家的52个传统农业系统被列入全球重要农业文化遗产名录，我国农业农村部也分四批共发布了91项中国重要农业文化遗产。然而，作为农业文化遗产保护中的一项重要工作，农业文化遗产的监测却远远滞后于其他工作。

农业文化遗产被认为是可持续发展的典范[13]，申报工作得到传统农业地区的积极响应。然而，申报只是开始，农业文化遗产的保护与管理才是各遗产地申报成功后的工作重点。农业文化遗产的保护与管理面临着现代化带来的威胁与挑战，如适龄劳动力大量外流、传统知识体系难以维持、片面追求经济利益等[15]。同时，遗产自身的濒危性与脆弱性使得许多过程不可逆，一旦受到破坏必然引起遗产价值的丧失。因此，迫切需要对各农业文化遗产进行监测，获得遗产动态保护与适应性管理的数据信息，提高农业文化遗产保护与管理的科学性。

尽管《全球重要农业文化遗产能登公报》明确建议"对农业文化遗产开展定期监测以确保其活力"，全球重要农业文化遗产项目评估报告中明确指出"建立中国的全球重要农业文化遗产监测和评估机制应该是未来国家层面上需要努力研究的方向和工作的重点"，我国农业部于2015年8月公布实施的《重要农业文化遗产管理办法》中也对开展遗产动态监测工作提出了明确要求[16]，然而关于农业文化遗产监测的理论与实践研究却鲜有所见。目前的研究主要集中在农业文化遗产的旅游开发[17-19]、生态承载力[20, 21]、生态服务功能[22, 23]、多功能性[24]、经济价值评估[25]等方面，在监测评估研究方面仅有关于农业文化遗产监测和评估框架[26]的初步探讨。理论研究的缺乏严重影响了农业文化遗产监测的实践探索。

本文构建了农业文化遗产监测体系的总体框架，对农业文化遗产动态监测系统做了重点阐述，并在中国重要农业文化遗产河北涉县旱作梯田系统对监测年度报告作了进一步设计与应用。这将有助于丰富农业文化遗产保护理论，为尽快完善农业文化遗产监测工作提供指导，并为农业文化遗产评估工作奠定基础。

二、农业文化遗产监测体系总体框架

农业文化遗产监测体系是使遗产地活力得以持续的重要保障，也是农业文化遗产保护的基础性工作和重要组成部分。建立农业文化遗产监测体系旨在帮助管理者明确农业文化遗产的现状及面临的问题，掌握遗产保护与发展变化的过程与规律，准确评估保护与发展措施对遗产的影响程度，及时发现威胁遗产安全的因素，并对遗产的突发事件做出预警和响应。农业文化遗产监测体系的总体框架由农业文化遗产三级监测网络、农业文化遗产动态监测系统、农业文化遗产两级巡视制度三部分构成（图1）。

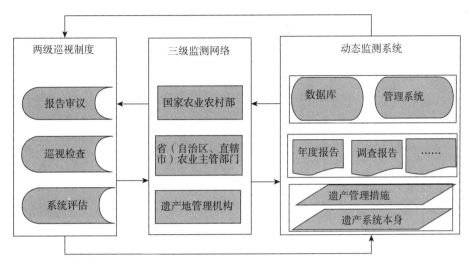

图1　农业文化遗产监测体系的总体框架

（一）农业文化遗产三级监测网络

农业农村部、省级农业主管部门和遗产地管理机构是农业文化遗产监测的实施主体，因此应建立国家、省和遗产地三级农业文化遗产监测网络，便于在全国范围系统开展农业文化遗产的监测工作。农业农村部负责制定方针、政策、标准、规范等，指导全国范围内农业文化遗产监测工作的开展；省级农业主管部门负责组织、协调和监督行政区域内农业文化遗产监测工作的开展，及时将年度报告、调查报告以及遗产保护与管理中存在的问题上报给农业农村部；遗产地管理机构负责遗产系统和管理措施的日常监测，按规定向省级农业主管部门和农业农村部提交年度报告、调查报告及其他相关数据。

（二）农业文化遗产动态监测系统

1.监测范围

农业文化遗产监测的范围包括遗产系统本身和遗产管理措施两个方面。

作为一种活态的复合生态系统[27]，农业文化遗产既包含农业景观及其所处的生态环境，也包含具有重要历史价值和考古价值的古村落、古民居和农业生产遗址遗迹，还包含农民在日常生活和生产劳动过程中形成的各种知识、习俗、歌舞等传统文化。同时，自然环境的差异性导致了农业生产方式的多样性，使得农业文化遗产的类型各不相同。根据动态保护和适应性管理要求，遗产地管理机构均制定了符合遗产地实际状况的保护与发展措施。因此，全面、科学的农业文化遗产监测既要对不同类型农业文化遗产本身的动态变化进行跟踪，又要对各遗产管理机构开展的保护与管理措施进行监督。

2.监测内容

对于遗产系统本身，农业文化遗产监测的内容主要是遗产系统的生态维持、经济发展、社会维系和文化传承四大功能；而对于遗产管理措施，农业文化遗产监测的内容主要体现在体制机制建设和宣传示范推广两个方面（图2）。

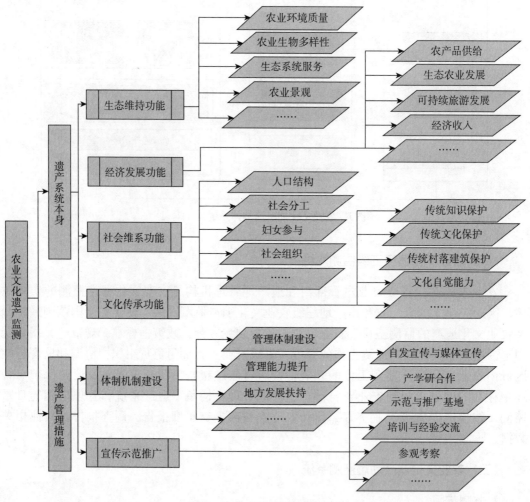

图2　农业文化遗产监测内容

（1）遗产系统本身。

①生态维持功能。农业文化遗产保护强调对具有全球（或国家）重要性的农业生物多样性的保护、农业生态系统功能的维持和农业景观的维护[28]，因此，对遗产系统生态维持功能的监测不仅包括对一般意义上的农业环境质量的监测，而且包括对农业生物多样性（特别是地方品种）、生态系统服务以及农业景观的监测。

②经济发展功能。在农业文化遗产地，特别是一些贫困、边远地区，传统农业系统提供的农产品对于当地居民的食物与原材料供给和生计安全维持都有着重要作用。此外，作为农业文化遗产保护与发展的主要途径，健康农产品和可持续开发的旅游也对区域经

济发展和居民收入增加具有重要意义。因此，对遗产系统经济发展功能的监测关键在于掌握遗产地农产品供给、生态农业发展、可持续旅游发展等方面的信息以及它们对当地居民生计维持的作用。

③社会维系功能。农业文化遗产具有社会维系功能，主要依靠传统的服务性、公益性和互助性社会组织来实现。这些社会组织利用传统价值体系和习惯法解决冲突，在平衡保护与发展、维护农业系统运行、保障资源获取与分配的公平性等方面发挥着重要作用[29]。因此，对遗产系统社会维系功能进行监测应在关注遗产地人口结构、社会分工、妇女参与等方面信息的同时，充分了解遗产地社会组织的情况。

④文化传承功能。农业文化遗产地居民在长期的农业生产与生活中形成了与当地生态环境相适应的传统知识与文化，表现在节庆、习俗、信仰、歌舞、饮食、服饰、建筑、生产工具、工艺技术等多个方面[28]。这些物质和精神财富不仅具有休闲、审美和教育功能，在维护乡村生活秩序、传承传统知识与文化、增强居民自豪感与认同度等方面也具有重要作用。因此，对遗产系统文化传承功能的监测应侧重于遗产地传统知识、传统文化和传统村落建筑的保护以及当地居民文化自觉能力的建设等。

（2）遗产管理措施。

①体制机制建设。农业文化遗产的管理体制机制建设包括设立专门的遗产管理机构，制定合理有效的管理制度，运用科学化、信息化的管理手段，建立多方参与机制，增加政策上、项目上和资金上的扶持力度等，从而实现农业文化遗产动态保护与可持续发展的目的。因此，对农业文化遗产体制机制建设的监测应着重从管理体制建设、管理能力提升、地方发展扶持等方面进行。

②宣传示范推广。农业文化遗产具有战略性，宣传、示范和推广是农业文化遗产管理工作中的重要内容。展示农业文化遗产在生态维持、经济发展、社会维系、文化传承等方面的重要价值，不仅有利于农业文化遗产自身的保护与发展，而且有利于促进更多农业生产地区实现可持续发展。对农业文化遗产宣传、示范与推广的监测包括自发性宣传与媒体宣传、产学研合作研究、示范与推广基地建设、农民培训与经验交流、参观考察活动等内容。

3.监测方法

（1）年度报告与定期调查相结合。由于监测内容的变化速度或发生频率不同、监测数据获取的难易程度不同，农业文化遗产的监测应采用年度报告与定期调查相结合的方法。年度报告是对变化速度相对较快或发生频率相对较高且数据获取相对容易的内容进行长期跟踪监测的一种方法。劳动力就业、媒体宣传等内容均可作为常规监测项目以报告的形式每年上报。定期调查是对变化速度相对较慢或发生频率相对较低且数据获取相对困难的内容进行阶段性监测的一种手段。农业生物多样性、居民文化自觉能力等内容可以以3～5年为一个周期开展调查，并以调查报告的形式呈现，从而对年度报告进行补充。二者的有机结合将有助于提高农业文化遗产监测工作的科学性和可操作性。

（2）多尺度监测。除了时间尺度上的差异，农业文化遗产的监测内容在空间尺度上也有显著不同。例如，政策扶持、媒体宣传等往往发生在整个遗产地甚至更大尺度上，而对土地利用、人口结构等内容的监测则更关注其在遗产地范围内或某一典型区域内的变化。再如，对农田生态系统功能的监测应建立在以田块为基本单元的农田尺度上，而对生计维持作用的监测则应建立在以农户为基本单元的社区尺度上。因此，农业文化遗产的监测实际上是一个多尺度的监测。获取遗产地等较大尺度上的监测数据，可通过组织遗产地管理机构填报年度报告来实现；而获取农田、社区等更小尺度上的监测数据，则需要通过定点监测（包括利用已有的监测点和建立新的监测点）来实现。

4.数据管理

农业文化遗产监测的年度报告是监测数据汇交的主要形式和重要途径之一，因此农业农村部应尽快建立农业文化遗产监测的年度报告制度，并对年度报告的内容格式、填报要求等作出明确规定，推动农业文化遗产监测数据汇交的规范化与制度化。各遗产地管理部门应按照农业农村部统一要求对常规项目进行监测，并在规定时间内向省级农业主管部门和农业农村部提交年度报告。通过整合各遗产地监测年度报告，农业农村部应适时发布重要农业文化遗产保护与管理年度报告。此外，农业农村部还应尽快构建农业文化遗产监测数据库与管理系统，将遗产地提交的年度报告、调查报告及其他相关数据及时入库，并通过功能模块对遗产地的农业文化遗产保护与管理工作进行反馈，推动农业文化遗产监测工作的信息化与业务化。同时，农业文化遗产监测数据库与管理系统将作为国家、省和遗产地进行农业文化遗产保护与管理的重要工具，作为科研工作者研究与保护农业文化遗产的数据来源，以及公众了解农业文化遗产、共享农业文化遗产的数据平台。

（三）农业文化遗产两级巡视制度

农业农村部应在《重要农业文化遗产保护管理办法》的基础上，尽快制定《重要农业文化遗产监测巡视管理办法》，建立国家和省两级农业文化遗产巡视制度。同时，应尽快制定《重要农业文化遗产监测规程》，对监测范围、监测内容、监测方法、数据管理以及监测结果与评价作出详细规定。农业农村部应成立由相关部门管理人员和专家学者共同组成的农业文化遗产巡视小组，每5～6年对一个遗产地的年度报告、调查报告及其他监测数据审议一次，并与定期或不定期的巡视检查相结合，形成主动监测与监督巡视有机结合的农业文化遗产监测巡视制度。由于保护或管理不善造成遗产系统严重受损的遗产地，应列入农业文化遗产警示名单；在规定期限内未整改到位的遗产地将面临摘牌。

三、农业文化遗产监测年度报告设计及应用

农业文化遗产监测是一项系统工程。本着从简到繁、从易到难的原则，本文在农业文化遗产监测体系总体框架设计的基础上，对农业文化遗产监测年度报告中的常规监测项目做了进一步探讨，并在河北涉县旱作梯田系统进行了初步应用。

（一）监测项目的选取原则

1.综合性

根据农业文化遗产的复合性特点，年度报告中的监测项目应具有一定的综合性。同

一监测内容下监测项目的选择，既要避免因数量过多而导致重复监测，又要避免因数量过少而导致代表性不足；而不同监测内容下的监测项目则要做到有机结合。

2.科学性

根据农业文化遗产定期监测与多尺度监测的要求，年度报告中的监测项目应主要发生在遗产地或其典型区域等相对较大的尺度上，具有变化速度相对较快、发生频率相对较高、数据获取相对容易等特点，能够客观反映出遗产地在短期内采取的遗产管理措施以及遗产系统在短期内发生的各种变化。

3.可操作性

农业文化遗产监测年度报告中监测项目的获取，主要依赖遗产地管理机构组织相关部门填报得到。因此，年度报告中监测项目的选取要着重考虑在现有管理和技术水平下的数据可得性以及实际填报的可操作性。

（二）监测项目的具体要求

基于上述原则，本文认为农业文化遗产监测年度报告中应至少包括24个常规监测项目，才能在遗产地等较大尺度上，客观反映短期内遗产系统生态维持、经济发展、社会维系和文化传承功能的变化以及管理机构在体制机制建设和宣传示范推广方面开展的工作。

将农业生物资源和土地利用作为遗产系统生态维持功能的监测项目，主要监测农业文化遗产在农业生物多样性和农业景观方面的变化。选取重要农产品生产与销售、重要农产品加工、品牌认证、旅游接待能力和经济收入为监测项目，从重要农产品供给、生态农业发展和可持续旅游发展三个方面监测遗产系统的经济发展功能。将人口统计、新型农业经营主体和社区性组织作为遗产系统社会维系功能的监测项目，主要监测当地居民从事农业文化遗产相关工作的情况以及生产经营组织和社会服务组织在遗产保护与发展中发挥的作用。将文化产品开发、文化设施利用、传统技术应用和自发性宣传作为遗产系统文化传承功能的监测项目，重点对遗产地物质和非物质形式传统文化的传承开展监测。选取机构建设、规范性文件、传统农业生产补贴、建设性项目及其他保护与发展项目为监测项目，从管理体制建设、管理能力提升和地方发展扶持三个方面监测农业文化遗产管理的体制机制建设。选取文化活动、宣传普及、培训与交流、参观考察和研究与示范为监测项目，全面反映遗产地管理机构在农业文化遗产宣传、示范和推广方面所开展的工作。各监测项目的具体要求见表1。

表1　农业文化遗产监测年度报告中的主要监测项目

监测范围	监测内容	监测项目	具体要求
遗产系统本身	生态维持功能	农业生物资源	重要农业物种及其地方品种、其他地方品种、古树，包括物种名称、品种名称、品种数量、古树数量等
		土地利用	主要土地利用方式及面积、遗产系统组成及面积

（续）

监测范围	监测内容	监测项目	具体要求
遗产系统本身	经济发展功能	重要农产品生产与销售	重要农产品的生产与直接销售情况，包括产品名称、生产面积、生产量、销售量、销售额等
		重要农产品加工	重要农产品的加工情况，包括产品名称、生产者、投产时间、生产量、销售量、销售额、产品特点等
		品牌认证	重要农产品及其加工产品获得的权威机构认证（如无公害农产品、绿色食品、有机食品等），包括产品名称、生产者、品牌类型、认证机构、有效时间、认定面积、认定产量等
		旅游接待能力	农业文化遗产旅游的发展情况，包括接待游客数量、旅游年收入、提供遗产旅游服务的农户数、农家乐数量等
		经济收入	农村经济总收入及经营农业文化遗产总收入、农民人均纯收入及经营农业文化遗产收入
	社会维系功能	人口统计	人口及就业情况，包括户籍人口、常住人口、外出务工人员、农业文化遗产从业人员等
		新型农业经营主体	从事重要农产品生产、销售和加工的新型农业经营主体（如专业大户、家庭农场、农民合作社、农业产业化龙头企业等），包括主体名称、成立时间、所在地、经营类型、经营内容、经营面积、参与农户数等
		社区性组织	参与农业文化遗产保护与管理的社区居民自助性组织，包括名称、成立时间、所在地、主要职能等
	文化传承功能	文化产品开发	以传统文化保护与传承为目的所开发的商品与活动，包括产品名称、开发者、适宜季节、产品特点、面向对象等
		文化设施利用	开展传统文化传承活动、艺术活动、教育实践活动等的公共设施（如博物馆、展览馆、传习馆等）的利用情况，包括设施名称、建立时间、所在地、管理单位、主要用途等
		传统技术应用	与传统农业生产密切相关的技术、技能及其他民间技艺的应用情况，包括技术名称、技术说明、应用范围、应用农户数等
		自发性宣传	（农民、新型农业经营主体、社区性组织、村民委员会等）自发开展的宣传活动，包括时间、地点、主要内容、组织单位、规模与效果等

（续）

监测范围	监测内容	监测项目	具体要求
遗产管理措施	管理体制机制	机构建设	农业文化遗产管理机构及其他机构的建设情况，包括机构名称、成立时间、驻地、主要职能、人员及性别结构、时间投入、经费投入等
		规范性文件	农业文化遗产管理的规范性文件（制度、政策、规划、标准等）的制定情况，包括颁布时间、颁布机构、文件名称、主要内容等
		传统农业生产补贴	对传统农业生产的补贴情况，包括补贴内容、补贴对象、补贴范围、补贴标准、补贴总额、资金来源等
		建设性项目	以农业文化遗产保护与发展为目的的工程设施、服务设施等的建设情况（如生产设施修缮、生产基地修扩建、遗产标志建立、文化设施修建、传统村落修缮等），包括项目名称、起止时间、项目地点、主要内容、投资总额、当年投资额、资金来源等
		其他保护与发展项目	其他保护与发展项目的开展情况，包括项目名称、起止时间、项目地点、主要内容等
	宣传示范推广	文化活动	传统文化传承活动（如节庆、民俗），艺术活动（如表演、摄影展、书画展），教育实践活动等的开展情况，包括时间、地点、场所、名称、内容、组织单位、总人数、遗产地参与人数、人员组成及性别结构等
		宣传普及	各类媒体（如报纸、电视、广播）对农业文化遗产的宣传活动，包括媒体级别、媒体类型、媒体名称、时间、标题、主要内容等；农业文化遗产的管理机构及其他机构开展的宣传工作，包括时间、地点、场所、主要内容、组织单位、规模与效果等
		培训与交流	为促进农业文化遗产保护举办的培训与交流活动，包括时间、地点、名称、内容、组织单位、总人数、遗产地参与人数、组成及性别结构等
		参观考察	为促进农业文化遗产保护组织的参观考察活动，包括时间、考察点、考察团名称、人数、考察内容、组织单位等
		研究与示范	研究与示范基地（企业、工作站等）的运行情况，包括成立时间、地点、名称、面积、主要参与单位、研究与示范内容、效果等；研究团队的调研情况，包括调研时间、地点、团队名称、人数、调研内容、接待单位等；科技成果与奖励的获得情况，包括成果名称、主要完成单位（或个人）奖励名称、奖励级别、获奖时间、内容描述等

四、涉县旱作梯田系统监测数据收集与分析

（一）研究区

河北涉县旱作梯田系统是当地先民巧夺天工的创造物，是当地社区不断适应环境、改造环境，使不断增长的人口、逐渐开辟的山地梯田与丰富多样的食物资源长期协同进化，在缺土少雨的北方石灰岩山区，创造的独特山地雨养农业系统和规模宏大的石堰梯田景观。在长期的发展中，人们充分利用当地丰富的食物资源，通过"藏粮于地"的耕作技术，"存粮于仓"的贮存技术和"节粮于口"的生存技巧传承近八百年之久。

这些传统知识和技术体系提供了保障当地村民粮食安全、生计安全和社会福祉的物质基础，促进了区域的可持续发展，使得"十年九旱"的山区，即使在严重自然灾害的大灾之年，也能保证村庄人口不减反增。规模宏大的旱作梯田，充分展现了当地人强大的抗争力与顽强的生命力；天人合一的农业生态智慧，彰显了强烈的感染力。石头、梯田、作物、毛驴、村民相得益彰，融为一个可持续发展传承的旱作农业生态系统，处处体现出人与自然和谐共存和发展的生态智慧。2014年，河北涉县旱作梯田系统被认定为中国重要农业文化遗产（China-NIAHS）。

涉县国土面积1 509千米^2。2016年耕地总面积13 447公顷，其中水浇地面积5 541公顷，旱地面积7 906公顷，分别占耕地总面积的41.2%和58.8%。涉县旱地以石堰梯田和土坡梯田为主，石堰梯田主要分布在山区，以井店镇、更乐镇和关防乡最为集中（即遗产所在地），土坡梯田则分布在龙虎、西戌、偏店等乡镇。研究以遗产所在地井店镇、更乐镇和关防乡为基础，同时考虑县域总体情况为背景值，以2016—2017年基线年，收集整理涉县旱作梯田系统年度报告监测项目，以土地利用、生物资源、农业生产、人口统计和经济收入为重点进行了系统分析，探索监测数据在遗产管理中的应用。

（二）土地利用

1.耕地组成及石堰梯田分布特点

2016年遗产地耕地总面积2 782公顷，其中旱地（即石堰梯田）面积2 250公顷，占耕地总面积的80.9%，远高于县平均水平。井店、更乐和关防三个乡镇的石堰梯田面积分别占到遗产地石堰梯田面积的46.9%、20.6%和32.4%（表2、图3）。

表2　2016年遗产地遗产系统面积

编号	名称	面积（公顷）
①	石堰旱作梯田	2 250
其中包含：	井店镇	1 056
	更乐镇	464
	关防乡	730

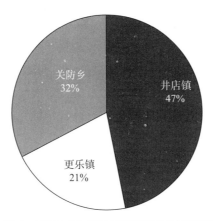

图3 2016年遗产地石堰梯田各乡镇比重

井店镇石堰梯田面积1 056公顷，占其耕地总面积（1 346公顷）的78.5%，是三个乡镇中石堰梯田面积最大的乡镇；更乐镇石堰梯田面积464公顷，占其耕地总面积（676公顷）的68.6%；关防乡耕地总面积760公顷，其中96.1%的面积属石堰梯田（730公顷），是三个乡镇中石堰梯田面积比重最大的乡镇（图4）。

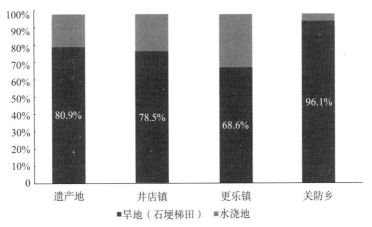

图4 2016年遗产地各乡镇耕地组成差异

2.耕地面积及石堰梯田面积变化

自2001年以来，涉县耕地总面积总体上呈下降趋势。与2001年相比，涉县2016年的耕地总面积减少了7 994公顷，下降了37.3%，其中旱地面积减少了4 968公顷，下降了38.6%（图5）。

2001—2016年，遗产地耕地总面积总体上亦呈下降趋势。与2001年相比，遗产地2016年的耕地总面积减少了1 570公顷，下降了36.1%，其中旱地（即石堰梯田）面积减少了1 024公顷，下降了31.3%（图6）。不同的是，遗产地耕地总面积在2005年降到2 593公顷后又逐渐上升，在2011年达到2 857公顷。这一不同点是由石堰梯田面积的变化趋势所引发的，而水浇地的面积则呈持续下降趋势。

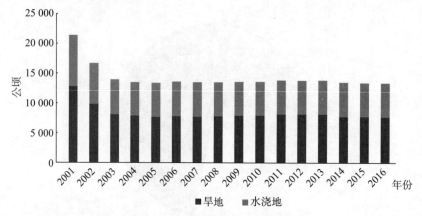

图5　2001—2016年涉县耕地及其组分面积变化

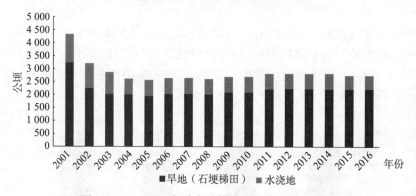

图6　2001—2016年遗产地耕地及其组分面积变化

2001—2016年遗产地石埂梯田面积共减少了1 024公顷，其中，井店、更乐和关防三个乡镇石埂梯田面积分别减少了567公顷、133公顷和324公顷，占到遗产地石埂梯田减少总面积的55.4%、13.0%和31.6%。尽管如此，遗产地石埂梯田面积比重却总体上呈上升趋势，这一趋势在更乐镇和关防乡表现得更为突出，相比之下，全县旱地面积比重总体上呈下降趋势（图7）。

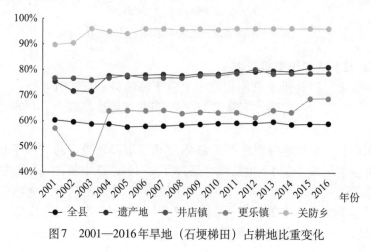

图7　2001—2016年旱地（石埂梯田）占耕地比重变化

（三）人口统计

1.人口及劳动力组成

2016年涉县总人口423 917人，其中劳动力197 634人，占比46.6%；农业劳动力64 269人，占劳动力总人数的32.5%。2016年遗产地总人口84 861人，其中劳动力43 726人，占比51.5%，高于县平均水平；而农业劳动力9 417人，仅占劳动力总人数的21.5%，远低于县平均水平（图8）。

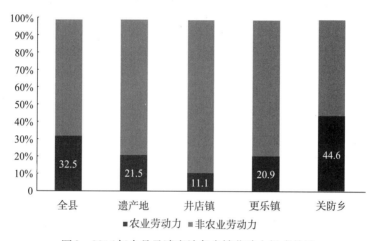

图8　2016年全县及遗产地各乡镇劳动力组成差异

2016年井店镇农业劳动力2 337人，仅占劳动力总人数（21 121人）的11.1%；更乐镇劳动力人数为12 652人，其中农业劳动力2 642人，占比20.9%；关防乡劳动力人数为9 953人，其中44.6%为农业劳动力（4 438人），占到遗产地农业劳动力的47.1%（图9），是三个乡镇中农业劳动力比重最高、从事农业劳动力人数最多的乡镇。

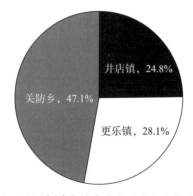

图9　2016年遗产地农业劳动力各乡镇比重

2.劳动力及其组成变化

2001—2016年涉县劳动力数量总体上呈上升趋势。与2001年相比，涉县2016年的劳动力增加23 887人，增加了13.7%。然而，农业劳动力数量总体上呈下降趋势，2016年涉县农业劳动力相较于2001年减少了53 180人，减少了45.3%（图10）。

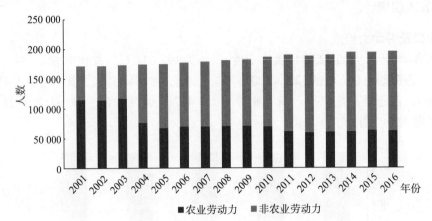

图10　2001—2016年涉县劳动力及其组成变化

2001—2016年，遗产地劳动力数量总体上亦呈上升趋势。与2001年相比，遗产地2016年的劳动力增加了7 428人，增加了20.5%，高于县平均水平。同样，农业劳动力数量总体上呈下降趋势，2016年遗产地农业劳动力相较于2001年减少了12 205人，减少了56.4%，高于县平均水平（图11）。

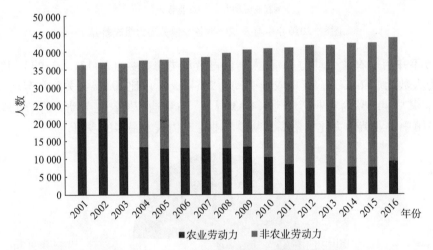

图11　2001—2016年遗产地劳动力及其组成变化

2001—2016年，井店镇、更乐镇和关防乡农业劳动力分别减少了7 484人、3 276人和1 445人，减少幅度分别为76.2%、55.4%和24.6%。从图12也可以看出，虽然2001—2016年农业劳动力比重总体上均呈下降趋势，但是关防乡下降的趋势更为缓和，下降幅度小于全县平均水平；而井店镇下降得则更为明显，下降的幅度远高于全县平均水平和遗产地平均水平（图12）

3.农业文化遗产从业人数及结构

2017年遗产地户籍人口12 493户、39 238人；常住人口9 811户、27 797人，其中外

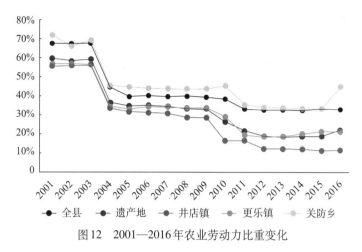

图12　2001—2016年农业劳动力比重变化

地户籍48户、118人；外出人口15 792人，其中农忙时节回来帮忙8 802人。2017年遗产地农业文化遗产从业总人数18 679人，占常住人口的67.2%；其中本地参与农民17 643人，占比94.5%，说明当地的农业文化遗产保护与管理还是以本地人为主（表3）。

表3　2017年遗产地农业文化遗产从业人数

编号	类　型	总人数（人）	本地参与农民		
			人数（人）	小于45岁（人）	女性（人）
①	重要农产品生产	17 756	16 754	5 991	6 575
②	重要农产品加工销售	676	676	305	305
③	遗产旅游服务	44	10	10	5
④	传统文化传承	4	4	0	2
⑤	其　他	199	199	99	0
	合　计	18 679	17 643	6 405	6 887

　　遗产地农业文化遗产从业人员中，小于45岁的有6 405人，占比36.3%（图13），说明当地农业文化遗产保护与管理的参与人中年轻人还是比较多的；女性6 887人，占比39.0%（图14），说明在当地农业文化遗产保护与管理中，女性起到了较为积极的作用。

图13　2017年遗产地农业文化遗产
从业人数年龄结构

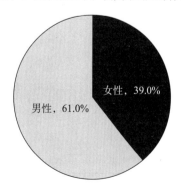

图14　2017年遗产地农业文化遗产
从业人数性别结构

遗产地农业文化遗产从业人员中，从事重要农产品生产的人数最多（17 756人），所占比例达到95.1%，其次为从事重要农产品加工销售人员（676人），所占比例为3.6%，而提供遗产旅游服务人员仅有44人，所占比例仅为0.2%（图15）。这说明当地还是以传统农业生产为主，从事与农业相关的二产和三产人数较少，三产融合度较低。

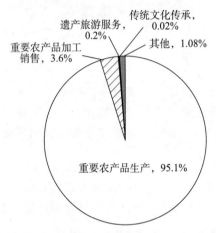

图15 2017年遗产地农业文化遗产从业类型结构

（四）农业生物资源

1.重要农业物种及其地方品种

遗产地最重要的农业物种是谷子、玉米、大豆、花椒、黑枣、驴。经调查共发现来吾县、马鸡嘴等21种地方谷子品种，金皇后、白马牙等7种地方玉米品种，大黄豆和二黄豆2种地方大豆品种，大红袍、小红椒、臭椒等4种地方花椒品种，以及大黑枣、小黑枣等5种地方黑枣品种（表4）

表4 遗产地重要农业物种及其部分地方品种

编号	物种名称	地方品种名称
①	谷子	来吾县、马鸡嘴、青谷、60天还仓、老来白、六月先、落花黄、三遍丑、压塌楼、大黄谷、红谷、小红谷、小黄糙、千金黄、白苗瓦谷礼（瓦伏聚）、关东谷
②	玉米	金皇后、白马牙、老白玉米、三糙白
③	大豆	大黄豆、二黄豆
④	花椒	大红袍、大红椒、小红椒、臭椒
⑤	黑枣	大黑枣、小黑枣、牛奶头、有核黑枣
⑥	核桃	绵核桃、夹核桃
⑦	驴	本地驴

2.其他农业物种及其地方品种

除了上述6种重要农业物种，遗产地杂豆、南瓜等其他农业物种也具有相当多的地方品种（表5）。

表5　遗产地其他农业物种及其地方品种

编号	物种名称	地方品种名称
①	杂豆	花豆、紫豆、绿豆、扁豆（紫扁豆、青扁豆）
②	萝卜	白萝卜、红萝卜、黄萝卜
③	南瓜	吊瓜、日本瓜、牛腿瓜、圆南瓜、长南瓜、面瓜
④	高粱	红高粱
⑤	向日葵	油葵

（五）重要农产品生产与销售

1.县域粮食作物生产

2016年涉县粮食作物播种面积为19 822公顷，其中夏粮和秋粮播种面积分别为6 661公顷和11 365公顷。与2001年相比，全县粮食作物播种面积减少了39.1%，夏粮和秋粮播种面积分别减少了54.6%和36.5%。夏粮和秋粮占粮食作物播种面积的比重也从2001年的45.0%和55.0%变为33.6%和57.3%（图16）。

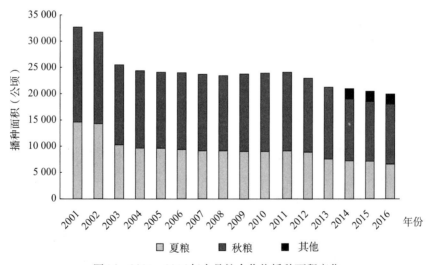

图16　2001—2016年全县粮食作物播种面积变化

涉县秋粮作物以玉米、谷子和大豆为主。2016年玉米、谷子和大豆播种面积分别为7 541公顷、3 197公顷和1 340公顷。与2001年相比，玉米的播种面积增加了22.9%，谷子的播种面积下降了29.9%，而大豆的播种面积下降了3/4。从图17中可以看出，玉米的播种面积比重呈上升趋势，由2001年的38.0%上升至2016年的62.4%；谷子的播种面积比重较为稳定，一直维持在25%左右；相比之下，大豆的播种面积比重呈逐年下降，由2001年的33.8%下降至2016年的11.1%。

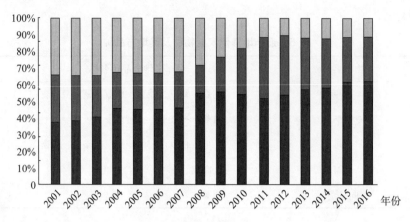

图17　2001—2016年全县秋粮作物播种面积比重变化

■玉米　▨谷子　□大豆

2.遗产地粮食作物生产

2016年遗产地秋粮作物播种面积1 872公顷，占到全县秋粮作物播种面积的16.5%。在遗产地秋粮作物播种面积中，井店镇、更乐镇和关防乡分别占到48.8%、25.0%和26.2%（图18）。

2016年遗产地秋粮作物产量3 616吨，井店镇、更乐镇和关防乡秋粮作物总产量所占比例分别为56.5%、25.0%和18.5%（图19）。相对于全县186.3千克的亩产，遗产地秋粮作物的平均亩产为128.8千克，井店镇、更乐镇和关防乡秋粮作物平均亩产分别为148.9千克、129.3千克和90.8千克，均远低于全县平均水平。因此，2016年遗产地秋粮作物产量（3 616吨）仅占全县秋粮作物产量（31 767吨）的11.4%。

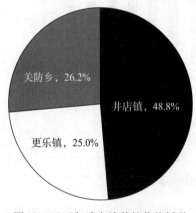

图18　2016年遗产地秋粮作物播种
面积各乡镇比重

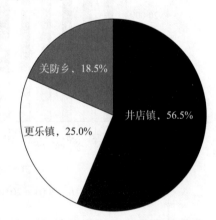

图19　2016年遗产地秋粮作物产量
各乡镇比重

3.遗产地经济作物生产

2016年遗产地核桃产量2 750吨、黑枣产量1 489吨、花椒产量1 203吨，分别占到全县核桃、黑枣、花椒产量的13.8%、13.1%和34.1%。不难看出，遗产地是涉县花椒的主要产区之一。相比之下，井店镇和更乐镇的花椒产量更高，占到遗产地花椒总产量的84.2%（图20）。井店镇、更乐镇和关防乡的核桃产量分别占到遗产地核桃总产量的36.0%、32.0%和32.0%（图21）。三个乡镇的黑枣产量则分别占到遗产地黑枣总产量的40.3%、26.2%和33.5%（图22）。

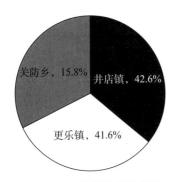
图20 2016年遗产地花椒产量各乡镇比重

图21 2016年遗产地核桃产量各乡镇比重

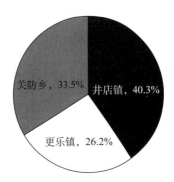
图22 2016年遗产地黑枣产量各乡镇比重

4.遗产地重要农产品生产与销售

2017年遗产地谷子、玉米、大豆的播种面积分别为8 945亩、11 129亩和3 711亩，所占比重分别为37.6%、46.7%和15.6%，总产量分别为1 501.8吨、3 431.7吨和500.3吨（表6）。其中，销售比重最高的是玉米，80.1%的玉米被用于直接销售，直接销售额达478.3万元；其次为大豆，直接销售比重为58.1%，直接销售额为119.9万元；谷子的销售比重最低，仅为40.4%，但是销售额远高于大豆，达到412.5万元。

表6 2017年遗产地重要农产品生产与直接销售

编号	名称	面积（亩）	总产量（吨）	销售比重	销售额（万元）
①	谷子	8 945	1 501.8	40.4%	412.5
②	玉米	11 129	3 431.7	80.1%	478.3
③	大豆	3 711	500.3	58.1%	119.9
④	花椒	—	754.1	96.6%	5 116.4
⑤	黑枣	—	1 901.6	96.7%	665.7
⑥	核桃	—	1 513.1	90.9%	2 311.8

2017年谷子、玉米、大豆销售总额为1 010.7万元，是遗产地农业的重要收入来源。其中，谷子和玉米的销售收入比重占到88.1%，对遗产地农业收入贡献十分显著（图23）。

2017年遗产地花椒、黑枣和核桃的总产量分别为754.1千克、1 901.6千克和1 513.1千克（表6）。三者销售比重均在90%以上，总销售额达8 093.9万元，是粮食作物销售额的8倍，说明当地农民种植花椒、黑枣和核桃主要用于销售，是遗产地农业的重要收入来源。2017年花椒、黑枣和核桃的销售额所占比重为63.2%、8.2%和28.6%（图24），可以看出花椒对遗产地农业收入贡献十分显著。

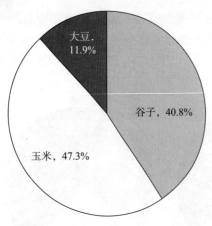

图23 2017年遗产地重要粮食作物
销售额比重

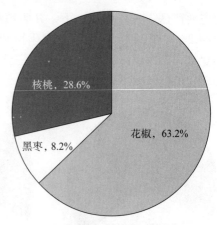

图24 2017年遗产地重要经济作物
销售额比重

（六）经济收入

1.经济总体水平

2016年涉县国内生产总值2 205 188万元，第一、二、三产业增加值分别为107 365万元、1 177 112万元和920 711万元，分别占到涉县国内生产总值的4.9%、53.3%和41.8%（图25）。

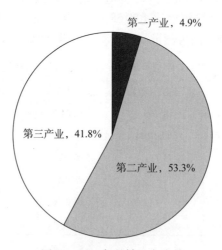

图25 2016年县域三产比重

尽管2016年涉县第一产业增加值是2001年第一产业增加值（28 550万元）的3.76倍，然而第一产业比重却从2001年的12.9%下降到4.9%。从图26可以看出，涉县第一产业比重在2003年有一个明显的下降（5.4%），之后就一直维持在3% ～ 6%。

2.农业发展状况

2016年涉县农林牧渔业增加值108 328万元，其中农业增加值占比54.6%，其次是牧业（35.9%）和林业（7.2%）（图27）。农牧业一直是涉县农业的主要构成部分，二者对农

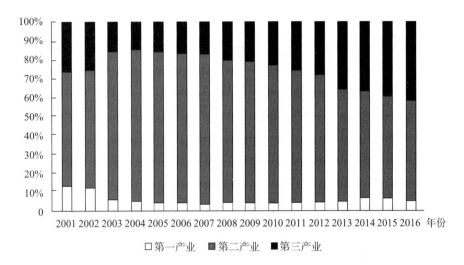

图26　2001—2016年县域三产比重变化

林牧渔业增加值的贡献达到了90%以上。农牧业增长速度亦十分显著。与2001年相比，全县农林牧渔业增加值增加了3.1倍，其中农业和牧业增加值增加了4.1倍，相比之下林业和渔业增加值仅增加了34.5%和23.8%。

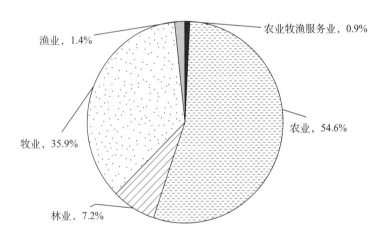

图27　2016年县域农林牧渔业构成

农牧业对涉县农林牧渔业增加值的贡献在2001年为73.2%，2009年下降到52.3%，随后又逐年上升，到2015年达到94.7%。相较而言，林业对农林牧渔业增加值的贡献在2001年为22.1%，在2009年上升到43.2%，随后又迅速下降，在2015年仅为3.0%（图28）。

遗产地农林牧渔业构成与全县类似。2016年遗产地农林牧渔业增加值17 104万元，其中农业增加值占比57.8%，其次是牧业（34.7%）和林业（7.1%）（图29）。农牧业对遗产地农林牧渔业增加值的贡献为92.5%，高于县平均水平。

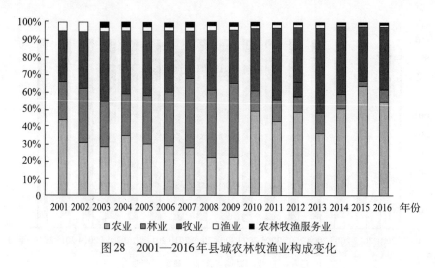

图28　2001—2016年县域农林牧渔业构成变化

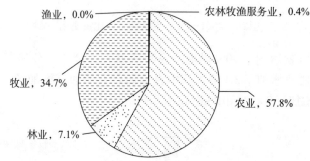

图29　2016年遗产地农林牧渔业构成

　　遗产地在2001—2016年农林牧渔业构成的变化规律与全县类似。农牧业对遗产地农林牧渔业增加值的贡献在 2009 年下降到不足50%，随后又逐年显著增加，到2015年达到96.9%。林业对农林牧渔业增加值的贡献在2001年为27.4%，最高的时候在2009年超过50%，随后又迅速下降，在2015年仅为2.8%（图30）。

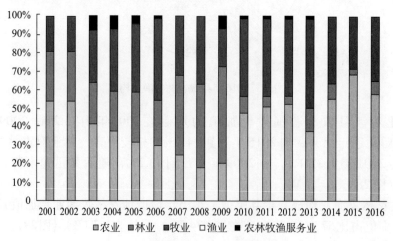

图30　2001—2016年遗产地农林牧渔业构成变化

2016年井店镇、更乐镇和关防乡农牧业对农林牧渔业增加值的贡献分别为92.4%、94.8%和87.7%（图31）。在三个乡镇中，更乐镇农业增加值比重最高，达到69.1%，高于全县和遗产地的平均水平；关防乡的农业增加值比重最低（45.3%），低于全县和遗产地的平均水平，而林业增加值比重最高，达到11.6%，高于县域和遗产地的平均水平；相比之下，井店镇的农林牧渔业构成与遗产地十分类似。

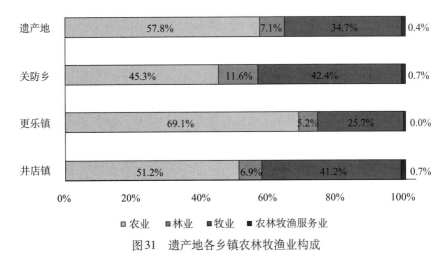

图31　遗产地各乡镇农林牧渔业构成

2016年遗产地农林牧渔业增加值占全县的15.8%，农业、林业和牧业增加值分别占全县的16.7%、15.5%和15.3%。虽然遗产地的耕地面积占全县耕地面积的1/5，但是遗产地农业增加值仅占全县农业增加值的16.7%，仍有很大的提升空间。

3.遗产地农村经济收入

从表7可以看出，2017年遗产地农村经济总收入24 295.9万元，其中外出务工收入14 061.8万元，所占比重为57.9%，其次为林果业（8 008.8万元）和农业（1 615.0万元）收入，二者所占比重为39.6%（图32），说明农业和林果业是遗产地农村经济收入的重要组成部分。然而，除了重要农产品生产收入所得，其他农业文化遗产经营收入如重要农产品销售、遗产旅游服务等收入十分有限。

表7　2017年遗产地农村经济收入

	总收入 （万元）	外出务工收入 （万元）	农业收入 （万元）	林果业收入 （万元）	畜禽养殖收入 （万元）	商业运输业收入 （万元）	其他收入 （万元）
遗产地	24 295.9	14 061.8	1 615	8 008.8	125.3	432	53
井店镇	6 553.3	3 466	468.9	2 461.4	0	157	0
更乐镇	5 942.1	3 250.6	144.2	2 367.5	4.8	175	0
关防乡	11 800.4	7 345.2	1 001.9	3 179.9	120.5	100	53

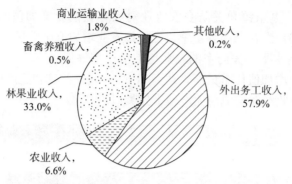

图32 2017年遗产地农村经济收入构成

2017年遗产地农民人均收入6 063元，其中外出务工收入3 229元、农业收入366元、林果业收入2 456元（表8），所占比重分别为53.3%、6.0%和40.5%（图33）。井店镇农民人均收入中，外出务工、农业、林果业所占比重分别为48.3%、7.6%和44.1%；更乐镇农业收入比重最低，仅为2.4%；关防乡外出务工收入比重最高，达到62.2%，而林果业收入比重最低，仅为26.4%。可以看出，遗产地农民人均收入中有一半来自外出务工，农业及林果业收入贡献为30%～50%。

表8 2017年遗产地农民人均收入

	人均收入（元）	外出务工人均收入（元）	农业人均收入（元）	林果业人均收入（元）
遗产地	6 063	3 229	366	2 456
井店镇	4 669	2 256	354	2 059
更乐镇	7 516	3 404	182	3 674
关防乡	6 397	3 976	549	1 686

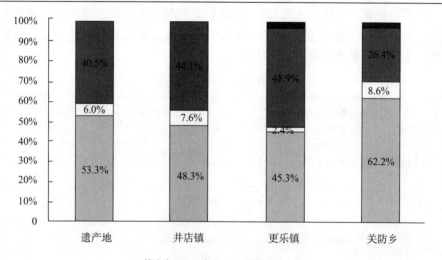

图33 2017年遗产地及各乡镇农民人均收入构成

五、结论与讨论

农业文化遗产监测是农业文化遗产保护的基础环节，是农业文化遗产管理的重要途径。农业文化遗产监测体系总体框架的设计是农业文化遗产监测工作系统开展的第一步，其最终的落地实施将显著提高农业文化遗产保护与管理的科学性，这正是本文的意义所在。

农业文化遗产监测体系的总体框架由三级监测网络、动态监测系统和两级巡视制度3部分构成。动态监测系统的核心内容包括监测范围、监测内容、监测方法和数据管理4个方面。农业文化遗产监测的范围为遗产系统本身和遗产管理措施，包括生态维持功能、经济发展功能、社会维系功能、文化传承功能、体制机制建设、宣传示范推广6个方面。由于监测内容具有时空差异性，农业文化遗产的监测表现出多尺度监测的特点，适用于年度报告与定期调查相结合的监测方法。农业文化遗产监测体系总体框架的落实则有赖于三级监测网络和两级巡视制度的建立以及年度报告制度和信息化管理手段的应用。

农业文化遗产监测年度报告是农业文化遗产监测体系总体框架落地实施的第一步，亦是国家、省和遗产地三级农业文化遗产监测网络以及国家和省两级农业文化遗产巡视制度的重要基础和核心组成。农业文化遗产监测年度报告由24个监测项目组成，各监测项目之间具有内在逻辑关联，由遗产地管理机构组织填报，充分体现出综合性、科学性和可操作性特点。这不仅为农业文化遗产监测工作的实地开展提供了具体指导，而且为下一步需要开展的农业文化遗产评估工作奠定了基础。

农业文化遗产监测年度报告反映的是遗产地在短期内采取的遗产管理措施以及遗产系统在短期内发生的各种变化。监测项目主要发生在遗产地等较大尺度上，具有变化速度相对较快、发生频率相对较高、数据获取相对容易等特点。这些数据可用于遗产地保护与管理措施连续性分析以及遗产系统自身变化的纵向比较，从而实现对农业文化遗产保护与发展时间动态变化的描述与刻画。然而，农业文化遗产监测年度报告缺乏对变化速度相对较慢或发生频率相对较低的监测内容的记录，如农业生物多样性、居民文化自觉能力等。因此，一个更全面的农业文化遗产保护成效评估将有赖于农业文化遗产监测年度报告与专题性调查报告的有机结合，并与农业文化遗产监测巡视制度相结合，从而极大地提高农业文化遗产保护与管理工作的科学性与系统性。

参考文献

[1] UNESCO，World Heritage Center，World Heritage Committee.Operational Guidelines for the Implementation of the World Heritage Convention ［EB/OL］. ［2014-12-28］. http：//whc.unesco.org/archive/opguide13-en.pdf.

[2] 中国文化遗产研究院. 国家文物局批准文研院成立中国世界文化遗产监测中心 ［EB/OL］. ［2015-01-29］. http：//www.cach.org.cn/tabid/76/InfoID/1644/frtid/78/Default.aspx.

[3] 马朝龙. 论构建我国世界文化遗产监测体系 ［A］. 世界遗产论坛（三）——全球化背景下的中国世

界遗产事业 [C]. 北京：科学出版社, 2009.

[4] 雍振华, 黄莹. 世界文化遗产（苏州古典园林）监控体系建构研究. 中国文物保护技术协会第七次学术年会论文集 [C]. 北京：科学出版社, 2012.

[5] 张月超. 我国世界文化遗产地监测体系构建研究 [D]. 北京：北京化工大学, 2012.

[6] 邓晓宇. 中国世界自然遗产监测指标体系构建与应用研究 [D]. 成都：西南交通大学, 2007.

[7] 江慧. 基于"3S"技术的历史文化遗产动态监测方法研究 [D]. 北京：清华大学, 2010.

[8] 闫金强. 我国建筑遗产监测中问题与对策初探 [D]. 天津：天津大学, 2011.

[9] 张正模. 环境监测系统在莫高窟保护与利用中的建立 [D]. 兰州：兰州大学, 2012.

[10] 张朝枝, 郑艳芬. 文化遗产旅游影响监测：国际经验方法与指标体系构建. 《旅游学刊》中国旅游研究年会会议论文集 [C]. 北京：《旅游学刊》编辑部, 2011：477-493.

[11] 闵庆文. 全球重要农业文化遗产——一种新的世界遗产类型 [J]. 资源科学, 2006, 28 (4)：206-208.

[12] 闵庆文, 孙业红. 农业文化遗产的概念、特点与保护要求 [J]. 资源科学, 2009, 31 (6)：914-918.

[13] 乌丙安, 孙庆忠. 农业文化研究与农业文化遗产保护——乌丙安教授访谈录 [J]. 中国农业大学学报（社会科学版）, 2012, 29 (1)：28-45.

[14] 闵庆文, 张丹, 何露, 等. 中国农业文化遗产研究与保护实践的主要进展 [J]. 资源科学, 2011, 33 (6)：1018-1024.

[15] 闵庆文, 何露, 孙业红, 等. 中国GIAHS保护试点：价值、问题与对策 [J]. 中国生态农业学报, 2012, 20 (6)：668-673.

[16] 中华人民共和国农业部. 重要农业文化遗产管理办法 [EB/OL]. [2015-08-28]. http：//www.gov.cn/gongbao/content/2016/content_5038095.htm.

[17] 孙业红, 成升魁, 钟林生, 等. 农业文化遗产地旅游资源潜力评价——以浙江省青田县为例 [J]. 资源科学, 2010, 32 (6)：1026-1034.

[18] 孙业红, 闵庆文, 成升魁, 等. 农业文化遗产地旅游社区潜力研究——以浙江省青田县为例 [J]. 地理研究, 2011, 30 (7)：1341-1350.

[19] 唐晓云, 秦彬, 吴忠军. 基于居民视角的农业文化遗产地社区旅游开发影响评价——以桂林龙脊平安寨为例 [J]. 桂林理工大学学报, 2010, 30 (3)：461-466.

[20] 焦雯珺, 闵庆文, 成升魁, 等. 基于生态足迹的传统农业地区可持续发展评价——以贵州省从江县为例 [J]. 中国生态农业学报, 2009, 17 (2)：354-358.

[21] 焦雯珺, 闵庆文, 成升魁, 等. 基于生态足迹的传统农业地区生态承载力分析——以浙江省青田县为例 [J]. 资源科学, 2009, 31 (1)：63-68.

[21] 张丹, 刘某承, 闵庆文. 稻鱼共生系统生态服务功能价值比较——以浙江省青田县和贵州省从江县为例 [J]. 中国人口·资源与环境, 2009, 19 (6)：30-36.

[23] 张永勋, 刘某承, 闵庆文, 等. 陕西佳县枣林生态系统环境适应性及服务功能价值评估 [J]. 干旱区研究, 2014, 31 (3)：416-423.

[24] 何露, 闵庆文, 张丹. 农业多功能性多维评价模型及其应用研究——以浙江省青田县为例 [J]. 资源科学, 2010, 32 (6)：1057-1064.

[25] Sonja B, Parviz K, Mary J, et al. Conceptual Framework for Economic Evaluation of Globally

Important Agricultural Heritage Systems（GIAHS）：Case of Rice-Fish Co-Culture in China ［J］. Journal of Resources and Ecology，2013，4（3）：202-211.

[26] 杨波，何露，闵庆文. 基于国际经验的农业文化遗产监测和评估框架设计 ［J］. 中国农业大学学报（社会科学版），2014，31（3）：127-132.

[27] 闵庆文. 农业文化遗产的动态保护途径 ［J］. 中国乡镇企业，2013（10）：86-91.

[28] FAO. Description and Criteria For GIAHS Selection ［EB/OL］.（2014-08-15）. http：//www.fao.org/fileadmin/templates/giahs/PDF/Description_and_Criteria_for_GIAHS_selectio n_4_July.pdf.

注：本文选自《河北涉县旱作梯田系统申报全球重要农业文化遗产项目阶段性研究成果》，中国科学院地理科学与资源研究所，2018年。

二、旱作农耕技术

旱作梯田系统的知识技术体系及其当代实践

张碧天　李禾尧　焦雯珺　闵庆文

七百余年前，先民为躲避战乱来到太行山深处的涉县，但这里山高坡陡、石多土少、水资源稀缺，生态环境脆弱，先民们的生产生活受到了制约。涉县基岩属石灰岩，成土速度慢，土层瘠薄，岩层裸露，植被盖度低；年均降水571.7毫米，但年内分配不均，夏季降水占全年64%，且石灰岩地区溶洞和裂隙发育，降水易随裂隙流失，地表蓄水储水能力差，生产生活用水不甚充裕，不具备灌溉条件。陡峭的地形以及不理想的植被盖度导致涉县在雨季易发洪涝灾害，石灰岩极弱的蓄水能力导致涉县人民在旱季易受干旱的胁迫。为了保证基本的安全和生计需求，涉县先民将目光转向高山峻岭，将生活生产的空间向上、向深处拓展，发展了旱作雨养农业，就地取材建造了"叠石相次，包土成田"的石堰梯田，十几代人的双手共同铸造了今日的梯田奇观。

涉县先民同环境的协同进化，其实就是人民可持续的改造和利用生态环境资源的过程，人民不断发现生态系统的脆弱性及其带来的危险性，并采取措施、创造技术，降低环境的生态脆弱性和危险性，提升系统的承载能力。涉县人民面向三大关键的制约要素创造了多样的知识技术（图1），如梯田修建技术、梯田修复技术、水土保持技术、石料建筑技术、驴的驯养技术、农田空间高效利用技术、农田水分高效利用技术和集雨技术等。

一、梯田修建与修复技术

（一）梯田的修建技术

"两山夹一沟，没土光石头，路没五步平，地在半空中"是对涉县石堰梯田的生

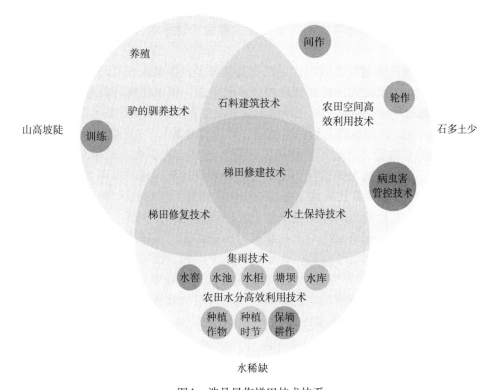

图1　涉县旱作梯田技术体系

动描写，在陡峭的石壁上分布着大小不等的石堰梯田，大的地块不足7亩，小的不足1米²，坡度也因地势各异。涉县旱作梯田有两个关键的概念，一是反坡石堰梯田，此为硬件；二是花椒生物田埂，此为软件。

　　"石庵子"是涉县石堰梯田的起点，修葺石堰前要先在山坡上搭出来个石庵子。"庵"即为"圆形小屋"之意，石堰梯田的修建过程非一时一日之功，修建过程中农民需要在田间烹饪、休憩、遮风避雨，因此有了石庵子这间简单的石头小房子。当梯田修建结束后，石庵子仍留在原地成为储存农具等生产资料和劳作间隙休息的重要场所。

　　石庵子修好之后再修葺石堰梯田的田块，梯田沿着等高线修建成地面外高内低的"反坡梯田"，反坡面的角度一般为3°～5°。山势越陡峭，反坡角度越大；山势越平缓，反坡角度越小，这种反坡梯田可以减少雨水冲刷导致的土壤溅蚀，有很显著的蓄水保土能力。梯田的修葺按照先修石堰再填放土石的顺序，"石堰"即是指石头垒成的田埂，所用石块全部就地取材，石块的选用原则是形成稳定牢固的石堰，并不对碎石进行打磨和切割。石堰分为外围的垂向墙壁和底部的石块垫基层，垒砌石堰垂向墙壁的石块必须是横竖交错、相互咬合的，下层石块大，上层石块小，形成层间镶嵌结构，再逐层垒高形成1米多高的石堰外围结构。修葺石块垫基层时石堰中的土被移走，在下面垫大石头，大石头上面放石头渣子，石头渣子上面堆叠土层，就形成了一块可用于耕作的田块。土是用镐尖锨刀从岩石缝中挖出来再从山巅壑底担上来的，因为土石混杂，因此还需要过筛成为细土后才可以使用。石块间的咬合结构保证了梯田面对洪水冲击时的稳固性，同时"人造地面"下的岩块间也可储存少量的"裂隙水"，在梯田少雨缺水时向土壤释放水分。

石堰梯田的硬件搭建好之后，就可以安装软件了。涉县人民经过长期的实践，为有效控制梯田水、土、肥流失，提高梯田的产量和效益，摸索出梯田花椒树生物埝建设技术，即在梯田堰边种植花椒树，不仅不影响农作物生产，即使对田内作物产量稍有影响，也能给予多倍补偿。经过建设花椒树生物埝，形成"绿篱"，一是可改善梯田小气候，同时对花椒树下的作物起一定的保护作用，遮阴的同时还能驱虫。二是有利于水土保持，树冠截留雨水，防止土壤溅蚀枯枝落叶，可减少地表径流，保护田面各级根系，纵横交织，固土固堰。三是提高农民收入，每亩花椒树生物埝可增加收入900～1 200元，具有很高的经济价值。花椒红色的外壳是一种重要的调味品，在中国人的厨房里和餐桌上扮演着不可或缺的角色，是家家户户热油爆锅时的必备品，其椒香微麻的香味是菜肴的点睛之笔。花椒黑色的籽可用于榨油，花椒油可用于出售，也可用于自家烙饼、炒菜时使用。四是可以作为存粮时的"驱虫剂"，将花椒壳掺进粮食中可以延长收获粮食的存留时间，减少居民生计受市场价格波动的影响。五是药用功效，驴吃花椒叶可以治病，用花椒叶泡水还可以给驴清洗伤口、加快愈合。

（二）梯田的修复技术

（1）**悬空拱券镶嵌技术**。当石堰由于年久失修或者遭遇洪水破坏时，就需要运用到石堰修复技术，最为典型的修复技术为"悬空拱券镶嵌"技术。在石堰修建时，先修建一个悬空拱券，再在拱券上修建石堰，然后再填回土壤。拱券分为单拱式和双拱式，根据冲毁的程度进行选择，若坍塌的石堰长度为4～5米，就采用单拱式；若坍塌的石堰长度为6～10米，则采用双拱式。拱券的建造具体来说分为六步，分别为清现场、挖腿基、垒拱券、合龙口、垒券顶、回填。清现场就是将散落的石头收集起来，清理周围及附近的石头，用作搭建拱券的原材料；挖腿基就是在坍塌的两边，把土挖开，找到原来的石堰根基，若是双拱式，还要在中间增设一个新的50～80厘米深的基坑。垒拱券就是利用坍塌的泥土和石头作底垫，用小石块垒成拱券模型，从两边堰根开始垒石头，券的两条腿要用大块石头，拱券要用片石立起来。合龙口就是当拱券垒到最后的顶部时，留下最后一块石头时，要选一块比较方正的石头，从正中镶进去作为封口。垒券顶就是在拱券的上方按照梯田石堰的建造方法垒至石堰原有的高度。回填就是将大石块、石渣、细土重新填回石堰，至此完成石堰的修复。

（2）**杂生藤本清除技术**。几十年的梯田堰边，多生长些蘖生能力强的藤蔓植物与庄稼争肥争水，一旦连成片，一米以外的庄稼生长极受影响。因此，隔几年人们就得从堰边挖50～100厘米深的深沟，重新垒堰，把堰垒好后，将藤蔓植物根除完再把土填平，以保持水土和土壤地力。

二、水土保持技术

（一）养分循环技术

境内气候干旱，是典型的雨养农业区，加强对养分循环的调控在可持续农业中具有重要意义。对本梯田生态系统而言，输入系统的养分主要有有机肥、还田秸秆、化肥、雨水沉降等，输出系统的养分主要有粮食秸秆，果实以及损失的水肥等。由于土层厚度仅为20～40厘米，虽刚好满足旱作作物的根系深度，能够支撑起旱作农业系统，但是缺乏可供更新的、富有营养的底层土壤，因此梯田的"输入－输出"养分循环至关重要。当地农民有史以来就重视使用农家有机肥，有着"庄稼一枝花，全靠粪当家。深耕加一寸，顶上一层粪。"的口头禅。有机肥的种类有三大类：①驴粪＋玉米秆/谷子秆沤肥；②驴粪秸秆沤肥后与人粪尿混合，不用再次沤肥；③花椒籽饼。有机肥用驴运往梯田，以弥补养分输出，补充土壤肥力，改善土壤结构。通过人为因素的参与，涉县梯田系统完成了土壤－农林作物－人（畜）－土壤的养分元素的循环过程。农作物施肥主要有两种方式，一是施足底肥，多为农家肥。在耕作前把肥撒在地表，耕时将肥料翻入土内，或挖沟撒肥后再填土下种，现在施底肥时辅以少量硫酸铵、磷肥。二是追肥，原来追肥多用稀释的人粪尿，现在则混入适量的化肥，如碳铵、尿素等。

（二）生态保育技术

"随修梯田随栽树，边凿灌渠边教书；无树水土保不住，有树穷山能变富。""山上多栽树，等于修水库。""水是一条龙，先从山上引，治下不治上，等于白搭工。""阳坡柏，背坡松，河沟里边杨柳青。""要想富多栽树，论快还是花椒树。"是涉县人民长期以来挂在嘴边的口头禅。山顶森林能够有效地减小雨季暴雨形成山洪的概率，减小洪峰流量，推迟洪峰时间，减少梯田的水土流失，保护石堰不被冲毁。涉县人民在山顶栽种松柏、木檫、核桃树，在山腰的梯田中栽种花椒树、黑枣树、柿子树等带有经济价值的树木。当地人民深刻意识到树木对于梯田生态系统、对于自身生计的重要意义，还形成了较强的山林保护意识，明代时就有了禁山护林的记载。

三、水分及空间高效利用技术

（一）水分高效利用技术

（1）抗旱作物的选育。梯田区干旱少雨，涉县人民在长期的劳作实践中根据当地环境条件选育出了根系发达、增产潜力大、耐旱、抗病、抗逆性强的谷子、玉米、花椒和豆类，提高旱地生产能力。即便种植的是蔬菜瓜果，也多是像南瓜、西葫芦之类耐旱的作物（表1）。

表 1　涉县主要传统作物品种

种类	主要品种
花椒	大红袍、小红椒、臭椒
谷子	来吾县、压塌楼、老来白、马鸡嘴、三遍丑、银河井谷子
玉米	金皇后、白马牙
豆类	牛毛黄、大黄豆、小黄豆、7960、豫豆2号

①花椒。花椒主要有大红袍、小红椒和臭椒3种品种，大红袍的种植面积最广，臭椒的种植面积现存较少。3种花椒的特点极为鲜明，大红袍的商品性好，粒红粒大，叶子厚叶色深；小红椒则粒小颜色浅，叶子相对较薄且色浅，但是味道好；臭椒有特殊的气味，花椒刺由下到上逐渐减少，采摘期晚。

②黑枣。黑枣树也是涉县石堰梯田中最常见的元素，黑枣树是一种抗旱、抗病、抗虫能力都很高的树种，同时产量相对稳定。黑枣除了直接食用之外还可加工成便于储存的黑枣面粉，是饥荒年代的主要粮食来源。黑枣树通常种在梯田田块的中央，其阔大的树冠可以起到遮阴的作用，树干相较花椒树更为坚硬牢靠，还可以用作拴驴的木桩。黑枣树分为有核黑枣树、无核黑枣树，两种树的栽种方法有所不同。有核黑枣树是将枣核作为种子种下，种子长成树苗后，嫁接到砧木（君迁子）上；无核黑枣树的产生来自自然诱因下的染色体变异，并非人工刻意培育的，在嫁接时，要将无核黑枣的枝条嫁接到有核黑枣的树苗上，不用再嫁接到砧木上；拐枣树（君迁子）本身不结果，故被形象地称为"公枣树"，可以用作砧木，在上面可以嫁接有核黑枣、无核黑枣、柿子等树种，嫁接的是什么，长出来就是什么。

③谷子。当下传统品种种植比例近40%，保留有6～7个品种——来吾县（红苗/白苗）、马鸡嘴、青谷、黄谷、白谷。现代品种冀谷19种植比例最高，近50%，来吾县就是它的一个亲本。传统品种相较现代品种，虽然产量较低，但口感更好，抗病性强，冀谷19的白发病发病率达18%，而来吾县发病率不足1%。

（2）种植时节的选择。 不同作物的生长期和农业需水量不同，涉县人民长期以来通过应用配套品种、适当调节时差，做到"种在雨头、长在雨中、收在雨尾"，充分利用降水，实现了"雨养"，总结了大量的具有本地特色的农业谚语（如"头伏萝卜二伏菜，三伏荞麦不用盖"）和二十四节气歌，体现了涉县农民的智慧。

具有本地特色的二十四节气歌为如下。立春天气暖。立秋栽白菜。雨水粪送完。处暑摘新棉。惊蛰快耙地。白露打核桃。春分犁不闲，秋分种麦田。清明多栽树。谷雨要种田。寒露收割罢，霜降把地翻。立夏点瓜豆。立冬起白菜。小满不撒棉。芒种收新麦。小雪犁耙闲。大雪天气冷。夏至忙锄田，冬至换长天。小暑不算热，大暑正伏天。小寒快买办，大寒就过年。

（3）保水保墒的耕作制度。 除了耕种时节的把控，涉县农民还总结出了在更微观的尺度上集雨保墒提升水分利用效率的技术，即通过锄、犁、耙、耢、抈、翻等耕作方式实现雨季集雨、旱季保墒。当地人民总结出了"三耕两耙"的耕作技术（耕：把土翻开；

耙：把土磨平）：①春天播种前一耕一耙（春耕）；②播种后一耕一耙（用"耧"）；③秋天收获之后一耕不耙（秋耕）。春耕是为了保墒，前后同时进行；耕切断毛细管，耙减少土壤水分蒸发的表面积。秋耕晒垡，目的是接纳雨水，增加土壤含水量。并据此演化出了生动上口的农业谚语"秋天划破皮，胜似春天犁十犁。头遍刮，二遍挖，三遍四遍地皮擦（锄地）。进了惊蛰节，犁地不能歇。春耕不怕浅，就怕耕得晚。春天不耙地，好比蒸馍跑了气。"

（二）空间高效利用技术

（1）间作套作。涉县梯田耕地按地形分为山地、坡地和平地。当地农民因地制宜，形成了一套符合当地气候、地理环境的种植模式。山地和坡地均为旱地，夏秋两季只能收一季。梯田依山势而修，不同位置土质、温度、光照、水分条件差异较大，适合播种种类和品种、耕作方式也不尽相同。山腰的土质更为肥沃，一般种植玉米和谷子，山顶的田块相对贫瘠就主要用来种植大豆。一般为一年一熟制，且需要隔年倒茬种植，即种植一茬谷子，再种植一茬玉米。由于坡度较小，谷子和杂粮为摇耧耕播，玉米、马铃薯等作物为跟犁或拼穴手工点播。坡度较大而畜不能耕者，春播、中耕、秋收均靠人力，劳动强度大，效率较低。山脚平地为夏秋地，灌溉较为方便，但数量较少，一般为一年两熟制。雨水充足年份一年种夏秋两季，雨迟则种秦，无雨就留白地。同时利用间作和套作实现空间的立体利用，如玉米旁点豆角，高低结合，秆藤搭配，堰边种大豆和南瓜，既充分利用地力和光能，提高了单位面积产量，又实现旱作农田持续利用。

（2）轮作倒茬。百年来，当地形成的种植制度对病虫草害的发生起到了预防作用。涉县人民将间作模式精炼成俗语，"糠菜半年粮，换茬如上粪"，从而表明涉县食物不够丰富、换茬的重要性。换茬一方面可以保持土壤养分稳定，另一方面可以防治病虫害，如白发病，根结线虫病等。如玉米和谷子隔年倒茬种植，即当地"年年谷，不如不"之说，避免了连作引起的减产问题；谷子地里只种谷子，不间作其他作物，但是不同品种的谷子会进行混种和轮种，但分开留种（子）；花椒和粮食作物间作时，花椒的挥发性物质具有杀菌驱虫作用，在一定程度上减少了粮食作物病虫草害的发生概率。近些年提倡的药粮间作，则利用了中草药的驱虫杀菌作用。

四、基础支撑技术

（一）集雨技术

涉县年内降水分配不均，但降水总量尚可满足人们的生产生活所需，因此如何将夏季密集的降水储存起来就成了让人民生活下去、让系统维持下去的关键。涉县人民通过修建集雨蓄水设施，如水窖、水池、水柜、塘坝、水库等，蓄积雨水、泉水，解决了生产用水需要。

①水窖。水窖历史悠久，人称"传家宝"。水窖有的建在村民家中，有的建在街巷稍宽处，有的建在田间地头。水窖主要用来储存降落到自家的雨水，其进水口、取水口

和排污口都设在家中院内的地面上，有明确的给水、排水流程。下雨时，先院内排污水，地面清洗干净后，再打开地面上的进水口进行储水，平日里则从取水口提水上来供人畜使用，一满水窖的水可供一户人家使用3个月之久。随着生活水平的提升，自来水的普及，有些村落已经改为用水泵抽取地下水再输送到各家各户的水窖当中，提升了水窖水的水质。

②水池。境内水池有古池、现代池。古池修建年代不详，大多建于村外或村中空旷处，用于积蓄雨水，供村民洗涤、生产、人畜饮用等，古池村村皆有，大村不止一处。部分旧池在20世纪70年代以后改建成现代池，主要用于抗旱播种。

③水柜。境内水柜分两种：一种是建在村民家中的，主要用于蓄自来水、雨雪水，供村民生活用水；另一种是由村集体或多村联合建设的大型水柜，蓄水量较多，可供全村人畜饮水，有的水柜位于山腰或山顶，起着水塔的作用。

（二）毛驴驯养技术

毛驴是加速旱作梯田系统生态循环的关键角色，对于梯田生态系统实现绿色、可持续发展有着极重要的作用。涉县山高坡陡，倘若没有驴子的助力，对于田块高远的农户，上山农作难度将大大提升，恐怕就不是一日之内便能实现的工作了。然而对于涉县的居民来说，毛驴不仅仅是农事物资的运输工具，更是家庭的一员，家家户户都有毛驴的居所，村中还发展出了相关的职业（驴经济、驴医生）和节庆（驴生日）。涉县的农民发展出一套驯化毛驴的流程和技术，使驴子能够听懂、看懂人的口号和肢体动作，与人配合默契、感情相融，能肩负重物稳健地登上布满碎石的梯田、能在狭小的旱作梯田田块上拉动不小的农具并灵活地行动，成为农民耕田的好帮手。

注：本文选自《河北涉县旱作梯田系统申报全球重要农业文化遗产项目阶段性研究成果》，中国科学院地理科学与资源研究所，2018年。

北枳代桃：农业系统中两种知识的补充、替代与融合

郭天禹

　　摘要：文章以脆弱生态环境中极具适应性的河北涉县旱作梯田系统为研究对象，对乡村可持续发展进行了探讨。通过观察系统核心区王金庄发现，系统中作为运输和耕作工具、承担生态循环功能并象征本土知识的驴，其饲养量不断下降，简单高效、方便人口流动并象征现代性知识的微耕机，作为补充进入，二者产生了替代、融合的互动。现代性知识以"守田"文化为基础融入系统当中，两种知识从简单并存逐渐到深度融合，形成"新地方性知识"。它唤醒了传统农耕系统中濒于湮灭的优秀元素并使其保持活态，延续了传统文化的根脉，批驳了拒斥现代化的乡村保护意识。

　　关键词：地方性知识；现代性；农耕系统；社会记忆；可持续发展

一、问题的提出

　　从早期西方汉学学者的讨论开始，中国社会与现代性这一命题几经折转，不断衍生出新的议题，至今虽形成了几个学派，但仍无定论。起初的探讨围绕拥有复杂文明的中国社会为什么滞后于西方走进"现代"，代表学者有韦伯、芮德菲尔德等，主要阐释了中国文化传统中与现代化（modernization）相同和相悖的因素；20世纪80年代学界重新思考现代化与传统的关系，并倾向于把现代化看成西方资本主义体系和现代民主主义思潮向中国的渗透和蔓延，代表学者有纪尔纳、安德生、霍布斯鲍姆等，他们注重探讨民间传统在现代化的政治经济过程中的遭遇；之后，王铭铭归纳了现代化国家对传统的两面性态度———现代化过程中传统被新文化取代和传统被重新改造、发明变为新的"全民文化"，最初对此深入研究的代表学者有孔迈隆、萧凤霞[1]。时至今日，这个宏大议题仍在研究和讨论之中，前人的研究提供了一种在传统文化发展过程中地方性知识（local knowledge）与现代性知识（modernity knowledge）互动的现代化视角。

　　自格尔茨通过深描的形式把"地方性知识"[2]这个用来形容一定区域内文化集合的概念勾勒出来以后，相对应的"普同性知识"就越来越倾向于与现代性知识不加区分地被使用，换言之，当今社会大背景下，普同性知识和现代性知识愈发具有了一体双词的用法。西方源发的现代性知识本质上也是一种地方性知识，只不过是借用了普同性知识的渠道，更多地与其他地方性知识展开了互动，对于文化相对论者而言，地方性知识总是在生态人类学或者文化生态学研究中表现得更为具象。斯图尔德提出多线进化论，进而引出了文化生态学的论述———人类的文化行为是适应环境而来的[3]，哈里斯用印度牛

肉禁忌的观点说明了文化对于生态系统的反映和保护作用[4]，杨庭硕通过湖南永顺县永茂镇的滑坡灾害阐释凭借地方性知识去维护生态来论证生态人类学的观点[5]。地方性知识，抑或"小传统"，通过人类不断进行适应环境的实践而发展和完善，这也是一个持续与社会"大传统"互动的过程[6]。中国乡民社会中的地方性知识少有用文本记录的，多是以民间口头传说、观念或者仪式行为等方式进行展演式传承的，因此面对当下"大传统"中流行的风格迥异的现代性知识时，互动的过程变得更加激烈。

近代以来，中国社会在现代化的进程中一直波折不断，乡村中尤其是具有本土知识的传统村落，正在大比例地相继湮灭，这个现象引起了中国学者的深刻思考。梁漱溟乡建思想明确表达出乡村是中国文化产生的基础[7]，也是中国社会的主体，在现代化裹挟着现代性知识体系大步走入中国乡土社会之际，本土知识遭遇了空前的挑战。以城镇化和科技理性为动力的现代化象征体系逐步形成了吞噬乡村和本土知识（indigenous knowledge）之势，尤其是近代以来的"文字下乡"[8]和公学入镇[9]后；1949年到"文化大革命"结束后一段时期，农村一度被视作国家意识直接渗透的首要场域[10]。在这场生动的知识角斗中，城市化和现代化成为当下中国社会发展中根深蒂固的主流思潮，乡土文化节节败退，农耕知识的传承危机随着这一进程日渐加重，而拯救村落危机，则要依靠社会记忆所具有的穿透历史与现实的能力[11]。

本文采用现代性知识和地方性知识两个概念分别作为两种知识体系的抽象概括性表达，笔者更倾向于将现代性知识视作源起于西方社会理性的一种文化构造物，而把现代化视作是在文化相对论的视角下每一个社会都在经历着的过程。无论是本土知识，抑或是裹挟于全球化当中的现代性知识，都在不可避免地经历着现代化，在这个过程中无数发展变化着的文化脉络相交又各自前行着。笔者把本土知识定义为根据当地自然生态环境创造和衍生的一套包含在地方性知识范围内的构造物，在地方性知识内除本土知识外还有一部分不断从外部吸收进来并在当地具有特定含义的知识，这些知识并非源于本土创造但在当地具有了区别于普遍形式的理解。基于此，借用吉尔兹的地方性知识概念——知识总是有其特定的区域、背景和历史且只有放置其中才能被认知和理解[12]，笔者将知识从"描述—阐释、理解"层面上升到"理解—应用于日常"的层面，提出一种动态的具有更强烈的时间性、空间性的知识形态概念——"新地方性知识"。从历时性的角度来看，"新地方性知识"是本系统中融合了以往不曾有过的新知识，不适应当下的部分本土知识被悬置，即失活的知识面临两种选择，要么被记录下来等待未来达到适合的条件和环境重新启用，要么便就此湮没，从地方性知识体系中消失；从共时性的角度来看，"新地方性知识"是相对于其他知识系统的一套完整的具有鲜明地域特色的知识体系，可以被系统外的人察觉、描述和阐释、理解，并且在不同社会中在相同或类似的条件下可以被借鉴应用。

乡村社会的本土知识在近些年的现代化过程中受到了极大的冲击，已经引发了社会各界的关注。笔者以"中国重要农业文化遗产·河北涉县旱作梯田系统"的核心区王金庄为观察地点，开展了两年的持续性实地研究，实地生活累计36天，以民族志的方法记录并整理了包括"驴经纪"、兽医、微耕机经销商、微耕机使用者等在内的21位村民的访谈文本，参阅了《王金庄村志》《涉县农业志》等地方志和记载材料。在观察中发现，适应王金庄山地、担起当地生态循环功能中至关重要的一环并作为耕作和交通工具的驴可以视为本土知识的象征，从系统外部进入、依托工业机械技术、以理性化的高效生产和便捷操作为主要导向的微耕机可以作为现代性知识的象征，在旱作梯田农业系统中，这两种知识产生了补充、替代和融合的互动。因此，笔者以驴和微耕机为研究对象，对整个旱作梯田系统中的知识体系进行了研究。

二、生态循环系统：旱作梯田社会共生

位于华北冀南太行山脉东麓深处的王金庄，是一个依靠自然环境形成了一整套生态循环系统的村庄，独具地方特色的旱作梯田与近旁热闹的山间聚落昭示着其在穷山恶水中顽强不屈的生命力。王金庄的特殊性在于其创造并延续了可考证自元代至元十二年（1275）传承至今七百余年的旱作梯田系统，是太行山脉南部山区的农耕形式的代表，是当地农业生产中最具特色的活态遗产，被授予"中国重要农业文化遗产"的称号。王金庄在1996年并入井店镇，在此之前是乡制，治域包括7个自然村（11个行政村），其中王金庄本身是一个划分为5个行政村的大自然村，并由东向西分别命名为王金庄一街到五街村。王金庄整个村子坐落在一条东西向的峡谷当中，四面环山，耕地稀少，村民祖祖辈辈垒筑石堰梯田，如今全村共有4 500余人。为了在恶劣的环境中生存，王金庄人守着层山叠嶂世世代代"叠石包土"修筑梯田，已经形成了连接起来规模庞大的石堰梯田区，数百年间因地制宜形成和发展了旱作梯田文化，具有十分强大的适应性。王金庄自有记载以来，共开垦了3 589亩梯田，修建有4.6万余块石堰梯田，最大的地块占地面积7亩，最小的不足1米^2，多数是散碎的小地块，修建起来耗时耗力，不止如此，王金庄人还保育了2.15万亩荒山，寻找着人与自然的平衡。

王金庄属于石灰岩质山区，缺土少雨，灾害频发，面对干旱贫瘠的恶劣生存环境，传统农耕知识关乎王金庄人存继的根本，是当地农耕历经数百年运行的总结，也是当地人进行农业生产的立身之本，王金庄人把这些作为地方性知识存储于社会记忆当中。王金庄旱作梯田系统最大的特点就是自成一体的闭合生态循环。石堰梯田可以被视作这个循环系统源起的一端，石灰岩质山区提供了丰富的石块，却缺少了土壤，王金庄人有把耕地后从鞋子里倒出来的土也收集起来放回到梯田里的习惯，土壤的珍贵在这个习惯里可见一斑。薄薄的土层恰到好处地成为孕育谷子、高粱、花椒、玉米、甘薯等耐干旱耐贫瘠农作物的温床。王金庄人居住在山谷中间位置，梯田遍布四周各个山体，居所距离耕地最远处需步行2个多小时方能到达，陡峭的山地虽有羊肠小道却鲜走牛马，独独依靠驴骡驮行，梯田地块小而散，耕作起来费力不少。为了更好地生产，王金庄人不仅将驴骡视作运输工具，同时投入了相比周边和其他地区更大的精力来驯化使之成为上佳的耕作劳力。又因驴骡的粪便是极好的肥料，施入田地，可以培肥土壤，增加土壤的有机质含量，提高土壤的蓄水保肥能力，使本来干旱贫瘠的梯田能够实现持续的农作物生产。作物秸秆可以作为驴骡的饲料被消化，还可以作为爨火的燃材，山高处的秸秆也可以就地沤肥，丝毫没有浪费。同时，石堰梯田堰边种植的花椒，不仅可以作为经济作物为农民增收，而且花椒的根扎入土层，盘根错节，稳稳地固定住了石堰，也保持了水土，降

低了梯田自然毁坏率。"山顶戴绿帽"的口号也是农耕知识的传承，这个举措不仅涵养了水源，也降低了山洪暴发的概率和强度，山间水库的修建存储了相当可观的水量，为村庄人畜饮水和农业生产用水提供了保障，同时，近年来家家户户修建水柜、水窖，将饮水困难发生的概率降到了眼下的最低值。整套系统的环环相扣是基于数百年生活生产经验积累的，同时在发展过程中不断修复、完善以及创造新的知识来维护系统的正常运行。

王金庄的梯田系统为王金庄人提供了一个温饱的基础，可这并不意味着王金庄就是个"世外桃源"般的存在，对外交流的轨迹贯穿了梯田社会的发展历程。王金庄自古并没有成形的种驴繁殖基地，王金庄的驴骡基本都是通过"驴经纪"（驴贩子）从外面买来的，有远至山西，近至周边几县、乡、村的交易市场体系，驴骡不中用了也会经过驴贩子贩卖至外地，本地人因与驴深厚的情感而忌食驴肉。在流动成为当下时代特点的情况下，王金庄在地人口常年维持在 3 000 人左右，中长期在外的外出者不到人口的十分之一，大部分的打工半径在周边县镇且是临时性打工。可以说王金庄旱作梯田系统中坚守与流动是并存的，流动出去的人口一定程度上将农业内卷化降低，坚守者维系了整个系统的平衡，梯田撂荒面积不足 100 亩且均是山高地险不适宜耕作处。据此判断，王金庄梯田系统仍然处于活态，但这种活态不仅是本土知识发挥的功效，也是现代性知识进入的结果。

三、现代性知识渗入：驴之退与微耕机之来

虽说王金庄的驴文化可考至明代，但是由于过去的生产力水平远不及近现代，据记载，驴的饲养量只在近代以来出现过两次峰值。为了提高农业生产力，集体生产时期大规模地饲养牲口，驴骡饲养量达到了第一个高峰，平均 1.36 户饲养一头驴。到 20 世纪 80 年代初，以集体组织生产的基本方式改革为家庭联产承包责任制，步入后集体时期，各个生产队分掉了集中饲养的牲口，平均 2.71 户饲养一头驴，基本上由三家平分一头，被形象地称为"三户拼成个四条腿的'整桌'""四家分得一头又一腿"。由于后合作时期以家户为单位分开耕作，独自拥有一头牲口的需求促使着王金庄在 20 世纪 90 年代初期驴骡的饲养量达到了 867 头的规模，形成了近代以来的第二次峰值。随着外出务工的增长趋势，流动使得当地人开始弃养驴，王金庄的驴饲养量在近 15 年间持续下降，2012 年下降到 750 头左右，目前保持在 500 头上下，比之上一次峰值时期下降了四成左右。驯养的驴要求每天必须由人提供饮食，也因为这样的生物性特征对王金庄人产生了束缚，随后的流动和经济理性的权衡同驴的饲养发生了冲突。

在作为交通工具和耕作农具的驴的饲养量日益减少的情况下，微耕机的进入在一定程度上避免了弃耕的发生，使得土地弃耕率维持在 3% 以下的水平。2010 年王金庄出现了第一台微耕机，是四街村民曹魁金在县城看到后觉得可能适宜当地耕作买来尝试的，这一尝试使村民感受到了科技理性的实惠，微耕机的需求便在王金庄打开了。2012 年微耕机售卖店开始出现在王金庄，之后在村里陆续出现了几家售卖微耕机的店，现在全村仍有两家在售卖，同时售卖店还兼维修，并且在村里有单独的指定维修点，微耕机的日常维护和修理环节基本完善。另外，早已在村内经营的机动三轮车销售店以及梯田道路不

断拓宽与上延也在一定程度上为微耕机的使用和普及提供了先行的基础条件，机动三轮车可以载着微耕机顺着水泥硬化的盘山道路直到山顶，大大方便了高处耕作。

微耕机进入王金庄旱作梯田系统，不单单是一种生产工具的进入，更是一整套伴随而来的现代性知识体系的渗透，使王金庄从生产到生活、从观念到行为各个方面发生了多元流变。在当下，王金庄人选择生产工具时，从整体上看，微耕机更受青睐，成为超越驴的第一选择，这已经是不争的事实。这个现象的背后实则隐含着对系统极为致命的一个弊端——生态危机。即使驴的交通和生产功能可以被替代，但其生态功能却是不可以被轻易置换的，驴的粪便成为其中一个突出的矛盾点。驴粪一直是村民特别珍贵的生产资料，但是现在道路上的驴粪便不仅少有人问津，反而成为街道卫生清洁的一大困扰，生态效益未达到不说，还引发了环境问题的争议。原来生产过后收下的秸秆可以作为驴的饲料，但是随着驴的减少以及秸秆在家户之间流转的机制尚未建立，村民处理秸秆多选择焚烧，带来了新的环境危机。此外，梯田土层薄且贫瘠，粪便使用减少使得土壤肥力受损，作为补充，化肥带来的土块板结使梯田遭遇严重的生产危机，而且其涵养水分的功能降低，导致洪灾的可能性上升、酿成自然灾害的概率升高，成为整个梯田系统可持续发展所面临的巨大挑战。另外，与驴相伴的一整套制度中，买卖驴的"驴经纪"、给牲口瞧病的兽医、为牲口祈平安的马王庙，也在近年来音沉名落。

两种知识在梯田生产的过程中通过两个实物具象化地呈现了出来，以现代科技理性为知识背景的微耕机和以本土农耕知识为内涵的驴成了整个系统聚焦点。迪佩什·查卡拉巴提（Dipesh Chakrabarty）强调了生活世界中知识现象与把它当作普遍性概念的理解所不同，展演于日常中的才是具有本土意义的默会的活态知识，把本土性知识转译成普同性知识会不可避免丧失其真实（背景、语境等）[13]。而丧失了某些真实的普同性知识表达进入地方系统后，融入当地的部分会与本土知识编织在一起，获得当地特有的语境、背景，构成这个区域内的地方性知识，具有了当地的意义，由普遍"回归"到特殊，与系统中的原知识体系同时存在，逐步深化，最终达到共通融合的状态。深化的过程表现在日常生活中，就是不断重复讲述和操演这种知识依附的实体，目前王金庄社会中这两种知识还通过其他物象呈现着——石房与砖房，水窖与太阳能热水器，旱厕与抽水马桶等。

王金庄旱作梯田系统流变的大幕在人口流动的社会大背景下，以"驴之退"为表象被揭开了，在此之前已经浸入的现代性知识为这场大幕的拉开蓄积了力量，为"微耕机之来"提供了知识基础，共同塑造了当下的王金庄生活日常。那么，王金庄旱作梯田系统内的知识是基于何种原因融合的呢？

四、知识融合："守田"文化作为基础

梯田生活的苦难是现在王金庄人达成的共识，正如王汉生、刘亚秋通过个人苦感、集体苦痛和国家苦难来叙述知青群体为自己能动地建构意义一样[14]，讲述梯田生产生活的苦难也是王金庄维持村落认同的重要方式。不仅如此，通过回忆往日的苦难，让本土知识在生命体验的回顾中不断被重复，生动的记忆展演塑造了代际之间维系梯田系统活

态存在的文化基础，对其传承具有特殊的意义。走到外面开了眼界的王金庄人成为知识的载体，通过反观自身的梯田生活，对原知识系统进行填充、改善或者替代其中某些元素，最终应村落的发展需要，基于本土集体价值观在日常生活中将两种知识融合到了一起，形成了新的地方性知识。

（一）"苦难"促生着知识融合

绵延万里的石堰梯田被誉为"第二长城"，是整个王金庄的骄傲，也是每一个王金庄人记忆中的苦难，恰是这种看似矛盾的观念维系了村庄的认同感，也为梯田存留了带有温度的知识。苦难是在回忆中被不断建构和强化的，王金庄社会中的这种苦难记忆是通过重复叙述梯田生产的过程得以实现的，并且在这个过程中本土知识得到生动地展演，伴随苦难记忆进行洗礼的往往是系统中的深层价值观。苦难记忆的作用在当下是以矛盾的两面出现的，一方面苦难促使着王金庄人走出梯田去寻求"轻松"的工作；另一方面苦难中携带着的对梯田爱恨交织的情感让王金庄人对梯田生产难以割舍。农忙时刻的梯田劳作盛况又再一次地把"苦难"进行下去，收获带来的喜悦只有和付出血汗的苦难做对比才更具意义。基于这种观念，王金庄人流动虽频繁，但流出却十分有限。村民的打工半径多在周围乡镇、县市，远距离外出打工者的务工周期一般比较短，农忙时节基本都要回家参与农业生产。这种流动特性为王金庄的梯田生产提供了可持续发展的可能，也为梯田系统中的农业生产带来了新的内容，由此拉开了梯田生产中接踵而至的"微耕机们"的序幕。

现代科技产品带来的实惠是不容拒绝的，作为生产工具补充而来的微耕机尽管之后与驴在系统结构中发生了替代效应，但仍是出于维系农业生产的初衷。

王金庄的梯田生产是需要合作的，因为农忙时节劳动强度大、劳动密度高，驴的饲养、微耕机和劳动力在这几年时间的磨合中在原有亲属圈和通婚圈制度下达到了高度契合，是两种知识融合后的深度衍生表现。有这样一个驴、微耕机和人合作的典型案例。村中1980年出生的青年男子曹巨军，自2000年起经常性短期外出务工，于2012年购买了可自行拆卸的微耕机，其大舅家养有一头驯化良好的驴，三舅既没有驴也没微耕机，这三家在农忙时节主动采取了互助合作的方式，一家出微耕机犁地，另外一家出驴运微耕机上山和运种子、农具、粮食等，以及对微耕机不易耕作的地块进行驴耕，另外一家主要出劳动力，微耕机的耕作效率、驴的使用和人力成本计算恰到好处。既没有让微耕机只耕一家导致效率溢出而浪费，又恰好能够在紧张的农忙时节内把三家的地都耕完；同时，因为地块多散布于山上，大部分地带没有供机动三轮车上山的道路，所以必须要有驴来驮运。类似的融合案例在王金庄比比皆是，现代性知识在系统中融合的同时依然遵循了互助规律，保持了旱作梯田生产的团结方式。

（二）以守护"祖宗田"与"子孙田"为使命的文化内核

王金庄人论及"祖宗田"则言弃之有愧，论及"子孙田"则言弃之有罪，因此授田有道、守田有责在村落文化中凝结成了情感性的集体记忆，对农业生产的维系起到了根本性的作用。王金庄的知识体系并不封闭，对于能够维持系统可持续发展的知识进行有效地吸收和融合，形成新的地方性知识，以便不断为王金庄的梯田生产建构意义提供有机元素。

王金庄的"天路"是当下村庄社会记忆中引以为豪的大事件，这条环山公路是本土知识与现代性知识融合的又一例外化表现，修建此路的目的有二，一是为了作为日后的旅游观光线路，可以供游客观赏王金庄的梯田美景；二是作为生产道路，方便人、驴、机动三轮车等交通工具上山进行梯田耕作。两种目的中，第一层主要是为了适应外部社会大环境，第二层则主要是为了降低耕作难度来维护梯田生产。修建"天路"面临的占地、出工、维护等问题都是至关重要的，无论哪一环脱链，这条"天路"也无法落成。王金庄人修建梯田和农业生产的苦难记忆使之深刻明白道路的重要性，在如此强调效率观念的当下，梯田道路对于生产的作用不言而喻。从发动村民到"天路"基本落成，凡因修路要占自己家地的村民均义务出地，全村人义务出工，集体雇佣大型机械。整个道路的修建过程也是王金庄维系社区团结的重大仪式。通过修路得来的实惠是客观可见的，原来步行要走两个多小时的梯田小路，现在骑上机动三轮车半个小时内就可以到达，有效地维护了高处梯田的耕作，减少了弃耕的发生，留住了"祖宗田"、保下了"子孙田"。但是，修路不是简单的开山辟路，公路修通以后，尤其是半山上夹杂在梯田中间的道路，本来是具有涵养水分功能的梯田地块，因为硬化而增强了地表径流，山洪形成的概率升高，道路下方的梯田受灾概率大大增加。为了解决这一问题，建设中制定了道路近旁修建传统水窖蓄水减冲的方案。运用本土智慧修建山间水窖的做法，不仅能够降低洪灾发生率，同时也为梯田提供了生产用水，是知识融合的双赢。

"天路"的修建和使用促成了微耕机和驴互动的进一步加深，充分体现了在"守田"文化心理作用下的知识融合，为整个梯田系统拓展出了无数可能。梯田不是王金庄农民的负累，不是束缚他们的枷锁，"守田"文化给予了王金庄人对未来风险的预测能力和防灾意识，为在地者提供了不只物质层面，更是心理层面的保障。

五、"新地方性知识"：社会叠合与知识共享

笔者将王金庄旱作梯田系统当中发生的现代性知识与本土知识的互动过程归结为"北枳代桃"，合意指自西方生发的现代性知识进入中国社会后，脱离其原初的社会、生态环境，与各区域内的本土知识产生了互动，尤其显现于当下乡村传统农耕生产和以机械动力为代表的现代化农业生产之间——现代化农业生产（"北枳"）高歌猛进，传统农耕形式（"李"）遭遇困境且多已颓疲，二者在乡村社会里塑造了千姿百态的现状；为了寻觅一种根源于传统文化（"桃"）并适应当下社会大背景的可持续的农业生产方式，着眼于传统农业系统进行探索。虽然现代性知识是源起于西方社会的事物，但是通过王金庄梯田中微耕机和驴的互动与融合，证明了另一个社会中的特殊元素在普遍化之后，可以转译并对应到我们本土社会中的某些现象，实现知识应用背景的叠合，进而可能在保持了原有价值取向之上，生发出一种"新地方性知识"。莫斯通过不同的民族志记述发现并描述了太平洋岛屿上发生的"库拉"和北美洲发生的"夸富宴"两个相距甚远的异文化社会的呈现体系，纵然在表现上有诸多的差异，但可以叠

合在一个以礼物流转为特征的逻辑当中[15]。农业生产在中国本土和西方两个社会中都长期存在，这两种知识在文化互动中不断建构出互通的主体间性，作为载体的人是能动元素，能够为两种知识的叠合创造条件，由此带来知识的共享与融合，成就了多元文化的现代化表现。这种表现正是钱穆先生所呼吁的"故言现代化，则必求其传统之现代化，而非可现代化其传统"[16]。

在地者通过自身生命体验的感知，捕捉到借助普同性知识渠道渗透的现代性知识，然后与本土知识进行共通、理解，在日常应用中不断地操演，经过一段时间后不着痕迹地自然流淌于社会互动当中，成为本社会中的默会知识，与剔除了悬置知识外本区域所有活态的知识构成了"新地方性知识"。"新地方性知识"的实现基础是生活在当地，同时具备不同知识的人，可以理解不同社会之间的现象叠合之处，并在日常生活中对知识加以实践。在正视现代性知识与本土知识二者的关联之前，文化心理的自觉是第一位的，"新地方性知识"的形态要依靠本土价值观这个灵魂才能实现。中国社会主动投入全球化当中，遭遇现代化问题是不可避免的，现代性知识也不断渗透到中国社会的每一个地方。"诗意故乡"的精神想象不能建立在农业生产者的苦难之上，博物馆式的"福尔马林"保护其实是在荼毒乡村，应当以活态的方式让"故乡"活在乡村日常当中，以可见的实惠让农民始终存有生产的动力，让优秀的文化得以在不同社会背景下都能适应并展演出来。现代性知识的应用不应当被作为诟病乡村发展受创的原因，社会的发展方向关键在于价值取向而不在于知识形态。不仅如此，存留地方性知识的社会记忆也在一定程度上弥补了大历史传统叙事中底层声音的缺失，使文化在区域系统与大社会潮流交汇中，既能共通，又能在保持自身特色的前提下可持续发展，不同世界交织在一处却又能"美美与共"。

参考文献

[1] 王铭铭. 社会人类学与中国研究 [M]. 桂林：广西师范大学出版社，2005.

[2] 格尔茨. 文化的解释 [M]. 韩莉译. 南京：译林出版社，1999.

[3] 斯图尔德. 文化生态学的概念和方法 [C]. 玉文华译. 世界民族，1988 (6)：1-7.

[4] 哈里斯. 好吃：食物与文化之谜 [M]. 叶舒宪，户晓辉译. 济南：山东画报出版社，2001.

[5] 杨庭硕. 论地方性知识的生态价值 [J]. 吉首大学学报 (社会科学版)，2004，25 (3)：23-29.

[6] 芮德菲尔德. 农民社会与文化 [M]. 王莹译. 北京：中国社会科学出版社，2013.

[7] 梁漱溟. 乡村建设理论 (第2版) [M]. 上海：上海人民出版社，2011.

[8] 费孝通. 乡土中国 [M]. 上海：上海人民出版社，2013.

[9] Yang C K. Chinese Communist Society：the family and the village [M]. Cambridge：the MIT Press，1965.

[10] Siu Helen F. Agents and Victims in South China [M]. New Haven：Yale University Press，1989.

[11] 孙庆忠. 社会记忆与村落的价值 [J]. 广西民族大学学报 (哲学社会科学版)，2014，36 (5)：32-35.

[12] 吉尔兹. 地方性知识—阐释人类学论文集 [M]. 王海龙，张家瑄译. 北京：中央编译出版社，2000.

[13] Dipesh Chakrabarty. Provincializing Europe：Postcolonial Thought and Historical Difference [M].

Princeton：Princeton University Press，2000.

[14] 刘亚秋."青春无悔"：一个社会记忆的建构过程 [J]. 社会学研究，2003（2）：65-74.

[15] 莫斯. 礼物：古式社会中交换的形式与理由 [M]. 汲喆译. 北京：商务印书馆，2016.

[16] 钱穆. 现代中国学术论衡 [M]. 北京：生活·读书·新知三联书店，2001.

注：本文原载《中国农业大学学报（社会科学版)》2017年第6期，第111–117页。

旱作梯田错季适应栽培技术

贺献林

一、旱地错季适应栽培的主要依据

旱地错季适应栽培技术是针对旱地农业以雨养为主和河北省雨热同季的气候特点，为合理利用自然资源和社会经济条件而研究采取的，以调整和改革种植结构及种植制度，扩大产投比例实现产量效益同步提高为主要内容的旱作农业增产技术。

（一）种植结构及种植制度中目前存在的主要问题

在旱农地区，从种植结构及种植制度来看，存在的主要问题是大多数地区种植制度较为单一，粮食作物所占比例过大，经济作物比重较低，有些地方粮食作物中各类作物的搭配比例也不尽合理，因而影响到合理的土地利用和轮作倒茬，既不利于多种经营及农牧结合的适当发展和经济收入的提高，反过来还会影响到粮食产量的增长，具体有以下问题。

（1）粮食作物中各类作物的比例不甚合理，以适应当地夏秋降水的作物为主，适应雨热同步特点的秋粮作物少，而生育期适逢降水欠缺的夏熟作物偏多。

（2）多数地区粮食作物播种面积占总播种面积的80%以上，有的甚至占90%以上，而经济作物如蔬菜播种面积所占比重低，大多占总播种面积的10%左右，有的还要更低，造成经济收入少，因而农业的再生产资金及肥料等投入不足，地力难以提高，既影响农民生活的改善，也难以提高粮食生产。

（二）旱作农业高产优质高效的三个重要原则

实现旱地农业的高产优质高效，必须把握三个最重要的原则，即时间性、精确性和高效性。把握好这三个原则不仅可以提高旱地农业的生产率，提供稳定的产量，而且可以提高旱地农业的经济效益，实现产量与效益同步增长。适时播种、除草、施肥、收获、耕作和管理，可以保持土壤水分，减少水分损失，保证种子发芽、出苗，提高作物产量。一是时间性原则。旱作地区土壤水分有限，水分状况因气候、土壤等因素而异，充分合理地利用有限的水分，就需精确地控制播种量和播种深度，根据水分状况调节种植密度和深度，保证种子播在土壤湿润之处，确保作物有合理的群体结构，达到增产的目的。二是精确性原则。旱作条件下，生产条件恶劣，各种有害生物发生和为害程度相对较轻，绿色保健食品类小杂粮和短季蔬菜产值高、效益好，充分合理地利用有限的光热资源，就需细致地调整种植结构，根据市场需求调整作物布局，保证在有限的土地上取得较高的经济收入，达到旱作高效的目的。三是高效性原则。要达到旱作高产优质高效，就必须把握三个原则，推广错季适应栽培技术。

（三）调整、改革种植结构及种植制度的基本原则和方向

在以雨养农业为基本特征的旱作地区，改善种植结构，改进种植制度的基本原则是：要有利于适应和合理利用当地水土光热自然资源，并符合当地农村经济的现状及其发展，特别是适应降水分布特点并注意通过合理轮作，保持水分平衡，在充分利用降水并适当增加肥料投入的基础上，逐步改善粮经菜作物的布局比例和改进种植制度，提高种植和耕作的集约化程度，实现种植结构及种植制度与作物生态条件相吻合，用地与养地相结合，在增加粮食生产的同时提高总的生产力水平，扩大产投比例，增加经济效益，提高农民生活水平，逐步实现经济、地力和生态环境的良性循环。

（1）根据当地自然特点，调整种植结构，改进种植制度，适当压缩对当地降水特点及水土光热资源适应程度差的作物种植规模，适当加大对当地降水特点及水土光热资源适应性较好的作物比重。

（2）在适当增加化肥投入、改进栽培技术、提高粮食产量的基础上，适当地减少粮食作物的面积比例，提高经济作物的比重，可因地制宜地发展油料、糖料、工业原料作物以及瓜、果、菜等，一般情况下经济作物占耕地的比例可逐步提高到15%～20%。由此可以增加农民经济收入，从而提高肥料等投入水平，实现粮经互促，而且有利于实现作物合理轮作倒茬。

二、夏作物适应栽培技术

（一）旱作夏玉米栽培技术

在华北低纬度山区，光热资源虽不如华北平原地带，但如作适当的技术调整，大部地区尚可一年两作。近几年多点示范的结果表明，山区旱作夏玉米的生育期虽与雨热同步，但降水年际间变化大，季间季内也不平衡，只有采取因墒量雨管理技术，才能取得理想效果。

（1）**选择配套良种。**旱地玉米因播期不同，生育天数不同，加上地力不同，产量差异显著。因此，必须选择配套良种。5月下旬至6月上旬麦垄套种的以郑单14、鲁单50为最佳，其次是掖单12及掖单19，总的原则是生育期中等稍长、单穗大粒型的品种较为适宜；6月中、下旬麦后平播的，可以选择掖单4号、冀单10号、户单4号、唐抗5号、鲁原单14等。

（2）**抢墒量墒播种。**旱地夏玉米受降水不匀的影响，成熟期常较灌溉期偏晚，以往只强调抢墒播种，结果在很多年份会形成小老苗。近几年通过试验、示范，根据小麦长势与耗水关系，运用小麦长势产量指标和降水指标共同约束播期，即以势估产、以产量墒、以雨定期，效果很好。具体做法是：5月下旬到播前降水达到50毫米，小麦长势亩产量100千克，播期为6月5日左右；长势产量每增加50千克，同样降水量要推迟5天

播种；降水量每增加20毫米可提前5天播种。符合上述指标，就要播种。麦收后则要有墒就抢播。

（3）**增穴减粒，合理密植**。要克服过去"玉米地里卧老牛"的习惯，实行合理密植。麦垄套种的以每亩3 000～3 500株为宜，麦后平播的以每亩3 500～4 000株为宜。在播种时每穴点种3～4粒即可。

（4）**及时喷洒除草剂**。夏玉米生长季节，正值雨热同季，田间极易滋生草害。麦收后，当玉米苗长到3～4片叶时，结合定苗，及时喷洒除草剂。定苗原则是：去小留大，去弱留强；每穴留一株，以保证密度。定苗后及时用48%麦草畏水剂，每亩30毫升兑水40千克，或50%乙草胺·莠去津每亩150毫升兑水40千克，均匀喷洒全田。操作方法是倒退着喷，边喷边走，做到不漏喷、不重喷，喷后保护药膜时间7天为宜。

（5）**分步量雨施肥**。夏玉米的产量随降水量的增加而增加，投肥量也应随之增加。为充分发挥降水的增产潜力，施肥要掌握以下三点。

①苗肥及时。小麦收获后要及时开沟或刨坑深施苗肥，亩施纯氮2～3千克，五氧化二磷4～5千克，硫酸锌1千克。施肥时离苗不宜太近，弱苗偏追，品种以磷酸二铵效果较好。玉米对锌肥敏感，缺锌会影响植株正常生长。据试验，在旱地，施锌可使玉米的千粒重增加10～15克，穗粒数增加9～22粒，产量增加7%～10%，并可提高磷肥的增产效果。

②穗肥看雨。玉米拔节后正值高温雨季，又是玉米生长旺盛期，应加强管理，看雨施肥。从播种到7月上旬末，降水超130毫米，亩追纯氮3～4千克，降水低于130毫米亩追纯氮2千克。

③补肥参势。8月上旬已到雨季之尾，此期间缺肥与否，主要和作物长势有关，而长势与前期的降水及分布关系密切。前期降水多、分布均匀，玉米长势就好，耗水耗肥也多；反之则少。因此，从播种到抽穗的降水超过200毫米时，亩补纯氮肥2千克，每增加50～100毫米降水增补1千克。

（6）**顺势随雨管理**。干旱是旱地玉米生产中的主要问题，土壤蓄水保墒是主要调节途径。据统计分析，6月下旬、7月上旬是一年中降水的质变阶段，雨急且猛，大雨暴雨发生的概率最高。8月上旬雨季将过，又是降水急剧变化的一个阶段，大风急雨的天气较多。按这种变化规律，麦收后要及时破板接雨，灭茬、除草保墒、促根，中耕要细、碎、无坷垃。7月中旬，要深中耕培土防倒，深度不小于10厘米，此时由于有一定的墒情，地表容易形成径流，因此中耕后，地表要呈现为凹凸不平，有不同不规则的小坑，以增加地表粗糙度和容水量，减小径流，增加渗水。8月中旬浅中耕保墒，如采用秸秆覆盖，要于7月中旬深中耕后马上进行，秸秆要切碎，以防影响种麦。

（7）**适量喷洒健壮素**。玉米健壮素，具有增加气生根、增加秆粗、降低株高、抗倒、增加产量等多种功效，是简便易行的增产措施，应大力推广。方法是在抽雄前7天左右，亩用健壮素一支，15毫升，兑水均匀喷雾即可。

（8）**及时防病治虫**。

①玉米大、小斑病。用65%的代森锌可湿性粉剂1 000倍液或用40%克瘟散乳油500倍液喷雾。

②玉米蚜虫。用40%氧乐果1 000～1 500倍液喷雾。

③玉米螟。用50%辛硫磷乳油500毫升，拌沙土100千克，制成毒土，撒于玉米心叶内，或用苏云金杆菌乳剂1 000倍液灌心叶。

④防玉米粗缩病。用50%十二烷基硫酸钠500～800倍液，间隔7天，连喷3遍。

（二）谷子的生育特点及规范化栽培技术

（1）谷子生育特点。谷子比较耐旱，需水量195～450毫米，蒸腾系数为142～271，低于玉米、小麦和高粱，其需水规律可概括为"早期宜旱，中期宜湿，后期怕涝"。即苗期耐旱性强，苗小叶少，需水量少；拔节至穗分化开始后，需水量大量增加，抽穗开花期需水量达高峰；灌浆至成熟期，需水量逐渐减少。阶段耗水量以拔节—孕穗期最多，需水强度以抽穗开花期最高。小花原基分化至四分体期植株对干旱的反应最敏感，为需水第一临界期，灌浆期为第二临界期。谷子各生育期需水量和适宜的土壤含水量见表1。

表1　谷子各生育期需水量和适宜土壤含水量

项目	幼苗期	拔节期	抽雄期	灌浆期	成熟期
需水量（毫米）	83.3	119.1	84.3	90.3	79.5
日均耗水量（毫米）	1.9	4.6	7.0	6.9	3.6
适宜土壤含水量（%）	16～18	15～17	20	20	16～18

据研究，影响谷子产量的关键降水因子有以下3个。一是播种前后日雨量≥10毫米的情况出现的早晚，直接影响出苗率高低，对保证全苗，提高穗数极为重要。二是拔节到抽穗，即6月下旬到7月中旬的降水量和连续最长无雨日数直接影响幼穗分化。此期若有80毫米降水可以防止"胎里旱"，降水150毫米，连续无雨日不超过3天，就可奠定丰产基础。三是抽穗至灌浆，即7月下旬至8月下旬的降水量，此期是提高结实率的关键时间，降水100毫米即可防止"卡脖旱"，有180毫米降水可达到丰收。

（2）谷子规范化栽培技术。

①合理轮作倒茬。谷子不宜重茬。谷子连作有以下缺点。一是病害严重，特别是白发病，重茬谷子比倒茬谷子的发病率高2.7～5倍。二是杂草严重，特别是谷莠草。三是造成"竭地"，即谷子根系发达，吸肥力强，大量消耗相同的营养元素，致使土壤养分失调。谷子较适宜的前茬作物为豆类、马铃薯、小麦、玉米等。

②适期播种，提高播种质量。根据谷子发育规律，结合当地气象条件，选择适宜的播种期，是高产稳产的关键环节之一。以多年的生产经验看，夏谷以贴茬播种效果较好。串种，由于与小麦共生，容易感染病虫，但麦收后时间紧，必须争时抢种，如遇干旱，可实行搁籽等墒的办法，即将种子播在干土上，均匀镇压等雨后出苗。

③合理密植。夏谷区，在岗坡地密度达到3万～4万株，在沟道地要增加到4万～5万株。要改革播种机具使下籽均匀，提高手提苗的工作效率和夏播的出苗率，使深度匀称，出苗整齐。

④量雨施肥。谷子拔节后要及时施肥，可亩施纯氮3～4千克，抽穗前降雨大于190

毫米时，随雨施纯氮3～4千克/亩。

（三）大豆生育特点及夏大豆"四个三"栽培技术

（1）大豆生育特点。大豆生育进程的一个重要特点是，生殖生长开始早，营养生长与生殖生长并进时间长，大部分干物质是在此并进时期内积累的。这个特点是大豆花荚脱落极为普遍的内在原因。旱农地区干旱缺水、土壤瘠薄以及冷害是造成花荚脱落而低产的外界因素。

大豆不同生育期对土壤水分要求不同，其抗旱性强弱也不同，萌芽至出苗期抗旱力较弱，土壤含水量在20%～24%较为适宜，对于春播大豆来说，尤要注意蓄墒保墒，克服春旱对播种出苗的不利影响。大豆幼苗期耐旱力较强，土壤水分略少一些，加强中耕松土可促使根系深扎，提高中后期抗旱力。同时大豆对短期缺水有一定补偿能力。如开花中期到结荚期出现干旱时，下部节位的荚大量脱落，而上部节位荚粒数增加，下部节位荚中粒有所增大。小粒品种播种后吸水量小，发芽率和出苗率高，抗旱耐瘠力强，大粒品种则耐肥，适于降水量充沛，土质肥沃地区种植。

（2）山区夏大豆"四个三"栽培技术。

①播种三足。即种足、肥足、墒足。种足：山区地形复杂，条件各异，水地、旱地、川地、坡地均有分布，加之海拔较高，气候冷凉，鼠害、兽害较多，因此，必须因地备足种子，以确保全苗；优种备足后，播前还要精选种（选择颗粒饱满、均匀一致、无虫蛀、无破烂霉变、无褐斑紫斑病的优质种子）和晒种2～3天，及用种子质量0.5%的钼酸铵进行拌种。肥足：为确保大豆高产，必须亩施纯氮3～5千克、磷肥（P_2O_5）3～6千克及硫酸钾或氯化钾3～5千克；方法是播前将全部肥料撒于地表，锄（耙）均匀（深5～6厘米）后立即下种；播前不能底施的，必须结合第一次中耕进行补施。墒足：实践证明，墒足才能确保全苗，墒情不足的，播前必须进行造墒；对群体偏小的麦田进行串种的，一般必须在小麦收割前7～10天进行造墒；对一般旱地，播前累积降水量大于50毫米，或播前10天降水多墒情好的可直接进行点播或串种，不能串种的要在麦收后贴茬进行抢播。

②苗管三齐。即出苗齐、定苗齐、长势齐。具体做法是：改传统自然管理为查苗补苗、间苗定苗、防避兔害。查苗补苗一为保密度，二为保苗齐。定苗主要是为了确保苗齐苗壮，方法是在幼苗长出第一片复叶时进行一次性定苗，遇天旱或旱地可推迟至5叶定苗。为了防止兔害，可进行驱避。

③中耕三锄。"三锄"不是单纯指在大豆生长发育期内锄3次地。第一锄在长出第一复叶时进行（不宜过深，主要掌握细、碎、灭茬灭草）；第二锄在第五复叶时进行（中耕要深，培土要高，以促根系下扎）；第三锄在初花前8天左右进行（以不伤根、少伤根为好，高产地块中耕仍需结合培土防倒）。

④花荚三防。即防虫鼠、防倒伏、防晚熟。防虫鼠：花荚期虫害主要有豆荚螟、豆小卷叶蛾、豆天蛾、豆芫菁；防治方法为用溴氰菊酯1 500～2 000倍液进行喷洒，灌浆成熟期鼠害严重时，一般采取布点、投放鼠毒饵、安放鼠夹、人工灌杀等综合办法进行控制。防倒伏：一般采用化学防治；方法是初花期用多效唑1 500倍液进行喷施。防晚

熟：亩可用100克磷酸二氢钾兑水50千克，加已溶解好的25克肥混合液，从初花期隔6～8天喷1次，连续喷2～3次。

（四）马铃薯的生育特点及旱地栽培技术

马铃薯的适应性强，对风、雹、旱等自然灾害有较强的抵抗力。对生长季节要求不严，在各种地理、气候条件下种植，其增产潜力很大。特别是在夏季冷凉，生育期短，积温不多和春旱夏雨的北部地区，以及不适于种植其他作物的风沙、干旱、高寒地区，种植马铃薯也能高产。同时，其生育期短、较耐阴，既是其他作物的理想前茬，也适用于间套种。

（1）马铃薯生长发育与环境的关系。

①发芽期（从块茎萌芽至出苗）。该期以根系形成和芽的生长为中心，由于块茎内含有丰富的有机营养和充足的水分，不需要降水就可萌芽出苗，出苗前便已形成相当数量的根系和多数鳞片状小叶，故抗旱性较强。影响幼芽和根系生长的主要因素是温度。萌芽的起始温度为4℃，最适为18℃。从播种到出苗所需积温（以10厘米土层温度计算）为260～300℃。

②幼苗期（从出苗至孕蕾）。该期以茎叶生长和根系发育为中心，旱作栽培应以壮苗促棵为中心，控制茎叶徒长，加强中耕除草，提温保墒，改善土壤通气性。

③块茎形成期。该期是决定结薯多少的关键，时间、营养、地温和墒情是主要影响因素。块茎增长期基本上与开花盛期相一致，以块茎的体积和重量增长为中心，是需肥水最多的时期。

④淀粉积累期。该期地上茎叶贮存的养分仍继续向块茎转移。

（2）旱地马铃薯栽培技术。

①合理轮作倒茬。马铃薯忌连作，通过轮作倒茬可以减轻借土壤和残株传播的病虫害发生，避免单一养分缺乏。但不能与茄科作物（如番茄、茄子、辣椒等）和块根类作物（如甜菜、甘薯、胡萝卜等）轮作。

②适期播种的原则。

第一，应使块茎形成期和增长期安排在适于块茎生长的季节，即平均气温不超过21℃、日照时数不超过14小时、并有充沛降水的季节。

第二，充分利用当地对出苗有利的条件，并躲过不利条件。北部旱作区，春旱严重，应充分利用返浆的土壤水分，抢墒早播，播在返浆期以利出苗，避免春旱对出苗的影响，一般可提早到4月下旬播种。

第三，根据品种生育期确定播期。

第四，10厘米地温稳定在4～7℃时，晚霜前20～30天，即是该地区适宜播期，北部为4月中旬至5月上旬，中南部为3月上旬至4月中旬。

③合理施肥。一般亩产1 500～2 000千克，亩施农家肥1 500～2 000千克，亩施纯氮5～6千克、磷素（P_2O_5）5～6千克。（详见表2）。马铃薯施肥以基肥为主，基肥应结合深耕施入，随即耙糖，促使土肥融合。在肥料少时，可结合播种采用集中沟施或窝施的方法，作种肥用。

表2 马铃薯不同地力条件建议施肥量

肥力等级	土壤碱解氮（毫克/千克）	土壤有效磷（毫克/千克）	产量水平（千克/亩）	施氮（千克/亩）	施磷（P_2O_5）（千克/亩）
极低	< 67.7	< 5	821	7.6	4.8
低	67.7 ~ 97.5	5 ~ 10	1 239	6.7	4.5
中	97.5 ~ 120.3	10 ~ 16	1 855	6.3	4.0
高	120.3 ~ 135.7	16 ~ 23	2 336	5.7	3.2
极高	> 135.7	> 23	2 870	5.2	2.4

④合理密植。据研究，一般群体叶面积系数控制在3 ~ 4时较为合理，肥水条件好的土地或后期雨水多的地区，叶面积系数在3.5 ~ 4.0为宜，旱地以3.8 ~ 4.5较好。早熟种叶面积0.3 ~ 0.5米^2/株，中晚熟种叶面积0.5 ~ 0.7米^2/株。

⑤防治虫害。马铃薯的主要害虫有金针虫、蛴螬、二十八星瓢虫。可采用辛硫磷拌种或土壤处理，消灭地下害虫。生长期用50% S-氰戊菊酯或氰戊菊酯喷雾防治二十八星瓢虫。

注：本文原载胡木强主编：《河北旱作农业》，中国农业科学技术出版社，2000年。

椒粮间作技术试验研究

常剑文　田玉堂　肖彦荣

一、概况

花椒是我国分布很广的木本油料、香料树种。河北省太行山区是我国花椒主要产区之一，栽培面积达17 200公顷，常年产量3 500～4 000吨，约占全国总产量的18%。但是长期以来，由于经营管理粗放，产量低而不稳。为了改变这种状况，我们于1988—1989年承担了河北省林果技术开发项目中的椒粮间作技术试验示范课题，一方面对花椒增产技术和椒粮间作技术进行试验研究，一方面建立大面积椒粮间作示范园。从椒粮间作有关的花椒生物学特性观察入手，对不同立地条件椒粮间作的方式、方法及丰产技术进行研究，在全县建立示范园1 670公顷，使花椒总产量达到97吨，增产21.3%，3年增收纯利润540万元，获得河北省林业科技进步二等奖。1991年开始，该技术又作为省重点科技推广项目，在太行山区花椒重点区广泛推广应用，并建立椒粮间作示范园2 670公顷，取得了显著经济效益、生态效益和社会效益。

二、结果

（一）与椒粮间作有关的生物学特性的观察

1.花椒根系的分布

花椒属浅根性树种，主根不发达，侧根强大，须根尤多，栽植于黄土母质发育的石灰性褐土上的15年生结果树，在其树冠外缘正上方挖50厘米×50厘米×100厘米的样方，调查根系在不同深度的分布，其结果如表1。

表1　花椒根系在不同深度的分布

单位：克

根粗（毫米）	土层深度（厘米）					合计
	0～20	20～40	40～60	60～80	80～100	
1以下	77.9	76.4	24.8	21.3	5.3	205.7
1～3	4.1	12.4	4.8	4.2		25.5
3以上		15.5	190.3	90.7		296.5
合计	82.0	104.3	219.9	116.2	5.3	527.7

从表1看出，花椒根系主要分布在20～80厘米土层内，根的鲜重440.4克，占总量的83.5%，但粗度1毫米以上的根系主要分布在0～40厘米的土层中，占75.0%。

花椒根系的水平扩展能力较强，采用追踪法和壕沟法调查，15年生树根的水平分布可达树冠半径的5倍处，主要分布范围在树冠半径的2倍以内。

2.根系水平分布与树冠生长的关系

不同树龄根系的水平分布与冠幅之比不相同，幼龄期和初结果期树的营养生长旺盛，树冠扩展快，进入盛果期后，营养生长减缓，树冠扩展较慢，并逐渐停止，调查结果如表2。

表2　花椒不同龄期根幅和枝展比例

龄期	树龄（年）	树高（厘米）	枝展（厘米）	根幅（厘米）	根幅/枝展
幼龄期	2	119	44	50	1.14
初结果期	4	145	187	532	2.84
结果期	12	246	280	1 420	5.07
衰老期	24	237	386	1 720	4.46

以上调查表明，花椒树冠矮小，间作物应以豆类、薯类、其他蔬菜为主，当间作小麦、谷子、玉米等农作物时，需在树冠半径2倍的距离以外进行。

3.花椒不同龄期树体发育和结果能力

在山地梯田调查花椒栽培品种大红袍，其不同年龄时期树体发育与结果能力如表3。

表3　花椒不同树龄生长和结果状况

树龄（年）	树高（厘米）	冠幅（厘米）	基径（厘米）	平均株产（鲜椒，千克）	每果穗平均粒数
1	63		1.00		
3	123	156	2.30	0.07	15.06
5	224	213	3.98	1.34	15.94
7	230	280	5.60	3.49	15.22
12	265	320	10.21	4.84	15.48
18	273	396	10.90	6.76	15.43
25	275	415	11.40	5.57	13.15
30	186	199	12.18	1.25	7.73

在一般管理条件下，花椒定植1～2年为缓苗期，第三年开始进入速生期，并有少量结果，以后产量迅速增加，生长6～7年开始进入成果期，长势逐渐减缓，进入稳产高产期，15～20年生植株的树冠达到最大限度，25年以后开始出现焦梢退枝，进入衰

老期。

4.花椒各类枝条比例及结果能力

花椒进入盛果期后，大多数枝条成为结果枝，且随着树龄的增加短果枝（长度2厘米以下）比例增加，中果枝（长度2～5厘米）和长果枝（长度5厘米以上）比例减少。对12年生树的调查，得到各类枝条比例如表4。

花椒以中、长果枝结果为好，每结果母枝果穗数和结果粒数与母枝的长度、粗度呈显著正相关（表5）。

表4 花椒盛果期树各类枝条比例

枝条种类	合计	短果枝	中果枝	长果枝	发育枝	徒长枝
枝数	3 104	1 634	1 213	217	37	3
枝比（%）	100	52.6	39.1	7.0	1.2	0.1

表5 结果母枝长度与结果的关系

母枝类型	平均粗度（厘米）	平均分生结果枝数（条）	每分枝复数（个）	每母枝结果粒数
短果枝	0.28	1.15	2.26	23.0
中果枝	0.31	2.10	3.49	65.2
长果枝	0.41	3.20	6.90	119.3

（二）椒粮间作方式、方法和经济效益

根据不同梯田的类型，椒粮间作分为以下3种方式。

1.山坡梯田以椒为主的方式

这类土地多是在山脚整修的窄条梯田，一般宽2～4米，土层较薄，土壤贫瘠，种粮食作物一般亩产50～100千克。间作的方式以椒为主，按3米×4米的株行距栽植花椒，间作豆类、薯类、花生等农作物。

2.沟谷梯田椒粮并重的间作方式

这类土地地块零碎，但土层较厚、土壤肥沃，间作的方法是在梯田地边按4～5米的株距栽植花椒，间作小麦、谷子、豆类、薯类等作物。

3.山前耕地梯田以粮为主的间作方式

这类土地土层深厚，地势较平缓，地块整齐，多数有灌溉条件，在间作方式上以种农作物为主，在地边按5米左右的株距种植一行花椒。种植农作物时，在树冠投影2倍距离以外间作小麦、玉米等，在树冠投影2倍距离以内间作豆类、蔬菜等。

对上述三种椒粮间作方式的经济效益进行了连续2年的调查分析，结果表明：不论哪种椒粮间作方式，都有显著的经济效益。调查结果如表6。

表6 3种椒粮间作方式经济效益

土地类型	种植方式	栽植密度 （株/公顷）	花椒产量 （千克/公顷）	粮食产量 （千克/公顷）	收入 （元/公顷）	比较
山坡梯田	椒粮间作	670	270.0	975	4 020	2.52
	粮田			1 995	1 596	1.00
沟谷梯田	椒粮间作	225	199.5	3 000	4 794	1.81
	粮田			3 315	2 652	1.00
山前耕地	椒粮间作	210	264.0	6 660	8 496	1.41
	粮田			7 530	6 024	1.00

注：产品价格按花椒12元/千克，粮食0.8元/千克计算。

（三）不同间作物对幼树生长的影响

选择山坡梯田椒粮间作园，调查不同间作物对3年生花椒幼树生长的影响，结果如表7所示。调查结果表明：间作玉米、谷子都明显影响花椒的生长，间作豆类、马铃薯则无不利影响。

（四）盛果期花椒适宜间作物的调查

在沟谷梯田栽植的12年生花椒，树冠半径为1.4～1.6米，调查不同间作距离对不同农作物产量的影响，如表8。

表7 不同间作物对花椒幼树生长的影响

单位：厘米

间作物种类	平均冠径	新梢生长量
玉米	117.3	40.6
谷子	212.0	67.3
大豆	274.1	109.1
马铃薯	279.4	132.4
无间作	263.3	107.5

表8 不同间作距离对农作物产量的减产影响

单位：千克

间作物种类	距主干距离（米）				
	0.5以内	0.5～1.0	1.0～2.0	2.0～3.0	3.0以上
豆类、薯类	100	40～50	10	0	0
谷子	100	70～80	30～40	0	0
玉米、高粱	100	100	50～60	20～30	0

三、小结

1.椒粮间作是促进山区花椒生产较好的一种种植方式，可以提高土地利用率，减少生产投资，提高经济效益，增加山区农民的收入。

2.椒粮间作应根据不同立地条件采取不同的间作方式，间作物以豆类、薯类、花生、蔬菜等低秆作物为主，间作高秆作物时应在主干距树冠外缘距离的2倍以外距离处。

3.对椒粮间作的花椒树，应采取综合管理技术措施，以提高产量和品质。

注：本文原载《经济林研究》1993年第1期，第246-249页。

花椒在山区建园中的水土保持方法

李玉静　樊素贞

　　摘要：介绍了山地和丘陵地的水土保持情况，其对花椒生长发育有很大的影响，水平梯田是山地建园中最好的水土保持方法，主要包括：测定等高线、垒砌堰壁、整平田面、营造水土保持林，椒园灌溉等。

　　关键词：花椒；水土保持；梯田

　　花椒为小乔木或灌木，多年生植物。植株较小，根系分布浅，适应性强，可充分利用荒山、荒地、路旁、地边、房前屋后等空闲土地栽植。园地选择得当与否，对花椒生长结果、产品质量和经济效益的好坏都会产生影响。在山地、丘陵地建椒园，一般光照充足、排水良好，花椒产量高、品质好。山区5°～20°的缓坡和斜坡是发展花椒的良好地段，但在一些深山区如20°以上的陡坡，只要水土保持方法得当，同样可以发展花椒生产。涉县王金庄乡充分利用20°～40°的陡坡地，修筑坚固的石壁梯田，栽植花椒56万株，年产量达10万千克。

　　山地和丘陵地的水土保持情况，对花椒生长发育有很大的影响。水平梯田是山地建园中最好的水土保持方法，其可以增厚土层，提高地力，减少雨水冲刷。梯田整修的基本要求是等高水平，能蓄能排，牢固实用。为了便于管理，应划分区片，区片应根据地形、地势和土壤状况，并结合山区道路、排灌系统和水土保持林的设置划分。山地地形复杂，坡度大，区片面积一般以0.7～2公顷为宜。区片一般为长方形，长边要与等高线平行，以便于梯田的修筑和横坡的耕作，山地椒园的道路可环山而上，也可"之"字形修筑，水平梯田因所用材料不同，可分为石壁梯田和土壁梯田，均由梯壁、田面、边埂、内沟构成。

1.测定等高线

　　梯田田面的宽窄主要决定于坡度的陡缓。坡度较缓的园地，梯田田面可适当宽一些；坡度较陡的园地，田面可适当窄一些。田面宽、种植面积大，保水保土能力强，但土石方工程量较大；田面窄、堰壁低，土石方工程量小，施工容易，但不耐干旱。由于花椒植株较小，适应性强，在田面较窄的梯田也可生长，故很多地方将花椒园地建在较陡的山坡，有的坡度达30°～40°。

　　测定等高线时，先在园地选择有代表性的山坡，顺坡向自上而下设一条基线，按计划的梯田田面宽度和斜坡间隔距离，在基线上作出基点标记。再从基点处开始，用水准仪测出等高线。为了便于梯田排水，每条等高线顺排水沟方向保持3/1 000左右的坡降。

2. 垒砌堰壁

堰壁应由下而上逐条按等高线垒砌。梯田堰壁分石壁和土壁两种。石壁梯田牢固，寿命长，适于坡度较陡、石块较多的山地。土壁梯田适于坡度较缓、土层较厚、缺少石块的山坡。在石块较少的情况下，可石堰和土堰间隔修筑，也可堰壁下半部为石堰，上半部为土堰。

垒堰时，一定要把堰基清到岩基或硬土层，否则雨水多时堰壁容易松动倒塌。堰基的宽度应依据堰高确定，一般50厘米左右即可。石堰垒砌时，要分段分层将堰壁内侧填实，底层可铺填碎石。修筑土堰时，要层层夯实，使土堰坚实。为了使堰壁牢固，地堰应自下而上向内侧倾斜。关于地堰的倾斜度，土堰应依据不同土质情况适当大一些；石堰可小一些。如石块较大，砌筑技术好，也可直壁式垒砌。

3. 整平田面

在垒砌堰壁的同时，把上坡的土分层填到地堰内侧。填土时，底层可填碎石和半风化的粗骨土，熟土填在20～40厘米深的根系主要分布层，再把剩余的生土铺在最上层。然后整平田面，使田面保持外高里低，以利蓄水保墒和防止雨水冲刷。

在平整田面的同时，要培好梯田土埂和挖好排水沟。土埂培在梯田的外沿，宽40厘米左右，高约30厘米。此法一方面可以蓄水保墒，另一方面可避免降大雨时水顺堰壁下流而冲毁地堰。排水沟挖在梯田面内侧，底宽30厘米左右，深约35厘米。在靠近出水口的地方，挖1个深、宽各60厘米左右的沉淤坑，以沉积淤泥，使梯田的土壤不致顺水流失。沉淤坑的外侧，用较大的石块砌1个"水簸箕"，既有利于排除过多的积水，又不致冲毁地堰。

4. 营造水土保持林

在梯田修建好后，还必须防止水土冲刷、减少水土流失、涵养水源，保护梯田的安全。这就需要营造水土保持林，营造水土保持林可以达到降低风速、削弱寒流、调节温度等效果，营造水土保持林的树种，应选择生长迅速，适应性广泛，抗逆性强，与花椒无共同病虫害的树种，最好是乔木树种与灌木树种相结合，阔叶树种与针叶树种相结合。在花椒园地邻近边缘，不宜选用根蘖多的树种，以免影响花椒的生长。营造的密度要因地制宜进行安排，迎风坡和椒园上方宜密植，背风面种植密度可以小一些。一般乔木树种行距2～2.5米，株距1～2米；灌木株行距都以1米左右为宜。同时，水土保持林的营造要与道路、渠道相结合，统一规划设计。

5. 椒园灌溉

山区一般都缺水，建椒园必须考虑到园地灌溉，包括蓄水和饮水。蓄水一般可修筑小水库、塘坝、水柜、水池等。蓄水工程应比椒园位置高，以便自流灌溉。还要考虑到集水面积的大小，以保证蓄水工程的水源。引水渠的位置要高，以控制较大的灌溉面积。引水渠最好用水泥和石块浆砌，防止渗漏水。渠道的比降一般为1/1 000～1/500，灌溉渠的走向应与椒园长边一致，沿等高线按一定比例挖设。

由于地表径流流速随坡度而增加，山地雨季水流急，必须修建排水工程。椒园最上坡边缘应修一条较大的挡水沟，沟深50～80厘米，沟宽80～100厘米，以拦挡上坡雨水的下泄，梯田地的排水沟应设在梯田内侧与总排水沟相连；有灌溉条件的排灌兼用。

在坡度大、地形破碎的石质山地，建花椒园也可采用块状整地。这种方法灵活、省工，但改善立地条件的效果和对椒园的水土保持情况不如梯田整地，特别是花椒树进入盛果期以后，树体表现早衰、产量低、寿命短。因此，鱼鳞坑只能是向水平梯田逐步过渡的一种形式。

注：本文原载《安徽农学通报》2012年第18期（下半月刊），第70页和116页。

旱作花椒的防旱措施

贺海荣

涉县花椒多数栽植于山地梯田，交通不便，肥源不足，干旱缺水，而花椒属于浅根性树种，根系集中分布在土层20～40厘米处。涉县"十年九旱"，因此"水"已经是影响花椒产量的一个重要的因素，山坡梯田无灌溉条件，又常遭春旱威胁，防旱保墒就成为栽培管理的一项重要措施。

1.刨树坪

杂草与花椒树对水分的竞争相当严重，而花椒属于浅根性树种，地表水分蒸发很快，刨树坪可铲除杂草，疏松土壤，减少地表水分蒸发。据观察，1年不刨树坪，叶片黄瘦，树势下降；连续2年不刨树坪，小型结果枝组开始枯死，连续3年不刨树坪，则出现焦梢退枝，树势严重衰弱，乃至失去结果能力。一年可分春、秋两次刨树坪，结合施肥进行。

2.叶面喷肥

全年喷3～4次，前期喷0.3%～0.5%尿素，后期喷0.2%～0.5%磷酸二氢钾，叶面喷肥用肥量少，肥效快，增产效果明显。

3.秸秆覆盖

树盘内覆盖秸秆、杂草等覆盖物，覆盖范围主要在树冠投影内，也可适当向外扩展，覆盖厚度为20～30厘米，用少量土压盖，起到保墒作用。

4.整树盘、覆地膜

先施肥，后松土，把树盘修成直径80～180厘米的四周高、中间低的浅杯状坑，用1～3米^{2}地膜覆盖（根据树冠大小，确定地膜覆盖大小）压好四周和接缝，在主干周围将地膜扎3～6个小孔，用土封好，蓄存自然降水。

5.埋草把

用稻草秸秆捆成直径10厘米左右的草把，截成50厘米长，垂直埋在树盘内（树冠垂直投影范围），每棵挖埋4～6个，分布均匀，草把上端略高于地面。

6.人工补水

遇到特殊年份，连续晴天无雨，叶片上午舒展，下午开始打蔫，在这种情况下，必须人工补水。因此，要用有限的水，达到最大限度利用，可利用"打眼器"，制作方法为：用二寸铁管焊接一个T形结构，横杆长50厘米，竖杆长100厘米；管口下端用砂轮打磨得薄一些，每10厘米标一刻度，20厘米往下通常开直径为1厘米小口，便于取土。

用打眼器在花椒根部打3～6个眼（根据树冠大小，确定打眼数量），眼距根颈40～50厘米，深度20厘米，把每个眼灌满水，让其自然下渗，如果土壤特别干旱可再灌1次，最后用土回埋。因水可以自由扩散，顺利到达根部，不浪费一滴水，水最大限度地发挥作用，确保花椒树度过极其干旱年份。

7.利用旧水窖

地里有一些废弃的水窖，重新修缮一下，就可以通过拦蓄雨季地表径流或引蓄截浅流，储存水分。水窖口小、肚大，能盛20～40升水，封好口，水窖蒸发量小，不渗漏，由于避光蓄存，水质长期不变。

8.设置简易蓄水袋

在土层深厚的高地或山坡梯田的椒树行间，挖宽1～2米、深1～2米、长30～50米的水平沟，用铁锹铲平四壁和底面，买筒形塑膜（袋厚0.88毫米、筒周尺寸等于沟深加宽的2倍，长比沟长多出3个沟深），放置沟内翘起两头，雨季用地表径流或截浅流，或用扬水站的水蓄满袋后用绳子捆紧两头，然后用水泥板盖顶或用木棒、秸秆封顶，并覆土防冻，这样避光蓄存，水质长期不变。

注：本文原载《现代农村科技》2010年第11期，第37页。

梯田管理和深翻对山地椒园的影响

李玉静　　樊素贞

摘要：花椒是多年生植物，适应性强，可在山区、丘陵地广泛栽植，栽植后几十年生长在一个地方，其生长发育和山地的土壤管理关系密切。土壤管理的内容很多，包括水土保持、梯田管理、深翻熟化土壤、加厚土层、中耕除草等，但在山地椒园中做的第一项工作是梯田管理和土壤深翻。该文较详细地介绍梯田管理和土壤深翻的技术措施。

关键词：花椒；梯田；土壤；影响

花椒的生长发育需要从土壤中吸收水分和营养物质，只有加强土壤的管理，满足花椒生长发育所需要的条件，才能增加产量，提高品质，延长树体结果年限。涉县属于山区县，这里地势陡峭，坡度大，水土流失严重，土质瘠薄，土壤结构不良，因此，必须加强对土壤的管理来促进花椒的生长。

一、梯田管理

梯田管理包括梯田的维修和改造。

（一）梯田维修

梯田的维修，一般每年进行两次，第一次在冬、春季结合土壤耕翻，进行梯田地堰的修补、土埂的覆土加高；第二次是在雨季，及时修复被雨水冲毁的坝堰，清除排水沟和沉淤坑的淤泥。使园地成为保土、保肥、保水的"三保田"。

用石块垒砌的石壁梯田，年久之后，石堰的缝隙往往生长很多小灌木和多年生杂草，影响花椒的生长。这时，需要拆除石堰的上部，清除灌木和杂草，重新垒砌，涉县当地群众称其为"倒堰"。倒堰多在秋后或早春进行，从地堰的一头开始，拆除石堰上部60～80厘米，逐渐向前倒翻到另一头，边拆边砌。

（二）简易梯田改造

简易梯田也称旧式梯田。梯田田面不平整，里高外低，外无土埂，内无排水沟和沉淤坑。下雨时，蓄水能力很低，水顺坡而下，冲毁坝堰，造成水土流失，使土壤肥力减低，根系外露，树势衰弱，产量不高，树体寿命短。

简易梯田的改造，因已经栽植花椒树，一定要根据山地和丘陵地的地形和原有梯田的基础，因地制宜地进行；以搞好水土保持，又不过多伤害树根为原则。方法主要包括加固和加高坝堰，整平梯田田面，修筑排水沟和沉淤坑等。起伏较大时，可以改造成复式梯田，在一道梯田内，根据原有梯田的情况，在小面积内整平田面，达到局部水平。一般不要采用"起高垫低、大起大落"的方法，以免起土处根系外露，填土处理得又过深，不利树木的生长。太行山花椒产区的群众有"核桃不怕埋得深，花椒光怕露着根"的经验。花椒根系裸露，会极大地影响生长和结果。

经过改造的梯田，改善了立地条件，提高了土壤肥力，增产效果明显。据调查，盛果期椒园进行简易梯田改造之后，第二年树势得到恢复，增产21.6%，第三年增产43.8%。

二、深翻熟化

山地椒园，土层浅，质地粗，保肥蓄水能力差。深翻可以改良土壤结构和理化性质，加厚活土层，有利于根系的生长。

（一）深翻的作用

（1）**深翻对根系的影响**。深翻对根系生长发育的影响很大，主要表现在3个方面（表1）。一是改善了根际环境，刺激了根系的生长，增加了土壤中的单位体积发根量，特别是须根量增加得更明显，大大改变了根系结构；土壤深翻后的树，发根量比未进行土壤深翻的树增加91.4%，其中须根量增加2.3倍。二是由于改良了土壤深层的物理性状，能够加深根系在土壤中分布深度，有利于根系从土壤深处吸收水分和养分。三是深翻扩大了根系的水平分布范围，使根系分布范围达到枝展的4～5倍，且分布均匀。

表 1　深翻对根系深层分布的影响

土层深度（厘米）	深翻根的生长量（克）	未深翻根的生长量（克）
0～20	26.5	36.3
20～40	31.9	24.6
40～60	58.1	18.1
60～80	36.0	5.8
80～100	9.8	0

（2）**深翻对抗旱能力的影响**。干旱是北方山地花椒产区影响花椒产量的重要因素。深翻不仅可以促进根系向深层土壤吸收水分，而且改善了土壤的物理性状，土壤容重降低，孔隙度增加，增强了土壤透水和保水能力，使土壤含水量提高。据笔者调查，雨季进行深翻的椒园，翌年4月中旬干旱时期30厘米深处土壤含水量仍达12.9%；而同样时期未深翻的土壤含水量仅9.3%。

（3）**深翻对生长结果的影响**。由于深翻促进了根系的生长、吸收和合成机能，因而也促进了地上部的生长和结果。深翻的花椒园，幼龄期花椒树树体高、树冠扩展快、新梢生长量大、枝条充实；盛果期花椒树表现为结果枝组粗壮，每株花椒树单枝结果粒数和单株产量明显提高。

（二）深翻时期

深翻改土在春季、夏季和秋季都可进行。春翻要在土壤解冻后及早进行，这时地上部分还处于休眠期，根系刚刚开始活动，受伤根容易愈合和再生；北方的山区春旱严重，深翻后树木即将开始旺盛的生命活动，需及时灌水才能收到良好的效果。夏季深翻要在雨季降下第一场透雨后进行，特别是北方山区一些没有灌溉条件的山地，深翻后雨季来临，可使根系和土壤密结，深翻效果比较好。秋季深翻一般在果实采收后至晚秋进行，此时地上部生长已缓慢，深翻后正值根系第三次生长高峰，伤口容易愈合，同时能刺激新根的生长；深翻后灌水可使土壤下沉，有利于根系生长，对有灌溉条件的花椒园而言果实采收后至晚秋是较好的深翻时期。

（三）深翻方法

深翻改土的深度与立地条件、树龄及土壤质地有关，一般为50～60厘米，比根系主要分布层稍深为宜。土层薄的山地，下部为半风化的岩石或土质较黏重的山地，深翻要适当深一些，否则可以浅一些。深翻改土的方法有以下几种。

（1）**深翻扩穴**。当地叫"放树窝子"。从幼树开始，逐年向外深翻，逐步扩大栽植穴，直至全园行间全部翻完为止。每次深翻的范围较小，用工较少，每次深翻结合深施肥，效果比较好。

（2）**里半壁深翻**。山地梯田，特别是较窄的梯田，外半部土层较深厚，内半部多为硬土层。深翻时只深翻里面半部分，从梯田的一头到另一头，把硬土层一次翻完。

（3）**全园深翻**。将栽植穴以外的土壤一次性深翻完毕。这种方法一次投工较多，在幼龄期花椒园，劳动力比较充足的情况下可以采用。

注：本文原载《河北林业科技》2013年第6期，第25-26页。

山地梯田玉米—南瓜带状高效种植模式

王仁如

我国山地梯田面积大，采取怎样的种植模式提高经济效益，是各地都在探讨的问题。河北省涉县采用玉米—南瓜带状种植，实现亩产玉米800～1 000千克、南瓜1 000～5 000千克的高效益，值得参考。

（1）**种植形式**。在山地梯田上，以1.5米宽为一个种植带。每带内70厘米起小高垄，垄底宽70厘米，面宽60厘米，垄高10～15厘米，垄上种植1行南瓜；剩下的80厘米种植两行玉米。南瓜行距1.5米，株距40厘米；玉米小行距50厘米，大行距100厘米，株距35厘米。

（2）**整地施肥**。结合秋耕亩施充分腐熟的优质有机肥5 000千克、磷酸二铵40千克、硫酸钾20千克、碳铵50千克。将地整成垄沟结合的带状结构。

（3）**选优良品种**。玉米选用中糯号；南瓜选用符合本地群众食用习惯的磨盘南瓜优良品种。

（4）**播种**。①南瓜。当10厘米地温稳定通过10℃时，在垄上播种南瓜，每垄1行，穴距40厘米，亩播830～850穴。播后立即覆膜、盖严。②玉米。4月中旬，当10厘米地温稳定通过12℃时播种玉米。播前在垄沟喷玉米专用除草剂防杂草，并立即覆膜增温。3天后，用木棒扎孔穴播玉米。每个垄沟播两行，行距50厘米，穴距35厘米，亩播2 700穴。

（5）**田间管理**。①南瓜管理。南瓜子叶展开时，选择晴天破膜放苗，四周用土封严，每穴留1株苗。当真叶长到6叶时留5个叶打顶，留2个子蔓。授粉前将孙蔓全部打掉。子蔓长到1米时，培土压条。子蔓着果节后可任孙蔓生长。每条蔓留2个瓜，开花期进行人工辅助授粉。坐瓜后开始浇水，结合浇水亩追三元复合肥20千克，15～20天浇1次水，隔1次浇水追1次肥。②玉米管理。玉米出苗后及时定苗，每穴留苗1株。生长7～8叶浇第一次水，结合浇水追施尿素12千克/亩；生长11～12叶及时防治玉米螟；生长13～14叶及时浇第二次水，随水追施尿素10千克/亩。

（6）**及时采收**。①南瓜。当鲜南瓜达到食用标准时，及时采摘、出售，以免影响下一个南瓜的正常生长和膨大。第一个南瓜适当早摘，以防坠秧。摘瓜最好用剪刀，以防扭伤瓜秧。②玉米。播后80天左右可收获鲜嫩果穗。

注：本文原载《科学种养》2006年第3期，第15页。

窄条梯田栽培无公害南瓜技术

王仁如

南瓜含多种维生素和矿物质，具有清凉、消炎、止痛之功效，是深受城乡群众喜爱的夏季蔬菜之一。近年来，河北涉县群众利用当地山区无污染，优质有机肥充足，窄条山地梯田（山坡上宽1.2～1.8米的水平梯田）通风透光好、基本无病虫害发生的特点，生产无公害南瓜，平均亩产鲜南瓜7 000～8 000千克，亩收入达5 000～6 000元。其主要栽培技术有以下几种。

（1）施足优质厩肥。秋季作物收获后，结合深耕整地施足优质厩肥（由牛、马、驴粪每200千克和50千克人粪尿拌匀，堆沤15～20天，经充分发酵腐熟制成），一般每亩施5 000～6 000千克。同时在窄条梯田堰边修一条高15～20厘米的土埂，并将地整成外高内低的反坡梯田，以利蓄水，防止径流，整好地后用玉米秸秆覆盖，保墒蓄水。

翌年3月中旬，再次深耕梯田中部50～60厘米宽地块，深度50厘米。同时，结合深耕再次亩施优质厩肥3 000～4 000千克，粪土充分混匀。

（2）选用优良品种。选用早熟、丰产、抗病的优良农家品种，如磨盘南瓜等。

（3）覆盖两种秸秆。在5厘米地温稳定通过10℃时（一般是3月中下旬）的早春，先将秋季覆盖的旧玉米秸秆拢到梯田堰根，然后在中部50～60厘米宽处深耕50厘米深度，结合深耕再次施厩肥3 000～4 000千克，将粪土充分拌匀。然后，将地堰边和地堰根未深耕的部分用玉米秸全部覆盖，厚度8～10厘米，以利蓄集坡上径流、保墒和南瓜爬蔓结瓜。深耕施肥的中部用麦秸覆盖，厚5～6厘米。同时，玉米秸秆覆盖处每50厘米压一土带，防风吹跑。

（4）适期播种。当5厘米地温稳定通过15℃时进行播种，在覆盖麦秸的中间挖穴点种，单行穴距40～50厘米，亩播700～900穴，每穴下籽2～3粒。如土壤墒情不好，可人工造墒坐水点种。

（5）科学管理。出苗后及时查、补苗，如遇缺苗应及时进行浸种催芽补种。当苗长到3～4叶时及时间苗，每穴留苗两株；苗长到5～7叶时定苗，每穴留1株。一般主茎长至7～8叶时摘心，留2个侧蔓。蔓长0.5厘米左右开始压蔓，一般只压1次（压住第六至七节），压蔓时应使蔓朝向梯田边生长。一般每蔓留瓜2个左右，始终保持1个瓜膨大，另1个开始坐瓜。结瓜盛期，结合降水再次追施优质厩肥2 000～3 000千克/亩。若遇干旱，应采用补灌设备进行浇灌，保证南瓜正常生长。

（6）及时采摘。无公害南瓜生产以采收嫩瓜为主，应及时采摘上市，以防影响下一个瓜的生长；尤其是第一个瓜更应适当早摘，以防坠秧。

注：本文原载《科学种养》2006年第11期，第23页。

三、生物多样性

涉县旱作梯田植物物种多样性研究

张 昊 孙 建 闵庆文 贺献林

摘要：河北省涉县的植物分布种类可代表太行山区和华北平原大部分地区，同时，涉县作为全国重要农业文化遗产地，其植物生存状况更值得重视。本文通过对遗产地核心区植物群落调查，运用香浓指数、均匀度指数和重要值等指标分析，得出的结论是：梯田荒地中由于较高的土壤养分和充足的阳光，其物种多样性普遍比其他地方更高，以茵陈蒿+紫马唐等菊科蒿属植物和禾本科植物为建群种的群落为主。实地踏勘和整合史料资料得出，河北涉县共有植物4门、176科、633属、1 312种，其中含种数较多的科为菊科（147种）。国家级保护野生植物共20种，苏铁和银杏是极危（CR）保护物种。轮作、间作多种种植模式能更加充分地利用土壤养分，使土壤维持较长时间的生产潜力，增加物种多样性，提高作物产量。即使当地劳动人民已进行良性改造，大自然也赋予了贫瘠的土地生命力，但依旧应该积极采取保护措施，让植物多样性和社会经济发展走向可持续的未来。

关键词：石堰梯田；植物多样性；重点保护植物；太行山

生物多样性指的是一个区域内生命构成的丰富程度，是各种生物及其与周边环境有序地结合所形成的生态综合体及与之有关联的所有生态过程的综合[1-2]。作为农业文化遗产保护的重要组成部分，生物多样性是当今全球生态学研究中的热点问题，是促进当地社会经济和生态环境协调发展的基础[3-4]。由于人口剧增和气候变暖，生物多样性的丧失逐渐对生态系统健康和人类及相关生物的生存造成了威胁，阻碍了其正常为地球生物提供各种服务[5-7]。生物多样性通常包括三个层次，即物种多样性、遗传多样性及生态系统多样性，其中物种多样性是生物多样性的本质内容，对景观和生态都具有重要价值[8-10]。物种多样性一方面是指区域多样性即区域内的全部物种，包括分类学和生物地理学等角度对该范围内物种状况的研究；另一方面是指从生态学角度分析物种均匀分布的程度，通常是从群落水平上进行，故也称为群落多样性[11-12]。物种多样性综合反映了群落结构、组织水平和稳定程度等，是生态系统功能的基本保障，在体现植物群落的多样性状况、结构组成和动态功能等的异质性方面具有重要价值[8,13-14]。我国生物多样性位居世界前列，高等植物达34 984种，全国共发现11个植被类型组、55个植被型和960个植被群系和亚群系[15-16]。物种多样性丰富的生态系统有充足的生产力，生产力会随着生物多样性升高而提升，无论是对生态系统自身保持稳定的能力和干扰后的恢复能力，还是对土壤中营养物质的可持续利用均有很大提高[17-20]。

　　太行山地区是中国古代文明重要的发源地之一，为了克服艰苦的坡地自然条件，有效利用资源和改造环境，涉县劳动人民开创了特有的山地雨养农业体系，缔造了宏伟规模的石堰梯田景观[21-22]。梯田区生物多样性丰富，丰富的生态系统，各类的农作物品种，多样的食物资源，即使是在凶年饥岁也能为当地人民提供基本的食物资源[22]。梯田外的双层石堰，紧密的石层土层，延边种植的花椒树，不仅稳固了梯田，保护了土壤，同时控制水土流失，保住了土壤营养，这种农林复合生态系统在脆弱的生态环境中实现了对生物多样性的保护[22-23]。联合国粮食及农业组织（FAO）也指出，全球重要农业文化遗产（GIAHS）是具有丰富的生物多样性系统和景观，并且能满足当地社会经济发展的需要，有利于促进经济的可持续发展[24]。作为中国重要农业文化遗产，"世界一大奇迹""中国第二长城"，河北涉县旱作梯田系统生物多样性特征和保护利用值得人们更多关注[25]。本文通过对梯田核心区的群落调查，结合涉县现有的珍稀物种和实际情况对梯田系统物种多样性现状和未来发展方向做出了深入分析和讨论。

一、研究区与研究方法

（一）研究区概况

　　涉县位于太行山山地丘陵区，处于华北平原与黄土高原过渡地带，四季分明属于半湿润大陆性季风气候。地理位置在北纬36°17′—36°55′，东经113°26′—114°。全县东西宽约37.5公里，南北长约64.5公里，总面积1 509.26平方公里。区内山峦相连，沟谷纵横，昼夜温差较大，海拔在203～1 562米，形成多种山区局部小气候。年均日照时数2 478.7小时，日照百分率达56%，年平均气温12.5℃，年均降水量540.50毫米，无霜期186天，≥0℃积温4 700℃。涉县水资源丰富，清浊两条漳河贯穿全境，境内全长110千米。森林茂密，且拥有较为丰富的植被资源，包括欧亚大陆草原区系，西伯利亚森林区系，部分华中、华南的热带亚热带成分，少量的东北植物和华北地区系成分，古热带马来西亚植物系等[26]。其植物分布种类可代表太行山区和华北平原大部分地区[27]。农业文化遗产区位于涉县境内的井店、关防和更乐三个乡镇，其中井店镇的王金庄村的石堰梯田最具规模和代表性，是遗产地的核心保护区。

（二）样地设置

2018年，在涉县遗产区3个乡镇（王金庄、宋家庄和张家庄）各设置1个样地。均匀地在各样地梯田间设置3个40米×40米的乔木层大样方。对其中王金庄遗产区山顶林地、山腰梯田荒地和山脚山沟三处地点各随机设置50厘米×50厘米的草本样方3个。采用实地踏查沿着上山下山路径，调查沿途的所有植物，结合收集资料对涉县遗产区所有植物的种类、来源、珍稀濒危程度等进行分类整理。

（三）群落调查

植物群落调查包括乔木层样方内乔木的种类、数量、树高、胸径；以及草本层样方内物种组成、高度和盖度。同时用GPS测量每个样方的地理坐标和海拔。在ArcGIS（10.4）软件上通过DEM提取坡向、坡度等立地因子，草本层样方的环境条件如表1所示（乔木层样方点位信息与此基本相同）。

表1　草本层样方基本情况

地点	样点号	海拔（米）	经度	纬度	坡度（°）	坡向（°）
	W-01	730	113° 49′ 26.57″	36° 35′ 10.29″	10.658	22.38
山脚河沟	W-02	731	113° 49′ 17.81″	36° 35′ 13.03″	9.85	355.6
	W-03	739	113° 49′ 26.67″	36° 35′ 10.75″	7.4	293.74
	W-04	761	113° 49′ 26.11″	36° 35′ 10.34″	21.403	316.81
梯田荒地	W-05	773	113° 49′ 17.79″	36° 35′ 12.54″	23.28	294.04
	W-06	763	113° 49′ 18.1″	36° 35′ 12.1″	21.72	278.61
	W-07	808	113° 49′ 21.94″	36° 35′ 11.94″	21.78	294.92
山顶林地	W-08	813	113° 49′ 21.8″	36° 35′ 11.36″	16.3	270
	W-09	803	113° 49′ 21.47″	36° 35′ 11.19″	18.32	251.56

（四）数据分析

物种多样性指数以数学公式计算的结果来描述群落结构特征，植物群落的种类及其数量。假设在无限大的群落中随机取样，并包含了群落中所有的物种，多样性指数则表示个体出现的机会。选用物种丰富度指数、辛普森指数、香浓指数和均匀度指数来反映物种多样性[28]。

（1）物种多样性计算。

物种丰富度指数（C）

$$C = \frac{(S-1)}{\ln N}$$

式中S为群落中的物种数目，N为观察到的个体总数。

辛普森指数（D）

$$D = 1 - \sum_{i=1}^{s} P_i^2$$

式中 P_i 为 i 种个体数占群落中总个数的比例。

香浓指数（H）

$$H = -\sum_{i=1}^{s} P \ln P_i$$

均匀度指数（J）

$$E = \frac{H}{H_{max}}$$

式中 H_{max} 为最大的物种多样性指数，$H_{max} = \ln S$。

（2）重要值。

乔木层重要值＝（相对密度＋相对显著度＋相对频度）/3

二、结果与分析

（一）遗产区植物种类和组成

河北涉县共有植物4门176科633属1 312种，129变种变型，共1 441种。其中含种数较多的科为菊科（Compositae、147种），禾本科（Gramineae、147种），豆科（Leguminosae、97种），蔷薇科（Rosaceae、85种），百合科（Liliaceae、63种），唇形科（Labiatae、54种）；另外蓼属（*Polygonum*、24种），芸薹属（*Brassica*、19种），李属（*Prunus*、17种）是含种数较多的属。有丰富的植物种类，第一泛北极植物系和第二古热带植物系特征较为突出。其中野生中药材达1 500种以上，常用药材300种。

（二）种植乔木层群落重要值

从整个遗产区的种植乔木重要值特征（表2）可知，花椒是优势种群，在整个群落中的重要值最高，3个村庄次优势种群不同。乔木共10种，王金庄有7种，其中花椒300株，其重要值40.47；其次是君迁子，柿科落叶乔木，最高植株达11米，重要值为17.34；其余的核桃，柿，楸等少量存在，重要值均小于6。宋家庄6种，花椒132株，重要值为34.90；黄连木重要值为18.04；杏重要值最小，仅1.08。张家庄5种，花椒重要值为48.70，为3个村庄最高；君迁重要值为11.41。

表 2　遗传区主要物种组成及其重要值（%）

种名	王金庄	宋家庄	张家庄
花椒 *Zanthoxylum bungeanum* Maxim.	40.47	34.90	48.70
胡桃 *Juglans regia* L.	3.83	7.05	
君迁子 *Diospyros Iotus* L.	17.34	2.36	11.41
柿 *Diospyros kaki* Thunb.	0.88		
泡桐树 *Scrophulariaceae*	1.62		5.41

（续）

种名	王金庄	宋家庄	张家庄
银杏 *Ginkgo biloba* L.	0.11		
楸 *Catalpa bungei* C. A. Mey	5.15		
黄连木 *Pistacia chinensis* Bunge		18.04	2.54
桃 *Amygdalus persica* L.		5.77	
杏 *Armeniaca vulgaris* Lam.		1.08	0.20

（三）不同位置物种多样性特征

随着梯田山区位置变化，土壤水分，海拔高度等条件不同，物种丰富度指数、辛普森指数、香浓指数和均匀度指数均表现为梯田荒地＞山顶林地＞山脚山沟，如表3，图1所示。物种丰富度指数和香浓指数的结果普遍比辛普森指数和均匀度指数高。较高的物种多样性是以茵陈蒿＋紫马唐为建群种的群落、柳叶蒿＋狗尾巴草为建群种的群落以及南牡蒿＋荩草为建群种的群落为主的梯田荒地中的植被，即菊科蒿属植物和禾本科植物。中等物种多样性是以紫花前胡＋知风草为建群种的群落以及胡枝子＋黄背草为建群种的群落为主的山顶林地中的植被。较低的物种多样性是以鬼针草和少量禾本科植物为建群种的群落为主的山脚河沟中的植被。

表3　遗产区不同位置物种多样性指数

位置	物种丰富度指数	辛普森指数	香浓指数	均匀度指数
山顶林地	1.23	0.64	1.22	0.35
梯田荒地	1.65	0.75	3.71	1.03
山脚河沟	1.07	0.57	1.08	0.3

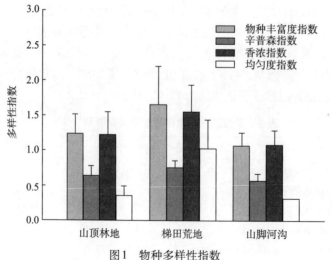

图1　物种多样性指数

（四）重要保护物种

《涉县植物资源志》记载植物124科，463个属，799种。2006—2009年，多次野外考察统计后，对新采集标本进行了查对鉴定，对所涉及植物的学名进行了考证和系统整理，《涉县农业志》整理出的高等植物有4门、176科、633属、1 312种，129变种变型，共1 441种。其中根据2013年环保部数据统计（表4），国家级保护野生植物共20种。其中极危（CR）2种，濒危（EN）2种，易危（VU）4种，近危（NT）2种，无危（LC）7种，数据缺乏（DD）3种。国家一级野生保护植物有苏铁 *C. revolute* Thunb.、银杏 *G. biloba* L.和水杉 *M. glyptostroboides* Hu et Cheng，是涉县第一批进入国家重点保护野生植物名录的植物。苏铁，俗称铁树，属常绿植物，是世界最古老的树种之一，树干高2米，少数达8米或更高，圆柱形干，羽状叶。多种植在南方，在温暖湿润的热带地区，较大树龄的树木几乎每年都能开花结实；但是位于北方的苏铁不易开花，这种常无规律，不易开花的铁树被称为"千年铁树开花"。苏铁甘，淡，平，有小毒，有很高的药用价值，几乎每个器官都可入药。银杏属落叶乔木，最早出现在几亿年前，胸径达4米，叶在长枝上散状生长，喜光，适应性强。

表4　国家重点保护野生植物名录

种名	保护批次	等级	IUCN等级
苏铁（*C. revolute* Thunb.）	一	I	CR
银杏（*G. biloba* L.）	一	I	CR
水杉（*M. glyptostroboides* Hu et Cheng）	一	I	EN
木贼麻黄（*E. equisetina* Bge.）	二	II	LC
草麻黄（*E. sinica* Stapf.）	二	II	NT
胡桃（*Juglans regia* L.）	二	II	VU
莲（*N. nucifera* Gaertn.）	一	II	DD
牡丹（*P. suffruticosa* Andr.）	二	II	VU
玫瑰（*R. rugosa* Thunb.）	二	II	EN
甘草（*G. uralensis* Fisch.）	二	II	LC
狗枣猕猴桃（*Actinidia kolomikta*）	二	II	LC
软枣猕猴桃（*Actinidia arguta*）	二	II	LC
中华猕猴桃（*Actinidia chinensis* Planch.）	二	II	LC
刺五加（*A. senticosus* Harms.）	二	II	LC
明党参（*C. smyrnioides* Woloff.）	二	II	VU
水曲柳（*Fraxinus mandshurica* Rupr.）	一	II	VU
角盘兰（*H. monorchis* R. Br.）	二	II	NT
天麻（*Gastrodia elata* Blume.）	二	II	DD
羊耳蒜（*Liparis japonica*）	二	II	DD
绶草（*Spiranthes sinensis* Ames.）	二	II	LC

（五）主要种植物种

通过对13户人家土地实际种植情况与多户人家种植计划的调查得知。除去少数海拔超过800米的梯田因往来不便全部种植了胡萝卜等蔬菜，其余的种植模式可归纳为谷子（粟）与玉米隔年轮作，豆类单种或与玉米间作，豆角石堰边单种或与玉米套作，南瓜堰边上套作，菜地里甘薯、马铃薯、白菜、萝卜等小面积间作，黑枣和核桃在田块中套作，花椒田块边缘套作，连翘、黄芩、柴胡、木橑山坡或平地单作。另外，花椒、黑枣、柴胡、粟等是该地区古老的种植作物（图2）。

图2　遗产区古老作物

三、讨论

随着全球气候变暖、环境污染和生物资源过度开发，地球上生物生存受到严重威胁，物种数量急剧减少，但研究表明，人类活动是致使生物多样性遭受破坏最重要的原因[29-30]。本文中3个村庄9个乔木层样方框共有10种植物（表2），并非单一物种，总的来说林相整齐，花椒树重要值均较高。这是由于花椒是当地重要的经济物种，同时对梯田起到重要的水土保持作用，人们因地制宜广栽花椒树。宋家庄的部分样方位于退耕还林区域，其在原有基础上栽培黄连木，因此除花椒树以外，宋家庄重要值较高的树种是黄连木。在遗传核心区王金庄物种丰富度指数、辛普森指数、香浓指数和均匀度指数均表现为梯田荒地＞山顶林地＞山脚山沟（图2）。水分、温度、光照和地形条件均会对物种多样性产生影响，比如不同的水热条件产生地表异质性，从而会改变群落整体结构特征、外貌和演替方向[31-33]。

尽管很多研究都指出，物种丰富度会随海拔升高先增加后降低，即海拔高度居中时，物种丰富度最大[34-35]，但本文的结果山腰处梯田荒地中植物物种丰富度最大的原因绝不是此，样方调查的区域为低山丘陵区，温度和海拔变化均不大，其不会成为主要影响因素。山顶林地树林茂密，草本植物生长受到光照限制，山脚河沟虽然水分充足，但位于沟谷之中，光照同样不足，物种多样性受到影响[36]。群落物种多样性最高的地方出现在山间梯田荒地，这里是受人类活动影响最大的地方，旱作石堰梯田由于土壤中含有秸秆与驴粪沤制的有机肥而富含养分[37-38]，梯田长期无人耕作之后，杂草丛生，普遍认为土壤肥沃的地方其物种多样性较高[39]。物种较单一的农田生态系统中，物种丰富度的增加对较低水平的生态系统过程会产生巨大的影响。物种之间存在正相关关系，遗产区梯田部分较高的物种多样性对生态系统功能的优化有良好的促进作用[40-41]。涉县遗产区石堰梯田充分发挥了物种多样性保护和生态功能作用。

遗产区梯田农作物种植多采用轮作或间作的模式，且多与玉米轮作、间作或套作。合理轮作通过满足每种作物对养分的需求，能更加充分地利用土壤养分，使土壤维持较长时间的生产潜力[42]。农田的轮作制一方面有效利用光、水、养等农业生产资源改善了土壤生态环境，使得生物多样性变得丰富，另一方面土壤中丰富的生物种类和数量又能进一步改善土壤生态条件，从而促进作物生长，提高作物产量[43]。同时，轮作优化了作物间的空间和时序配置，达到了改善土壤结构、提升土壤肥力的作用，也能有效减少病虫草害，而农药使用的减少是生产绿色无公害产品，提升产品品质的重要一环，也是未来农业发展改革的方向[44-45]。作物间作主要是影响土壤微生物的数量，提高其代谢活性，改善微生物群落结构以及多样性水平[46]。不同作物间作其根系会产生不同的分泌物，根际微生物群落会随之发生改变并与之相适应，比起单作，间作作物根系更为交错和庞大，根系分泌物也更为丰富，因此存在更为明显的根际效应[47]。比如石堰梯田中玉米/大豆体系中的间作优势很大程度取决于土壤微生物数量，整个根区微生物因间作得到了很好的生长[48]。间套作体系生产力高并且易于保持，其种间相互作用直接影响产量优势，换句话说，存在种间相互作用才有可能形成体系产量优势[49]。

目前社会经济高速发展、人口快速增长、城镇化进程加快，对资源的消耗也在日趋增加，过度、无节制的资源开发和浪费使生物多样性遭到破坏，各种自然资源显现出岌岌可危的态势，很多野生植物濒临灭绝[30,50]。中国9 000种森林植物种质资源中有1 500多种濒危物种，而非危险物种仅有900余种[51]。人类也试图良性地改造和利用自然，比如涉县劳动人民化腐朽为神奇，通过修建旱作梯田赋予了贫瘠土地更有活力的生命力，梯田系统促进农业增产和农民增收，通过保护生物多样性和传承文化多样性实现了农村稳定发展[22,52]。另一方面随着人们生活水平的不断提升，人们生活的重心也从基本的温饱转向了更高的品质，人们开始接近自然，享受自然赋予的花草树木等生动美景，新的景点逐步开发，在人类活动压迫下，植物生存空间也越来越小。生态旅游开发带来巨大经济效益的同时不可避免地对景区环境和生物多样性产生影响[53]。生态环境保护任重而道远，我们必须积极采取措施。加强法律法规建设，将有效的资源保护与开发利用相结合，加大执法力度，实施奖惩机制；强化保护措施，迁地保护与就地保护相结合；普及宣传教育，培养广大群众保护生态的意识，开展相关野生植物保护的专项活动；加强相关科学研究，建立监测系统，开展濒危状态的野生植物致微机制和种群恢复等相关研究，涉县所代表的太行山区野生植物资源，是我国生物多样性基因库不可缺少的一部分，应尽快对相应稀缺物种开展种群恢复工作；发展特色产业，利用涉县梯田的地方特色，大力发展绿色农业，减少对化肥使用，保护土壤环境。

四、结论

涉县石堰梯田的物种多样性显著高于山顶和山脚，而低山丘陵区，温度和海拔变化均不大，梯田的土壤养分以及充足的光照条件是物种多样性丰富的主要原因。无论是梯田荒地里的草本层或是梯田中的乔木层，都由于人为影响而不同于其他地方，种植的花椒、黄连木、桃等更有利于减少水土流失、保护改善生态环境。梯田农作物种植多采用轮作或间作的模式，增加了土壤中的生物种类，进一步改善土壤生态条件，促进作物生长，提高作物产量。作为重要的农业遗产地，应该积极采取措施，使涉县的野生植物生态多样性保护、当地社会发展和景区运营向绿色健康可持续的方向发展。

参考文献

[1] 魏辅文，聂永刚，苗海霞，等.生物多样性丧失机制研究进展 [J].科学通报，2014，59 (6)：430-437.

[2] 蒋志刚，马克平.保护生物学的现状、挑战和对策 [J].生物多样性，2009，17 (2)：107-116.

[3] 刘世荣，蒋有绪，史作民，等.中国暖温带森林生物多样性研究 [M].北京：中国科学技术出版社，1998.

[4] 潘思怡，彭小娟，赖格英，等.江西崇义客家梯田系统生物多样性特征与演化分析 [J].江西科学，2017，35 (2)：206-212.

[5] Pimm S L, Jenkins C N, Abell R, et al. The biodiversity of species and their rates of extinction, distribution, and protection [J]. Science, 2014, 344 (6187)：987.

[6] Barnosky A D. Transforming the global energy system is required to avoid the sixth mass extinction [J]. MRS Energy and Sustainability, 2015, 2 (1)：1-13.

[7] Cardinale B J, Duffy J E, Gonzalez A, et al. Biodiversity loss and its impact on humanity [J]. Nature, 2012, 486 (7401)：59-67.

[8] 彭羽，卿凤婷，米凯，等.生物多样性不同层次尺度效应及其耦合关系研究进展 [J].生态学报，2015，35 (2)：577-583.

[9] 冷平生.园林生态学（第2版）[M].北京：中国农业出版社，2011.

[10] Magurran AE. Ecological Diversity and Its Measurement [M]. Princeton：Princeton University Press, 1988.

[11] 汪殿蓓，暨淑仪，陈飞鹏.植物群落物种多样性研究综述 [J].生态学杂志，2001，20 (4)：55-60.

[12] 陈廷贵，张金屯.山西关帝山神尾沟植物群落物种多样性与环境关系的研究 I.丰富度、均匀度和物种多样性指数 [J].应用与环境生物学报，2000，6 (5)：406-411.

[13] Lomolino MV. Elevation Gradients of Species-density：Historical and Prospective Views [J]. Global Ecology and Biogeography, 2010, 10 (1)：3-13.

[14] 孟莹莹，周莉，周旺明，等.长白山风倒区植被恢复26年后物种多样性变化特征 [J].生态学报，2015，35 (1)：142-149.

[15] 马克平，娄治平，苏荣辉.中国科学院生物多样性研究回顾与展望 [J].中国科学院院刊，2010，

25（6）：634-644.

[16] 武建勇，薛达元，赵富伟，等. 中国生物多样性调查与保护研究进展 [J]. 生态与农村环境学报，2013，29（2）：146-151.

[17] WANG Chang ting，LONG Rui Jun，DING Lu ming，et al. Species diversity，community stability and ecosystem function——extension of the continuous views [J]. Pratacultural Science，2005，22（6）：1-7.

[18] Tilman D，May R M，Lehman C L，et al. Habitat destruction and the extinction debt [J]. Nature，1994，371：65.

[19] 刘平，秦晶，刘建昌，等. 桉树人工林物种多样性变化特征 [J]. 生态学报，2011，31（8）：2227-2235.

[20] 冯舒，汤茜，卢训令，等. 农业景观中非农景观要素结构特征对植物物种多样性的影响——以封丘县为例 [J]. 生态学报，2017，37（5）：1549-1560.

[21] 王星光，李秋芳. 太行山地区与粟作农业的起源 [J]. 中国农史，2002，21（1）：27-36.

[22] 贺献林. 河北涉县旱作梯田的起源、类型与特点 [J]. 中国农业大学学报（社会科学版），2017，34（6）：84-94.

[23] 李禾尧. 农事与乡情：河北涉县旱作梯田系统的驴文化 [J]. 中国农业大学学报（社会科学版），2017，34（6）：103-110.

[24] 张丹. 农业文化遗产地农业生物多样性研究 [M]. 北京：中国环境科学出版社，2011.

[25] 河北涉县农牧局. 中国重要农业文化遗产：河北涉县旱作梯田系统 [J]. 中国农业大学学报（社会科学版），2017，34（2）：137.

[26] 陈玉明，张伟亮，王玉霞. 涉县野生大豆保护区建设与开发利用 [J]. 河北农业科学，2012，16（12）：86-89.

[27] 张艳丽，王仁如. 涉县气候资源分析与适宜农作物种植分区研究 [J]. 现代农业科技，2012（4）：301-303.

[28] 陈宁，张扬建，朱军涛，等. 高寒草甸退化过程中群落生产力和物种多样性的非线性响应机制研究 [J]. 植物生态学报，2018，42（1）：50-65.

[29] 石进朝，解有利. 从北京园林绿地植物使用现状看城市园林植物的多样性 [J]. 中国园林，2003（10）：75-77.

[30] 丁圣彦，宋永昌. 常绿阔叶林植被动态研究进展 [J]. 生态学报，2004，24（8）：1769-1779.

[31] 乌云娜，张云飞. 锡林郭勒草原植物物种多样性的水分梯度特征 [J]. 内蒙古大学学报：自然科学版，1998（3）：407-413.

[32] 田青，李宗杰，王建红，等. 摩天岭北坡东南部不同海拔梯度草本植物群落特征 [J]. 草业科学，2016，33（4）：755-763.

[33] 潘红丽，李迈和，蔡小虎，等. 海拔梯度上的植物生长与生理生态特性 [J]. 生态环境学报，2009，18（2）：722-730.

[34] 王志恒，陈安平，朴世龙，等. 高黎贡山种子植物物种丰富度沿海拔梯度的变化 [J]. 生物多样性，2004，12（1）：82-88.

[35] 郑敬刚，张有福，王云，等. 太行山中段植被分布特征及其多样性研究 [J]. 河南科学，2009，27

（3）：292-294.

[36] 何盘星，张鲜花，朱进忠. 海拔梯度对塔尔巴哈台山地鸭茅群落物种组成及多样性影响 [J]. 草业科学，2018，35（2）：286-296.

[37] 李全起，陈雨海，于舜章，等. 覆盖与灌溉条件下农田耕层土壤养分含量的动态变化 [J]. 水土保持学报，2006，20（1）：37-40.

[38] 陈芝兰，张涪平，蔡晓布，等. 秸秆还田对西藏中部退化农田土壤微生物的影响 [J]. 土壤学报，2005，42（4）：696-699.

[39] 郑江坤，魏天兴，郑路坤，等. 坡面尺度上地貌对α生物多样性的影响 [J]. 生态环境学报，2009，18（6）：2254-2259.

[40] Tilman D，Wedin D，Knops J. Productivity and sustainability influenced by biodiversity in grassland ecosystems [J]. Nature，1996，379：718.

[41] 张丹，闵庆文，何露，等. 全球重要农业文化遗产地的农业生物多样性特征及其保护与利用 [J]. 中国生态农业学报，2016，24（4）：451-459.

[42] 施玉博. 结实期土壤水分对稻米品质的影响 [J]. 黑龙江科技信息，2014（23）：277.

[43] 郝科栋. 半干旱地区不同轮作方式对轮作系统生产力及水分利用效率的影响 [D]. 晋中：山西农业大学，2014.

[44] Fang Quanxiao，Chen Yuhai，Yu Qiang，et al. Much improved irrigation wheat-maize double use efficiency in an intensive cropping system in the north China plain [J]. Journal of Integrative Plant Biology，2007，49（10）：1517-1526.

[45] 周会成，韩仕峰. 半干旱偏旱地区合理轮作农田水分效应的研究 [J]. 水土保持通报，1990，10（6）：54-57.

[46] 宋亚娜，MARSCHNER Petra，张福锁，等. 小麦/蚕豆，玉米/蚕豆和小麦/玉米间作对根际细菌群落结构的影响 [J]. 生态学报，2006，26（7）：2268-2274.

[47] 贺永华，沈东升，朱荫湄. 根系分泌物及其根际效应 [J]. 科技通报，2006，22（6）：761-766.

[48] 章家恩，高爱霞，徐华勤，等. 玉米/花生间作对土壤微生物和土壤养分状况的影响 [J]. 应用生态学报，2009，20（7）：1597-1602.

[49] 雍太文. "麦/玉/豆" 套作体系的氮素吸收利用特性及根际微生态效应研究 [D]. 成都：四川农业大学，2009.

[50] 徐骞. 济源太行山区重点保护植物调查研究 [D]. 郑州：郑州大学，2016.

[51] 熊丹，陈发菊，梁宏伟，等. 珍稀濒危植物连香树种子萌发的研究 [J]. 福建林业科技，2007，34（1）：36-39.

[52] 霍文龙，王月红. 百余专家齐聚涉县献策梯田申报全球农业文化遗产 [J]. 遗产与保护研究，2016，1（6）：118.

[53] 张海涛. 太行山大峡谷风景区植物多样性调查及评价 [D]. 晋中：山西农业大学，2014.

注：本文选自《河北涉县旱作梯田系统申报全球重要农业文化遗产项目阶段性研究成果》，中国科学院地理科学与资源研究所，2018年。

涉县旱作梯田系统农业物种及遗传多样性保护与利用

贺献林　王海飞　刘国香　王玉霞　陈玉明　贾和田　王丽叶

摘要：农业生物多样性的研究和保护是全球重要农业文化遗产保护的核心要素。以王金庄为核心的涉县旱作梯田系统于2014年被认定为中国重要农业文化遗产，研究其农业生物多样性，可为涉县旱作梯田系统的保护与利用提供依据，为农业文化遗产地农业生物多样性农家就地保护提供参考。本文通过对传统农家品种普查收集与入户访谈、田间调查与种植鉴定，系统研究了涉县旱作梯田系统的农业物种和传统农家品种以及由此形成的保护与利用经验与技术。研究发现涉县旱作梯田系统种植或管理的农业物种26科57属77种，其中粮食作物15种、蔬菜作物31种、油料作物5种、干鲜果14种、药用植物以及纤维烟草等12种。共包括171个传统农家品种，其中粮食作物62个、蔬菜作物57个、干鲜果品33个、油料作物7个、药用植物和纤维烟草12个。这些农业物种及传统农家品种，通过混合种植、轮作倒茬、间作套种、优中选优等一系列保护与利用技术被活态传承和保护。但随着城镇化和现代农业的快速推进，涉县旱作梯田系统农业生物多样性保护与利用正面临着主体缺失、技术失传、传统农家品种名称混乱、种质退化以及单一化种植造成的品种多样性丧失、单一追求产量造成适应性强的品种资源丧失、农民生计方式多样化造成梯田农业弱化、传统农家品种生产比较效益低和重要性认识不足等问题，针对这些问题提出了建立动态保护与适应性管理机制、发展特色产业、激发农民内生动力、组织开展资源普查并建立社区种子库与农民自留种相结合的传统农家品种就地活态保护机制等对策与建议。

关键词：涉县旱作梯田系统；农业物种多样性；农业遗传多样性；保护与利用；重要农业文化遗产

农业生物多样性是人类以自然生物多样性为基础，以生存和发展为目的，在生产生活中发展和积累起来的，是社会生产力的内容之一，也是人类对自然生物多样性影响的结果，是人类文明的重要成果[1]。人类通过对自然生物的选择，在获取自身发展需要的食品、衣着、医药以及良好的生存环境过程中形成、积累和发展了农业品种和物种多样性，又通过对这些生物生长环境的认知，有目的地种植、驯养和管理，形成了农业生态系统多样性，并在此基础上形成了农地景观多样性[2-5]。几千年来，我国传统农业为世界做出了巨大贡献，留下了许多宝贵农业遗产，其中形成的极为丰富的种质资源是我国乃至世界最为重要的农业遗产。

在过去的半个多世纪，以工业化为特征的现代农业对全球粮食的增长做出了重要贡献，但也带来了资源破坏、环境污染和成本增加等问题[6-8]，致使全球农业面临食物安全、资源短缺、环境破坏和全球气候变化等多重挑战[9-11]。迫使人们对现代农业生产方式开始反思，寻求对全球重要的、已受到威胁的农业生物多样性和文化多样性的保护，基于此，2002年联合国粮食及农业组织提出了"全球重要农业文化遗产（GIAHS）"的概念和动态保护理念，2012年农业部启动了中国重要农业文化遗产（China-NIAHS）挖掘与保护工作[12]。不论从农业文化遗产保护项目产生的背景，还是从全球及中国重要农业文化遗产的评选标准来看，农业生物多样性都是农业文化遗产的核心要素[13-17]。围绕农业文化遗产的保护，学界广泛开展了农业文化遗产地农业生物多样性在维持生计方面的作用、特征及其保护与利用等方面的研究[18-23]，但多以南方稻作梯田系统为例，基于北方旱作梯田系统的研究鲜见报道。

河北省涉县地处太行山地区中段，位于晋冀豫三省交界，是典型的太行山深山区县。境内以王金庄为核心的涉县旱作梯田系统于2014年被认定为中国重要农业文化遗产[24]。当地人在适应自然、改造环境的700余年间，创造出了独特的山地雨养农业系统和规模宏大的石堰梯田景观，按照世代沿袭的留种习俗及耕作技术保存了大量玉米（*Zea mays* L.）、谷子[*Setaria italica* (L.) Beauv.]、蔬菜、花椒（*Zanthoxylum bungeanum* Maxim.）、豆类等重要农业物种资源[25]，如传统的谷子品种来吾县、露米青、落花黄，玉米品种金皇后、白马牙，豆类品种小黑脸青豆、白小豆、狸麻小豆等，研究其农业物种及遗产多样性的保护与利用，对涉县旱作梯田系统的保护与利用具有重要意义。

本文以涉县旱作梯田系统核心区王金庄为研究区域，通过田间调查与沟域踏查、农户抽样与入户访谈、传统作物品种入户收集与田间种植鉴定，基本查清其农业物种及农业遗传资源的家底，总结了旱作梯田农业生物多样性特征和保护利用方法、存在问题，同时对以社区种子库保存与农民自留种相结合的传统作物及其传统农家品种就地活态保护模式进行了研究，以期为进一步研究这一重要农业文化遗产的保护与利用提供参考，为农业文化遗产地农业生物多样性农家就地保护提供可资借鉴的经验。

一、研究区域概况与研究方法

（一）研究区域概况

涉县旱作梯田系统位于河北省涉县东南端的井店镇、更乐镇和关防乡，涉及46个行政村，山高坡陡、石厚土薄是这里的典型特征。遗产地土地总面积204.35千米²。研究区域选择位于涉县旱作梯田核心区的井店镇王金庄村，该村是涉县的一个自然村，分设5个行政村，2018年全村人口4 540人，户数1 425户。全村旱作梯田面积230公顷，46 000余块土地，分布在12千米² 24条大沟120余条小沟里。尽管这里的资源严重匮乏，但是人们传承和保存了丰富的农业生物多样性，不仅有丰富的粮食和蔬菜作物的传统农家品种，还拥有木本粮食、药用植物等农家品种，是旱作梯田系统农业生物多样性保护的典型代表。

（二）研究方法

1.村级农户调查

按照户级水平农业生物多样性评价方法[26]调查并收集当地农户种植的传统作物及其传统品种。以王金庄5个行政村所有农户为基础进行随机抽样，辅以农户推荐，进行传统作物品种、梯田种植结构及社会经济调查，农户有效抽样118户，占总户数的8.3%，抽样农户2018年梯田种植面积19.90公顷。农户调查采用半结构式访谈，对农户在传统农家品种的选择、管理等方面进行访谈，以问卷方式调查各农户种植的传统作物及其品种、面积、历史、产量等有关问题，并对调查结果进行统计分析。农户调查及传统农家品种收集于2019年4月20日至5月10日进行，并于2019年9月10日至20日进行传统农家品种的补充调查和收集。

2.沟域田间调查

田间调查王金庄村仍在种植的传统作物及其传统农家品种，包括种植和利用的各类粮食、蔬菜、干鲜果品、可食用野生植物及药用植物。以王金庄村24条大沟作为梯田农业生物多样性调查单元，选择既涵盖了5个行政村的所有农户，又包括具有代表性的大崖岭、石崖沟、岩瓦沟3条大沟为调查点，抽样调查梯田4 639块、46.30公顷，占王金庄村梯田面积的19.6%。田间调查于2019年4月20日至9月20日，在种植作物出苗后、生长期及收获前分3次进行。

3.田间种植鉴定

将从农户调查收集到的玉米、谷子、豆类等66个传统品种进行田间种植鉴定，以区别同名异种或同种异名，验证农户调查访谈中对传统农家品种的性状描述，以确认当地传统作物和传统农家品种名称及数量[27-28]。于2019年6月9日播种，并分别于当年6月20日出苗期、7月17日苗期、8月27日抽穗开花期、10月10日收获期开展田间调查，最后进行综合评价。

二、结果与分析

（一）旱作梯田系统的农业物种多样性

据田间抽样调查和3条沟域踏查，结合农户访谈，共调查确认涉县旱作梯田系统农业物种26科57属77种，包括171个传统农家品种（表1）。其主要科为豆科（Leguminosae，11种，占14.29%），百合科（Liliaceae，8种，占10.39%），茄科（Solanaceae，7种，占9.09%），蔷薇科（Rosacea，7种，占9.09%），禾本科（Poaceae，5种，占6.49%），十字花科（Cruciferae，5种，占6.49%），葫芦科（Cucurbitaceae，5种，占6.49%），伞形科（Umbellifera，4种，占5.19%）和唇形科（Labiatae，4种，占5.19%），其他17科21种占27.27%。其中栽培植物64种占83.12%，野生与半野生13种占16.88%。

表 1　涉县旱作梯田系统王金庄村的作物及传统农家品种

| 科 | 属 | 种* | 传统农家品种** | |
			数量	名称
豆科 Leguminosae	大豆属 Glycine	大豆	11	小白豆、小黑豆、二黑豆、大黑豆、小黑脸青豆、大青豆、二青豆、小青豆、大黄豆、二黄豆、小黄豆
		绿豆	3	小绿豆、毛绿豆、大绿豆
	豇豆属 Vigna	赤豆	7	绿小豆、大粒红小豆、二红小豆、红小豆、狸猫小豆、白小豆、褐小豆
		赤小豆	2	赤小豆、黄小南豆
		短豇豆	1	狸麻小豆
		长豇豆	2	紫长豆角、青长豆角
	野豌豆属 Vicia	蚕豆	1	蚕豆
	菜豆属 Phaseolus	菜豆	9	黑没丝、红没丝、黄没丝、菜豆角、紫豆角、花皮豆角、绿豆角、小柴豆角、地豆角
	扁豆属 Lablab	扁豆	5	紫眉豆角、白花绿眉豆、紫花绿眉豆、小白眉豆、紫荆眉豆
	落花生属 Arachis	落花生	1	花生
	皂荚属 Gleditsia.	野皂荚	1	马棘饼
禾本科 Poaceae	小麦属 Triticum	普通小麦	1	郑州3号
	玉蜀黍属 Zea	玉蜀黍	7	白马牙、金皇后、老白玉米、老黄玉米、紫玉米、三糙黄、三糙白
	狗尾草属 Setaria	粟	19	来吾县、三遍丑、漏米青、屁马青、青谷、红苗青谷、马鸡嘴、红苗老来白、老来白、小黄糙、落花黄、山西一尺黄、白苗毛谷、白苗红谷、老谷子、白谷、红谷、毛谷、黄谷
	黍属 Panicum	稷	1	小黍子
	高粱属 Sorghum	高粱	4	高秆红高粱、齐头高粱、扫帚高粱、白高粱

（续）

科	属	种[*]	传统农家品种[**]	
			数量	名称
葫芦科 Cucurbitaceae	南瓜属 Cucurbita	南瓜	5	老来青、饼瓜、老来红、老来黄、长南瓜
		西葫芦	1	一窝蜂
	黄瓜属 Cucumis	甜瓜	1	菜瓜
	葫芦属 Lagenaria	葫芦	1	葫芦
	丝瓜属 Luffa	丝瓜	2	大丝瓜、小丝瓜
伞形科 Umbellifera	芹属 Apium	旱芹	1	芹菜
	芫荽属 Coriandrum	芫荽	1	芫荽
	胡萝卜属 Daucus	胡萝卜	3	红萝卜、黄萝卜、鞭秆黄萝卜
	柴胡属 Bupleurum	北柴胡	1	柴胡
茄科 Solanaceae	茄属 Solanum	马铃薯	2	紫皮土豆、白土豆
		茄子	2	园茄、长茄
	番茄属 Lycopersicon	番茄	2	老洋柿子、小洋柿子
	辣椒属 Capsicum	辣椒 （原变种）	1	小辣椒
		菜椒	1	菜辣椒
		朝天椒	1	朝天椒
	烟草属 Nicotiana	烟草	1	小烟叶
蔷薇科 Rosacea	杏属 Armeniaca	杏	1	甜杏
		山杏	1	山杏
	李属 Prunus	李	1	李子
	桃属 Amygdalus	桃	2	毛桃、桃
	梨属 Pyrus	白梨	1	猴头梨（雪花梨）
		秋子梨	1	小甜梨
	苹果属 Malus	苹果	2	国光、元帅

（续）

科	属	种*	传统农家品种**	
			数量	名称
唇形科 Labiatae	紫苏属 *Perilla*	紫苏	2	荏子、紫苏
	荆芥属 *Nepeta*	荆芥	1	荆芥
	黄芩属 *Scutellaria*	黄芩	1	黄芩
	鼠尾草属 *Salvia*	丹参	1	丹参
菊科 Asteraceae	莴苣属 *Lactuca*	莴笋	1	莴笋
	向日葵属 *Helianthus*	向日葵	1	向日葵
十字花科 Cruciferae	萝卜属 *Raphanus*	白萝卜	3	老白萝卜、紫头白萝卜、绿头白萝卜
	芸薹属 *Brassica*	白菜	1	大白菜
		芥菜	1	芥菜
		芜青	3	长菜根、红皮菜根、白皮菜根
		油菜	1	小菜
百合科 Liliaceae	葱属 *Allium*	普通大葱	1	大葱
		洋葱	1	红葱
		大蒜	1	大蒜
		薤白	1	野小蒜
		韭菜	1	韭菜
		冀韭	1	红根山韭菜
		野韭	1	白根山韭菜
	知母属 *Anemarrhena*	知母	1	知母
锦葵科 Malvaceae	苘麻属 *Abutilon*	苘麻	1	苘麻
	秋葵属 *Abelmoschus*	黄蜀葵	1	山榆皮（黄蜀葵）
苋科 Amaranthaceae	菠菜属 *Spinacia*	菠菜	1	青菜
	甜菜属 *Beta*	甜菜	1	菾苤菜

（续）

科	属	种*	传统农家品种**	
			数量	名称
柿科 Ebenaceae	柿属 *Diospyros*	君迁子	5	公软枣树、多核软枣（十大兄弟）、白节枣、牛奶枣、大白粒
		柿子	9	磨盘柿、符山绵柿、满天红、大方柿子、牛角柿、黑柿子、大绵柿子、小绵柿子、小方柿子
芸香科 Rutaceae	花椒属 *Zanthoxylum*	花椒	5	大红袍、二红袍（大花椒）、小花椒（小红椒）、白沙椒、枸椒（臭椒）
胡桃科 Juglandaceae	胡桃属 *Juglans*	胡桃	2	绵核桃、夹核桃
旋花科 Convolvulaceae	虎掌藤属 *Ipomoea*	甘薯	1	甘薯
大戟科 Euphorbiaceae	蓖麻属 *Ricinus*	蓖麻	1	大麻子
胡麻科 Pedaliaceae	胡麻属 *Sesamum*	芝麻	2	白芝麻、黑芝麻
桑科 Moraceae	大麻属 *Cannabis*	大麻	1	小麻子（火麻仁）
漆树科 Anacardiaceae	黄连木属 *Pistacia*	黄连木	1	木檫
石榴科 Punicaceae	石榴属 *Punica*	石榴	1	石榴
葡萄科 Vitaceae	葡萄属 *Vitis*	葡萄	1	葡萄
木樨科 Oleaceae	连翘属 *Forsythia*	连翘	1	连翘
鸢尾科 Iridaceae	鸢尾属 *Iris*	野鸢尾	1	鬼扇子（白射干）
鼠李科 Rhamnaceae	枣属 *Ziziphus*	酸枣	1	酸枣
榆科 Ulmaceae	榆属 *Ulmus*	榆树	1	榆皮
26科	57属	77种	177	

*种包括亚种和变种。

**传统农家品种是指当地农户以自留种的方式连续种植20年以上、实现了农家自留种代际传承的作物品种。

调查表明，涉县旱作梯田系统的农业物种（包括亚种和变种）中包含了多种类型的植物。①生计安全所必需的粮食、蔬菜、油料作物，其中粮食类15种，包括主要粮食作物小麦，谷子，玉米（玉蜀黍）和主要补充蛋白质的豆类作物，占比19.48%；蔬菜类31种，包含日常食用的各种豆类、叶菜类、茄果类、瓜类等，占比40.26%；油料作物包括花生、芝麻、紫苏等5种，占比6.49%；合计51种，占比66.23%。②营养安全所需的干鲜果14种，包括核桃、花椒、黑枣、柿子等干果，以及苹果、梨、桃等水果，占比18.18%。③对人类疾病预防与健康具有独特价值的药用植物以及纤维烟草等12种，包括柴胡、连翘、丹参等，占比15.58%。

涉县旱作梯田系统丰富的物种资源，是千百年来当地人维持生计的物质基础，明嘉靖三十七年（1558）《涉县志》记载的主要谷物有粟谷、黍、小麦、绿豆、黑豆、小豆、扁豆，主要蔬菜有韭、葱、芥、萝卜、苦苣、蔓菁、芹菜等，主要干果有柿子、软枣（即黑枣）等。从调查结果看，历经700多年，这些物种至今仍是当地人的基本生计物质。它们不仅为人们提供了生计安全保障，更促进了生物多样性的保护和文化多样性的传承，使得"十年九旱"的山区，即使在严重灾害之年，人口不减反增，维系了梯田社会的可持续发展。而且在资源匮乏区，丰富的物种多样性，还在保持土壤肥力、调节区域小气候等方面发挥了重要作用。

（二）旱作梯田系统的农业遗传多样性

根据调查，涉县旱作梯田的传统农家品种遗传资源十分丰富，在人类栽种和管理的77种农业物种中传承保护了171个传统农家品种，其中粮食类15种62个、蔬菜类31种57个、干鲜果品14种33个、药用植物9种9个、油料5种7个、纤维烟草3种3个（图1）。

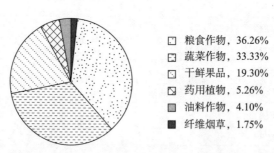

□ 粮食作物，36.26%
□ 蔬菜作物，33.33%
□ 干鲜果品，19.30%
▨ 药用植物，5.26%
▨ 油料作物，4.10%
■ 纤维烟草，1.75%

图1　涉县旱作梯田系统王金庄村不同类型作物传统农家品种资源的分布

拥有传统农家品种数量前10位的物种分别是谷子（19个）、大豆（11个）、菜豆（9个）、柿子（9个）、赤豆（7个）、玉米（7个）、扁豆（5个）、南瓜（5个）、花椒（5个）、君迁子（5个），这10个物种拥有传统农家品种82个，占所有传统农家品种的45.56%，而这正是人们生计安全所必需的主要物质，如主要粮食类的谷子、大豆、赤豆（小豆）、玉米，蔬菜类的菜豆、扁豆（眉豆）、南瓜，抗灾食品柿子、黑枣，以及主要经济作物花椒等。

随着现代高产品种的大面积推广，传统农家品种之所以能在涉县旱作梯田系统传承保护下来，一是因为这些传统农家品种较现代高产品种更能适合当地的地理气候条件，无论雨水丰沛还是干旱少雨，都能有较稳定的收成；二是传统农家品种至今仍是当地人维持生计的主要选择，如农民种植现代高产玉米杂交种主要在市场销售或作饲料，而选择种植传统玉米品种，主要用于自家食用。据对抽样的 118 户调查，2018 年 113 户玉米种植面积 8.407 公顷，其中，5 个传统玉米品种的种植面积 3.096 公顷；98 户种植现代杂交玉米杂交种 2 个，面积 5.311 公顷，现代玉米杂交种的种植面积是传统玉米品种的 1.7 倍，而种植农户则少 12.7%；谷子种植农户 106 户，种植传统谷子品种 16 个，面积 3.449 公顷，其中只有 32 户种植 4 个现代谷子育成品种，传统农家品种种植户是现代谷子育成品种种植户的 3.3 倍，谷子传统农家品种种植面积是现代育成品种种植面积的 5.76 倍；有 107 户种植传统蔬菜品种 43 个，面积 2.135 公顷，其中有 76 户种植现代蔬菜品种，面积 0.972 公顷，传统蔬菜品种种植农户、面积分别是现代品种的 1.4 倍、2.20 倍（表 2）。

表 2　涉县王金庄 118 户旱作梯田种植农户种植品种

作物		种植农户数量	品种名称	品种数量	种植面积（公顷）
现代种/品种	玉米	98	郑单 958、浚单 20	2	5.311
	谷子	32	冀谷 19、冀谷 32、衡谷 12、衡谷 23	4	1.119
	蔬菜	76	翠玉西葫芦、津春 4 号黄瓜、毛粉 802 西红柿、黑宝大圆茄、早心白菜、菜花、苦瓜、茴香苗、甘蓝、苤蓝等	10	0.972
	其他	56	菊花、射干、小香薯（红薯）、油葵、富士	5	0.082
	合计	—		21	7.484
传统种/品种	玉米	113	金皇后、白马牙、紫玉米、老白玉米、老黄玉米	5	3.096
	谷子	106	来吾县、老来白、马鸡嘴、三遍丑、红谷、青谷、黄谷、毛谷、落花黄、露米青等	16	3.449
	蔬菜	107	老来青、饼瓜、红没丝、黑没丝、眉豆、红萝卜、紫皮土豆、老洋柿子、紫头白萝卜、莙荙菜、芥菜、长菜根、小菜等	43	2.135
	其他	89	黍子、高粱、绿豆、赤豆（小豆）、赤小豆、花生、小麻子、荏子、吸烟	9	0.736
	合计	—	—	73	12.416

从调查看，玉米、谷子、蔬菜三大类作物的传统作物品种主要用于食用，而作为商品用途的主要是现代品种，如玉米的传统农家品种主要是自身食用，现代杂交种主要作为商品售卖给养殖企业用于饲料（近年来传统玉米品种有的通过石碾加工，开始作为商品销售给当地游客）。基于复杂多样的地理气候特点及自身生计需求，农民传承保护了经过长期的自然演变和人工选择而形成的丰富多彩的作物种质资源和纷繁复杂的品种类型，构成了涉县旱作梯田系统的遗传多样性。使之在满足人们对多样化食物需求的同时，更能适应多变的气候和极端的环境变化[29]。

（三）农业生物多样性保护

旱作梯田独特、多变的地理和气候条件，形成了多样的农业生物多样性。如土层较薄的坡梁梯田适宜种植抗逆性较强的品种，但产量相对低；而沟渠土层较深厚的地方，适宜种植耐肥性好、产量较高的品种；春季降雨晚，需要生育期较短的品种，而雨水丰沛的年份需要产量高、生育期长的品种。另一方面为满足人们多样化的需求，如不同口味的需求、对不同食用方法的需求等，也需要创造多样的作物品种。基于此，有着700多年传承历史的旱作梯田系统，在人与自然和谐共处、相互适应过程中，形成了一系列旱作梯田系统农业生物多样性保护与利用的经验与技术，值得现代农业借鉴。

1.优中选优的农家留种技术

通过每年的优中选优，把优良的传统农家品种传承和保护下来，像传统玉米品种，一般每年种植，成熟时选好穗，作为种子留下来，在下一年种植时再把留下来的玉米穗的两端去掉，只选用穗子中间部分的籽粒作为种子播种。

2.特异种质农家就地保护留种技术

对一些用量较少、具有特异性状的作物，如各类小豆、青米（也称漏米青、屁马青）、黍子、高粱等，一般采取种子在家保存一年，在地种植一年，一年生产供两年使用，实现特异种质就地保护。

3.混合种植混合留种技术

对一些长势有互补作用的品种，采取混合种植、单穗选择留种的方法；对成熟期基本一致的小品种，采取混合种植，混合留种的办法，如紫花绿眉豆与白花绿眉豆、黑没丝与紫豆角、赤小豆与黄小南豆、白小豆与狸猫小豆等，种植时混种，留种也混留，不分别留种。这与云南农业大学朱友勇教授课题组，通过多年的研究和试验，发现了利用不同水稻品种控制稻瘟病的机理，而且把当地不同水稻品种间作栽培，成功控制稻瘟病，产生巨大的经济和环境效益的研究结果，有异曲同工之效。

4.轮作倒茬、间作套种技术

利用作物之间的互惠和资源互补，采用轮作倒茬、间作套种，即可提高土地利用率，又提高作物总产量，还可降低病虫草害的发生。如谷子与玉米轮作倒茬、红苗谷子与白苗谷子轮作倒茬，豆类与玉米间作，豆类与花椒间作等。轮作倒茬还是当地为了保存一些容易串种的作物品种，而采取的一项传统农家品种就地保护的留种技术，通过轮作倒茬、间作套种，既确保优良品种的种性，又增加了农田生态系统的稳定性。

5.构建社区种子库保存与农民自留种相结合的传统农家品种就地保护模式

在组织旱作梯田保护与利用协会开展王金庄传统作物品种普查、收集、整理基础上，建立了乡村社区种子库，村民从种子库领取种子进行田间种植的，需在收获后加倍返还，并制定实行定期更换和田间活态保护制度，一般作物每两年更新一次，特殊品种一年更新一次，从而构建起社区种子库保存与农民自留种相结合的传统农家品种就地活态保护模式。

（四）旱作梯田系统农业生物多样性保护与利用面临的问题

近年来，随着城镇化和现代农业的快速推进，乡村传统农业生产方式受到挑战，农业生物多样性保护面临着越来越多的问题。

1.主体缺失

传统的旱作梯田系统农业生物多样性保护与利用是基于当地人面对恶劣的生存条件，为解决基本生计需要所采取的应对策略，保护和利用农业生物多样性是人们的基本生存之道，但是随着城镇化和现代农业的快速推进，农民生计方式多样化造成梯田农业弱化，梯田已不再是人们维持基本生计的唯一依存，人们的生计有了更多的选择，梯田耕种的主体面临缺失，梯田出现荒废，使农业生物多样性陷入无人保护、无人利用的困境。

2.技术失传

随着从业人员老龄化，传统的留种技术没有传承到年轻一代，传统农家品种的保护与利用技术面临失传，导致一些传统农家品种混杂退化，亟待提纯复壮、恢复种性，如金皇后、白马牙、绿豆、赤小豆等。

3.优异的种质资源濒临灭绝

随着现代农业生产条件的改善，单一追求产量，造成一些抗逆性强、产量低、适应性强的特异种质已经或马上面临灭绝，如生育期极短、具有较好抗灾特性的传统玉米品种三糙黄、三糙白生产上几近灭绝，生育期极短的谷子品种60天还仓等在王金庄已经收集不到。

4.现有的传统农家品种名称混乱

即使在一个村庄，传统农家品种也存在着名称混乱的现象。有的同种异名、一种多名，如王金庄的菜豆品种花皮豆角，就有紫红豆角、花长绿豆角、长紫豆角、长红豆角、长绿豆角、绿花豆角、青扁豆角等多个名称；有的异种同名，如青扁豆角即指白花绿眉豆角，也指花皮豆角等。名称混乱不统一，不利于传承保护和利用，也不利于以后的特色农产品开发。

5.对传统农家品种的重要性和就地保护认识不足

由于传统农家品种生产比较效益低，而农业生产上追求产量高的品种，农户对传统农家品种的重要性和就地保护认识不足，造成农业生产的品种多样性丧失，而仅依靠异地种质资源库长期保存，难于实现传统农家品种的就地活态保护，这将不能满足人们多样化的食物需求，也不能有效应对不断变化且愈发极端的气候条件，更不能应对现在及未来所面临的粮食及农业挑战[30-31]。

三、结论与讨论

具有全球重要农业文化遗产潜质的涉县旱作梯田系统，历经千百年的传承、保护和利用，至今仍拥有丰富的农业物种和遗传多样性以及由此形成的一系列保护与利用经验与技术，使人们在满足多样化食物需求的同时，更能适应多变的气候和极端的环境变化。但随着城镇化和现代农业的快速推进，乡村传统农业生产方式正在受到挑战，农业物种和遗传多样性保护与利用面临着主体缺失、技术失传、长期单一化种植造成农作物品种的多样性丧失、单一追求产量造成适应性强的特异种质资源丧失、农民生计方式多样化造成梯田农业弱化、传统农家品种生产比较效益低、特异性优良品质开发不够以及对其重要性认识不足等诸多问题。如何有效保护和利用其农业物种及其遗传多样性，笔者有以下建议。

（1）建立动态保护与适应性管理机制。依托农业文化遗产活态保护，积极争取"政府、科技、企业、农民、社会"等多方参与，尤其是社区参与，形成农业生物多样性长期自我维持的传承保护机制。

（2）加快发展特色产业，振兴乡村经济，着力解决保护和利用主体缺失问题。依托当地丰富的农业物种和遗传多样性，培育龙头企业，开发特色农产品，挖掘传统农家品种的经济价值和商品价值，提高梯田种植的经济效益，吸引更多青年农民通过梯田传统农家品种的保护和利用，实现增收致富。

（3）积极开展农民教育培训，激发农民内生动力。让农民在认识传统作物及其传统品种保护意义的同时，提高他们对农业生物多样性保护的内生动力，让年轻一代自觉主动地掌握传统农耕技术，着力解决传承保护与利用技术的失传问题。

（4）组织开展资源普查与科学研究，构建社区种子库保存与农民自留种相结合的传统农家品种就地活态保护模式。一是广泛组织开展资源普查，摸清家底，在对传统作物及其传统农家品种进行普查、收集、整理基础上，建立乡村社区种子库，将所有传统农家品种尤其是濒危特异种质资源纳入乡村种子库管理，并建立定期更换和田间活态保护机制；二是开展传统作物及其传统品种的科学研究，着力解决传统农家品种存在的名称混乱、种性退化等问题，为特异品种开发提供科技支撑。

农业种质资源是保障国家粮食安全与重要农产品供给的战略性资源，是农业科技原始创新与现代种业发展的基础物质。开展农业种质资源全面普查、系统调查与抢救性收集，加快查清农业种质资源的家底，进而建立健全保护与利用体系，发展一批以地方特色品种开发为主的特色产业，推动资源优势转化为产业优势，既是国家战略，也是当前农业文化遗产保护的迫切需要。

"多个世纪以来，原住民已发展出了适应极端环境的农业技术，因为许多原住民居住在极端的环境中，他们也选择了那些能够适应这种严酷环境的作物"[32]。因此，在种植一系列本土作物的同时也要种植多样化的其他品种，使其能更好地适应当地环境，有效应对不断变化且愈发极端的气候条件；更要学习运用那些世代相传的保护自然资源、以可持续方式种植粮食以及与自然和谐相处的经验和技术，这对于应对我们今天及未来所面临的粮食及农业挑战非常重要。

本文重点对涉县旱作梯田系统的农业物种和遗传多样性及其保护和利用现状进行了调查研究和分析，而对农业物种和种质资源的监测和评价、农业生物多样性的社区自我维持和持续发展机制、小农生产方式下的农业生物多样性的保护与利用的政策激励机制及就地活态保护的多方参与机制等尚需进一步研究。

致谢

本文得到中国科学院地理科学与资源研究所闵庆文研究员、宋一青研究员的悉心指导，研究工作得到乐施会（香港）北京办事处、涉县旱作梯田保护与利用协会的大力支持，部分会员参与入户及田间调查，在此一并致谢！

参考文献

[1] 戴陆园，游承俐，Paul Q. 土著知识与农业生物多样性 [M]. 北京：科学出版社，2008.

[2] 张丹. 农业文化遗产地农业生物多样性研究 [M]. 北京：中国环境科学出版社，2011.

[3] 李波. 中国的农业生物多样性保护与持续利用 [J]. 农业环境与发展，1999，16（4）：9-15.

[4] 冯耀宗. 生物多样性与生态农业 [J]. 中国生态农业学报，2002，10（3）：5-7.

[5] 尚占环，姚爱兴. 生物多样性研究中几个热点问题的研究现状 [J]. 自然杂志，2003，25（2）：105-110.

[6] 陈欣，唐建军. 农业系统中生物多样性利用的研究现状与未来思考 [J]. 中国生态农业学报，2013，21（1）：54-60.

[7] Tilman D，Cassman K G，Matson P A，et al. Agricultural sustainability and intensive production practices [J]. Nature，2002，418（6898）：671-677.

[8] Tilman David，Balzer C，Hill J，et al. Global food demand and the sustainable intensification of agriculture [J]. Proceedings of the National Academy of Science of the United States of America，2011，108（50）：20260-20264.

[9] BROWN M E，FUNK C C. Climate. Food security under climate change [J]. Science，2008，319（5863）：580-581.

[10] Godfray，H. C J，Beddington J R，Crute I R，et al. Food Security：The Challenge of Feeding 9 Billion People [J]. Science，2010，327（5967）：812-818.

[11] MacDonald Glen M. Climate Change and water in Southwestern North America special feature：water，climate change，and sustainability in the southwest [J]. Proceedings of the National Academy of Sciences of the United States of America，2010，107（50）：21256-21262.

[12] 张丹，闵庆文，何露，等. 全球重要农业文化遗产地的农业生物多样性特征及其保护与利用 [J]. 中国生态农业学报，2016，24（4）：451-459.

[13] 闵庆文. 全球重要农业文化遗产——一种新的世界遗产类型 [J]. 资源科学，2006，28（4）：206-208.

[14] 闵庆文. 为什么保护农业文化遗产：绿水青山就是金山银山 [M]. 北京：中国农业科学技术出版社，2019.

[15] 闵庆文. 全球重要农业文化遗产评选标准解读及其启示 [J]. 资源科学，2010，32（6）：1022-1025.

[16] 苑利，顾军. 农业文化遗产遴选标准初探 [J]. 中国农业大学学报（社会科学版），2012，29（3）：16-19.

[17] 李明，王思明. 农业文化遗产：保护什么与怎样保护 [J]. 中国农史，2012，31（2）：119-129.

[18] 袁正，闵庆文，成升魁，等. 哈尼梯田农田生物多样性及其在农户生计支持中的作用. 第十六届中国科协年会——分4民族文化保护与生态文明建设学术研讨会论文集 [C]. 2014.

[19] 徐福荣，汤翠凤，余腾琼，等. 中国云南元阳哈尼梯田种植的稻作品种多样性 [J]. 生态学报，2010，30（12）：3346-3357.

[20] 高东，王云月，何红霞，等.元阳白脚老粳水稻地方品种内遗传异质性及意义 [J].分子植物育种，2009，7（2）：283-191.

[21] 潘思怡，彭小娟，赖格英，等.江西崇义客家梯田系统生物多样性特征与演化分析 [J].江西科学，2017，35（2）：206-212.

[22] 高东，何红霞，朱有勇.元阳水稻地方品种多样性变化及换种规律研究 [J].植物遗传资源学报，2011，12（2）：311-313.

[23] 卢宝荣.稻种遗传资源多样性的开发利用与保护 [J].生物多样性，1998，6（1）：63-72.

[24] 贺献林.河北涉县旱作梯田的起源、类型与特点 [J].中国农业大学学报（社会科学版），2017，34（6）：84-94.

[25] 李禾尧，贺献林.河北涉县旱作梯田系统的特征、价值与保护实践 [J].遗产与保护研究，2019（1）：39-43.

[26] 郭辉军，Christine P，付永能，等.农业生物多样性评价与就地保护 [J].云南植物研究，2000（S1）：27-41.

[27] 赵建成，王振杰，李琳.河北高等植物名录 [M].北京：科学出版社，2005.

[28] 中国科学院北京植物研究所.中国植物志 [M/OL].北京：中国科学院北京植物研究所 [2019-11-10].http：//www.iplant.cn/info/Gleditsia?t=z.

[29] JARCIS D I. PADOCH C，COOPER H D.农业生态系统中生物多样性管理 [M].白可喻，戎郁萍，张英俊，等，译.北京：中国农业科学技术出版社，2011.

[30] 陈欣，唐建军，王兆骞.农业生态系统中生物多样性的功能——兼论其保护途径与今后研究方向 [J].农村生态环境，2002，18（1）：38-41.

[31] 闵庆文，孙业红.农业文化遗产的概念、特点与保护要求 [J].资源科学，2009，31（6）：914-918.

[32] 联合国粮农组织.只占全球人口的5%的他们，却照管着地球80%的生物多样性？ [EB/OL].[2019-08-09] https：//mp.weixin.qq.com/s/Thnzox-Ogl38YmXE4A6bHA.

注：本文原载《中国生态农业学报（中英文版）》2021年第9期，第1435–1464页。

箪食瓢饮：河北涉县旱作梯田系统的饮食体系

韩泽东

摘要：作为中国重要农业文化遗产，河北涉县旱作梯田系统是当地居民积累生活经验、寻找生存之道，最终实现农业永续发展的智慧结晶。本文以其核心区域王金庄村居民的日常饮食入手，意在描述梯田社会中食物从破土而出到送入居民口中的全过程，呈现在自然与文化共同作用下当地形成的饮食结构和饮食习惯。这种与自然相适应的文化模式以及由此而生的生态观念，形成了以藏粮于地、储粮于仓、节粮于口为主要内容的饮食体系，影响着当地人的行为选择，也发挥了重要的生态调节功能。

关键词：旱作梯田；饮食结构；饮食习惯

涉县旱作梯田系统位于河北省西南部，晋冀豫三省交界处，地处太行山东麓。其中，最具代表性、最具规模的梯田位于王金庄村。1990年，涉县旱作梯田被联合国世界粮食计划署专家称为"世界一大奇迹""中国第二长城"。2014年被评定为第二批中国重要农业文化遗产。王金庄村至今已有近千年历史，有文字可考700余年；自然村下设有5个行政村，全村人口数目前为4 471；距县城约20公里，通过后期修建的公路、隧道才逐渐同外界联系。王金庄村生态上的困境分为静态与动态两种形式，静态是系统的先赋条件，如石多土少、山高沟深、缺水少雨等，决定系统的基本农业生产形式；动态是系统的外在干扰，如"十年九旱"、洪涝突发、冰雹大风等，激发人类的创造性适应。饥荒性灾害往往与人们防灾、抗灾能力相联系，一个地区防灾措施是否到位与抗灾能力的高低直接影响灾害是否发生、是否持续乃至控制与消灭[1]。人的生活并不遵循一个预先建构的进程，多样的、智慧的、合理的选择能力可能是人类摆脱生存危机的唯一出路，这也应该是研究饮食文化并由此进行文化反思所具有的意义[2]。基于田野调查，笔者将以自然环境状态为背景，描绘当地人从种什么、吃什么和怎么吃的过程中所发展出来的一套独特文化传统并应对生存困境，阐释环境因素如何形塑人们的饮食体系以及在饮食体系中所体现出的生态观念。

一、种什么：旱作梯田的生产特征

在传统的饮食人类学研究中，饮食形成了一个与生态环境有关的自然逻辑链条。在这个链条中，饮食并不是第一位的，取食显然更为基本，食用则建立在此基础之上[3]。所谓"一方水土养一方人"，"养"最重要的体现是当地生态环境之上的农业生产模式能否满足人们的生存之需、口腹之欲。

王金庄村传统的粮食作物为谷子、玉米、小麦；蔬菜作物为马铃薯、甘薯、胡萝卜、萝卜、南瓜、豆角等。可以看出，村中传统蔬菜大部分属根茎类、豆类，其特点为菜粮兼用。马铃薯、萝卜等可食用部分在地下，能够避免像叶菜类蔬菜其可食用部分因为蒸腾作用散失过多水分。而在过去，由于村庄地少人多，人们会利用荒坡修成梯田种植蔬菜，但因为地形限制，不能靠毛驴耕种，全靠人力。1979年，组建涉县种子公司后，个体户后期逐渐引进各类蔬菜种子，村内也有专门农户提供番茄苗、茄子苗、甘薯苗等。如今，人们在家屋前后用容器盛土或在水库边浇水较为便利的小块田地上种植绿叶蔬菜，供日常生活所需。

王金庄村旱作梯田系统为典型的雨养农业，但雨热同季，降水不稳定且干旱情况四季皆有。而谷子在传统旱作农业生产中一直是佼佼者，在王金庄种植面积最大，是村民主要口粮之一。在应对变化的气候条件的过程中，居民通过不同谷子品种间的相互配合，极力防止出现颗粒无收的情况。村中谷子品种多样，可分别在清明、立夏小满之间和芒种3个节令里种植。在不同时期播种的谷子都将在同一年农历八月十五左右收获。其特点如表1。

表1　谷子种植时间及其特性

种植时间	种植特点	遇到问题	作物品种	谷子特性
清明	雨后地湿润就可播种，不会受到干热风的影响；谷籽不易坏	干旱无雨，不宜栽种雨量少，出苗受杂草影响	春末谷	生长期最长，口味好
立夏小满之间	若清明无雨，则移至此节令种植；雨量更多，苗更壮	处暑节令，抽穗或灌浆时会发生干热风影响产量	二搂谷	生长期短，口感一般
芒种	在冬小麦收获之后的土地上种，获得土地最大利用率	小麦不种植之后，也就不再种植	夏谷子	生长期最短，口感最差

王金庄村旱作梯田系统中，"同山不同坡，同坡不同田"，地块由于所属山坡朝向、高度等因素而具有不同特性，人们需要对地块有很好的了解，方能因地制宜，获得更大收益。村中梯田土地按照接受光照程度可以分为阴坡、阳坡，按照位置可以分为山坡梯田和湾地梯田；其中两类区分标准间会有重合，表2仅以单独的属性来举例说明。

表2　山地梯田类型及其特性

梯田类型	所属位置	地块特点
阴坡梯田	山的背阴面	水分、肥力更好；在雨水不调和的时期受影响小；无霜期短，一年只能种一季，极易春谷子生长
阳坡梯田	山的朝阳面	光照充足，作物生长快
山坡梯田	山坡上的坡条地	大风入境时，风会顺势吹出去，倒伏较少发生
湾地梯田	两山间大块平地	地块大，土层厚；山上的水分会汇集于此，因此受干旱影响较小，但天涝时，会导致作物烂根；大风会导致倒伏

在不同区域的梯田上会根据作物本身的特性播种。例如，优种谷——老来白的谷粒大，谷穗在秋天降水时吸水坠到地面上，长期便会腐烂，一般要将其种在通风良好的山坡梯田，雨水可以被及时吹干；根粗穗短的谷子类型则更适合种在湾地，防止因不透光、不透风影响生长；小麦因需水分及养分多，种植地块主要在河两岸和阳坡下半坡，土层较厚的地块。

梯田当中主要种植粮食作物用来糊口，不会为了种植经济作物而大量占用梯田土地，因此种植瓜果蔬菜就需要高效利用其余空间。花椒是王金庄村民主要的经济来源，花椒树被栽种在梯田堰边，呈一定角度向外延伸。花椒树下或者地堰根部则种植南瓜，其能向下生长或向上爬升，不占据庄稼生长空间。豆角一般都是多个品种混合套种在高秆庄稼地中，这种搭配方式可以让村民到地里干活时摘取新鲜豆角。豆角茎绕着作物秸秆，收获时一并收回也可增加饲料量。

二、吃什么：梯田社会的饮食结构

食物体系既是一种对物质生存的选择体系，也是一种特殊的认知体系，还是一种与生态环境相辅相成的合作体系。选择食物其实是一种认知过程，也是一种再生产模式[4]。通过上一部分的讨论，已对王金庄的农业生产有了大致了解，其种植的符合旱作农业特征的粮食及蔬菜，一直是王金庄人饮食结构中重要组成部分。但除此之外，山林资源以及交通便利后流入村庄的食物共同丰富着人们的餐桌。

（一）产自梯田的作物

王金庄人对于传统食材的加工方式主要有磨面和捣浆，都充分利用了当地的石资源。由石头做成研磨食材的石碾子和捣烂食物的石舂臼，是用来加工食材的主要器具。用传统石碾磨面时，工序复杂。以玉米面（当地人称玉米为玉茭）为例，晒干后的玉米先放入锅中煮到玉米粒刚能咬断的程度，放在家中阴干后，再到碾子上推，每推完一次，用筛面笭将细面筛下，剩余部分继续研磨。重复四到五遍，最后剩下玉米表皮收集起来可喂给毛驴。筛出的面晒干后可以保存一年左右。根据老人们的经验，冬天推面不生虫子，但是昼短夜长，一上午的工作量需要两头牲口替换进行，因此人们都是互相借用。借用石磨不需交钱，而是将驴粪留给主家当肥料。推面的过程实际上也是村民关系的融合过程，能在互助之中产生互动。除此之外，每家还会根据需要推小米面、糠面、豆面、杂面、红薯面等。旧时过年过节，家里会在白面中掺入大量白玉米面包成饺子；平常做成饭的小米也会加工成面做成煎饼。在过去即使食物不充足，也无法阻挡人们对其精细加工与组合利用的热情，在填满肠胃的同时，也实现精神上的满足。如今人们在蒸馍、做面条时，会用多种面相互混合，而不习惯只用单一的白面。白面是过去敬神、办喜事的必备食材，而非日常饮食；现在白面早已经成为餐桌上的重要组成，但是长久以来形成的口味习惯却依旧对人们的饮食产生影响。例如上年纪的居民更习惯吃由玉米面和白面相混合蒸出的馍，口感更加离口（不粘牙），并且有味道，在这其中仍可看到过去食物不足对人们的口味偏好所留下的痕迹。随着道路开通，机械化设施也进入村庄。1967年，王金庄村开始使用柴油带动小钢磨和碾米机进行米面加工，1970年各大队先后建起了钢磨坊，1983年先后承包给个体户，1995年逐步改成了个体户加工。电磨与传统加工方式相比，虽然退糠后的小米和磨出面的品质在村里人眼中较逊色，但是因为条件和程序便利也就成为更多人的选择。

第二种加工方式（捣浆）的代表食物是豆沫汤，常用原料是豆角和传统杂粮类的大豆、绿豆等。主妇泡好一锅豆子，用石春子进行反复捶打，捶打过程中不断加水，最后形成豆渣与豆浆混合物盛于碗中，加在沸水或小米粥中搅拌煮熟即可。村里人都说豆沫汤营养价值最高，在过去人们吃糠难咽的时候，总会配上一碗，是重要的蛋白质来源。除此之外，还可利用石春臼将豆子、玉米粒进行简单碾碎后加入小米粥中增加营养。

在传统农村，作物收获时间集中，因此需要发展出多种处理方式来延长食物的"寿命"。村落中最原始的石屋和新建的砖房都有为了储存食物而专门设计的独立空间。其中老石屋大多为二层建筑，二楼楼高较低，通风良好，粮食存在上面不返潮、不发热。在存放之前，脱好粒的玉米或除去外层糠的谷子需经过晾晒风干。小麦密封好，能放约16年；谷子作为王金庄村的"铁杆庄稼"，存上几十年都不坏。在笔者下乡调研期间，还可以找到以前做成的炒面，每家每户都能看到储存几年甚至十几年的作物。秋天收获的蔬菜如萝卜、南瓜、豆角等切成片或条晒干，装袋放在楼上，随时准备食用，可一直供给到第二年春天。在过去没有资本往来的时候，存粮除了保命以外，还作为家庭财富的象征。王金庄过去有个习俗，在丧事上主家提供的小米颜色越淡，干萝卜条、干豆角颜色越深，则证明存放时间久，丧家积储丰厚。之前经济条件不好时，父母会为子女积攒粮食，使儿子能够有机会结婚生子。若有人卖粮则会被村里人认为是在败掉家产。如今，随着时代的发展，村里大部分年轻人在外面打工，不以种地为主业，粮食仅作为口粮，而不再较多地储存。只有上岁数的人自己种地，吃不完才存粮。人们思想观念逐渐改变，存粮越多反而证明家境不好，人们比较的不再是存粮，而是有房、车和存款。存粮食已经不再成为风尚，现在家中盖房需要钱时就会卖存粮。过去粮食都是自存自吃，人们害怕遇到灾荒年，相信只有广存粮才能生存；现在交通方便之后，人们从温饱到吃好的变化，使存粮所代表的意义发生改变。

王金庄物产并不丰富，但是在简陋的厨房中，总能看到人们在平淡日常之下所产生的无数创作。农民或许没有高超的加工或烹饪技术，但是对于原材料的把握却是精益求精。他们拥有对于自己口味的追求，在一种一收中得以实现。

（二）生于山林的馈赠

王金庄地处太行山区，山林资源作为农业生产之外的补充，成为人们面对生存危机时的求助对象。在过去，食物不足，偶有饥荒，山上的野菜就成了必需品。在王金庄村，能吃的野菜有几十种。野菜采回来之后用开水烫一下去除苦味，熬粥时加进去做成野菜粥或与糠面混合做成野菜窝窝头充饥。过去子辈都会跟随父辈上山劳作，在劳作过程中学会分辨野菜和草药，随着生活条件的改善，人们对野菜的记忆也逐渐遗失。目前人们还会在劳动间隙采集作为日常饮食调剂的野韭菜、野蒜。旧时柿子树、软枣树在王金庄是一项主要的食物树种，每家每户均有，是主要的甜味来源。柿子还可以加工成柿饼、柿块、柿皮[5]。1958年，逃荒来到王金庄的人很多，因为这里是贫困区，上交粮食少，人们能够勉强活命。而让王金庄人有能力渡过灾荒并救济他人的最主要原因是家家户户储备了甜炒面，甜炒面分为黑枣炒面和柿子炒面，将新鲜黑枣或柿子同谷糠混合，将其揉成团之后晒干，再放在炕上利用炕火蒸，彻底蒸干后推成面储存起来。甜炒面干吃、加水或饭汤拌食均可。这种炒面的特点是储存几十年不变味，是备荒佳品。在生产队时期，炒面还存在，等到了下放生产队时，人们为了赚钱改善生活，就把收获的柿子、黑枣卖掉。有的老人因为受过苦，还会保存甜炒面，在他们眼中甜炒面的价值甚至高于粮食，拥有它才会有保障。饥荒之后，度荒食品就会作为一种生存知识保留下来并世代传承；将不太具有可食性的食物通过加工制作变为可食食物，也使制作和烹调技艺大大拓展。这一方面的无所不吃可以归结为普通百姓的生存能力和生存知识范畴[2]。

山林的养育为王金庄人应对灾荒做出了巨大的贡献，是紧急情况下大自然赋予的庇护，在丰富着人们饮食结构的同时，也成为安慰人心的一种象征。不同的饮食体系成为不同人群共同体的生存智慧，也可以为全世界提供经验借鉴，包括灾难时期的生存方式[3]。

（三）源自村外的流入

1964年，王金庄村用6个月的时间修通了全长6.5千米的盘山公路，汽车可以开进村庄。1976—1979年，王金庄在政府帮助下，耗时3年在村西凿通了全长805米的王金庄隧道，使得前往县城的道路缩短了4公里。随着道路的修通，商品进出村庄变得便捷，人们的饮食结构也逐渐变化。在王金庄村小米常以米粥的形式出现；主食也以白面所做的面食为主；米饭是在后期进入村庄的，在年轻人当中接受度较高。目前王金庄村的主食和新鲜菜品需要从外边购买，本村所生产的作物可以满足基本饮食需要但是不够让人吃好。在村庄当中，随着人们生计方式、消费方式发生变化，相伴随的烹饪、分享的方式也在变化。村里方言将白面称为好面，同大米饭一样，是过去苦难日子里极其稀罕的食物，是生活条件好的标志，同样也是一种身份的象征，是在宴席或敬神的时候绝佳的食物代表。水稻在王金庄没有种植，均为外地运进；1949年后，小麦种植面积逐年增加，近年来由于种植成本过高，人们已不再种植。由于生活水平的提高，粗粮逐渐淡出原本的主食行列，仅作为白面的辅助来调试口感。但是小米还是在一定程度上拥有大米无法替代的地位，人们至今早晚都会做小米粥，大米一般用电饭锅做成干饭，仅作为中午不劳作时的主食配菜吃，很少会用来做粥。外来的大米同本村生产的小米之间有着明确的体系划分，大米饭不会像小米稠饭一样加入当地的菜蔬，做成一锅饭，因为在村里人眼中是不配套的。虽然大米、白面已经很大程度地成为人们主食的首选，但在原有的小米和后进的大米之间有着较为明确的界限，也能够看出村庄当中仍可体现出传统食物与现代食物之间的融合与区隔。

在半干旱农村地区，饮食结构中淀粉食物普遍占比很大，居民缺少蛋白质摄入，为维持高强度的劳作，人们饭量普遍较大，同城市当中吃饭用的小瓷碗不同，村子里的人们用体量较大塑料碗。人们认为吃小米饭比吃大米饭更有力气，干完农活在田里野炊时，都会选择半成品面条或小米焖饭，较少选择大米。最近十来年，在商店里出现了更多的半成品，现在人们挣钱多，不想费时费事，在三餐之际，就去商店买一些烧饼、面条当主食。近几年村中逐渐开起小饭店，在一二街村的街边，能看到道路两旁有卖凉皮、酸辣粉、土豆粉等特色小吃的店铺。在平常还看不到太多人光顾，村中年轻人大多在冬天去吃，而老人则吃不习惯。

三、如何吃：乡民生活的饮食习惯

如何吃是有讲究、有学问的，看似是人的自主选择，实际上却是受到多方因素的共同作用，最终形成各个地区不同的饮食习惯。从吃饭的地点、时间、方式等都可以看出梯田社会对于人们日常生活的影响。吃饭，不仅仅只有充饥的作用，在维持社会运行上也有其意义与价值。

（一）田间劳作与野炊

王金庄村地处山谷相夹的狭长地带，较少有平整土地，并且土地分散，离村庄距离很远，人们起早贪黑、披星戴月去地里干活。维护梯田也是村里人的日常工作，若梯田土面不平整，下雨时水会向土面低洼处聚集，水量累积过多堰就会坍塌。这样的农业生产环境需要农民投入更多时间和精力，因此，便会在日常生活当中形成惜时的观念。

为节省时间，人们中午直接在田里野炊，经年累月逐渐形成传统。人们一般会在梯田间的石庵子里用几块石板围成炉子，点燃干柴火，架上锅烧水，水烧开后晾凉备用，再加入水煮小米焖饭。干柴火会存放在庵子里，防止下雨、下雪时找不到合适的燃料来生火。过去野炊都是用砂锅，现在则使用更结实的铁锅、铝锅。野炊时为便捷，菜就直接和饭放在一起，一锅出来。道路打通后，人们在田里野炊的内容也在变化。由于面条相对于饭来说更便捷且水量好操控，因此逐渐成为人们去地里野炊的首选食材。与野炊配套的石庵子，材料取自梯田，方便耐用。在地里干活时，若下雨，村里人就进石庵子避雨、背风；在农忙时，为了多干活，也可以带上被子在庵子里住，节约路上时间。田里的庵子大的能住三四个人，小的能住一两个人。一般7月摘花椒的时候，村民在庵子里住上八九天，以求加快采摘进度。人们的饮食起居也从村子内部延伸到了田间地头。

从地里干活回来，也会选择最省力的方式做饭，选择同野炊一样菜饭合一的吃饭方式。在王金庄村，饭的比例要远大于菜，即使是放在主食里的菜，也是作为主食的一部分。王金庄有一种玉米饼的做法也能够较好地说明村民的惜时，村民在节约做饭时间和程序的方法上具有自己独特的智慧。将玉米面和好，做成圆饼，最后下入滚沸的小米粥中，玉米饼飘起来之后就可以捞出备食；或者将玉米面和好的饼贴在饭锅的内壁，在米粥做好的同时，玉米饼也随即蒸熟。"一锅菜"就是一种便捷的烹调方式，在一天的辛勤劳累之后，能够有更多的闲暇来休息。

（二）居住空间与饭市

根据一街村建于元代的大石碾推断，至少在宋朝就有人在此居住，距今已有七百多年的历史。在元朝，明朝初期，清朝咸丰年间、光绪年间，一直有不同姓氏的人迁居至此，在河水冲击出的河道两边建屋居住，最初的居民大多生活在北坡，而梯田就在房屋周围。到了后期人口不断增加，田地逐渐外扩，在古河道两边便形成了如今的村落形貌。虽然王金庄人口在增加，修路盖房需要多方占地，但村民历代注重土地开发利用，盖房不是荒坡就是崖根，面积多数只有133.4米^{2}左右。与建国初期相比，实际耕作面积（包括非耕地）基本没有减少[5]。过去的石房子为扩大使用面积，多为两层，如今新盖的砖房也以三层楼为主。石屋皆由较厚的石块盖成，更加缩小了可居住面积，有限的空间也主要用来满足居住和做饭。厨房除了用来做饭以外，更没有闲散的空地。以前房子低，特别是夏天，人多不透气，屋里闷热，为改善这种情况，人们就端上一碗饭去河边等空气凉爽的地方。在王金庄村，人们过去普遍不炒菜，吃饭只需要一只手端上一碗粥，另一只手带上一个窝窝头，再用两个手指头夹上一份辣咸菜，或是菜和饭一起盛上一大碗出去吃。到了每天的饭点，人们从家中出来，三三两两在自家门前或是路口，边吃饭边聊天，聊家庭生活、劳动情况，在吃饭期间互相了解，这种独特的现象就叫"饭市儿"。现在村里还能看到很多人在饭点的时候端着碗饭在家外边吃，但是和之前相比，人数在变少。如今，村庄传统的石头房子也所剩不多，人们都在等待儿子娶媳妇时，将老房子拆掉重盖新房。新砖房的修建，虽然按照现代化的划分方式有客厅和卧室，但很少有单独的餐桌。

（三）乡村伦理与共食

旧社会时，王金庄种植小麦的数量很少，面粉主要是用于敬神或办喜事，而不作为平常的食物。过去在大年初一，家里会用纯好面擀成寿面敬给家神。等到初五、初六给神磕一个头，就可以将寿面撤下，在做饭时倒进锅里和其他菜饭一起煮熟，煮好之后给家中老人、小孩吃。过年时村里人用榆树皮晒干后在碾子上磨成的面（为增加黏性）和白玉米面掺在一起，代替白面做饺子。红事上必须要用白面和白玉米面混合做成定亲时给亲家送的烧饼，当时白面很宝贵，因此，给人的食物中会掺白玉米面。白玉米作为同小麦性状相近的作物，更拥有除食用价值外的文化价值。人们平常吃粗糠，只有特殊的时间、特殊的对象才对应着特殊的食物。驴作为王金庄人生活当中的重要帮手，人们选择在冬至给全村驴过生日。虽然过去生活条件不好，但人们也要用玉米面加白面给驴擀上一小碗面条。"打一千骂一万，赶到数九吃碗面"，就是在说王金庄的牲口辛苦一年、任劳任怨，在冬至这一天要好好休息。在生活条件很不好的情况之下，冬至给驴吃面用来给驴调剂生活，但是随着生活条件的改善，大米白面已经成为餐桌上必备的食物，不再是稀罕物，人们平常吃剩的食物也都会给驴吃，白面就不具备过去的特殊意义，这一传统也逐渐被淡忘。

王金庄历代提倡艰苦朴素、勤俭持家的美德，家中重视培养小辈对长辈的尊重。在饭做好之后，晚辈必须先让所有长辈尝一口之后才能吃。除一家人的共食，同院的邻里之间也有类似的传统，无论是一个家族还是邻居，有一家改善伙食，就会舀上第一碗给最大的长辈。家中同样对劳力格外尊重，如果饭做好，父亲在外面干活没来得及赶回，需等待父亲回家之后全家才开饭。王金庄有一种小米粥的做法叫捞饭，顾名思义，就是在锅里加入少量小米，等到小米煮熟后，用笊篱把米捞出来，留下的这部分就叫捞饭。

过去家里人多吃不饱，就做这种稀饭。将米给地里干活的人吃，剩下的汤给家里人分食。这里的饮食模式与所属社会的一致性，解释了特定的文化形式是如何得以维系的，这种维系依靠的是人们承载这些文化形式所进行的持续不断的社会活动，以及人们具体实现这些形式的行为[8]。

四、结论

"一方水土养一方人"，人类吃什么、怎么吃，看似是一个能够体现自由意志的环节，但实际上由自然生态条件以及人类对于自然的认知共同决定。在传统农业系统当中，人类参与了食物生产的整个过程，从种植作物的选择、食材的加工，到最后食物的制作与分配，在每一步中都能够看到饮食理念的形成过程，这是一个自然环境与人类文化相互作用的过程。通过对种什么、吃什么和怎么吃的叙述，我们可以总结出王金庄人在应对困境时的生存策略。这些传统策略是脆弱性条件下社区韧性的标志，它证明在环境退化和社会脆弱性条件下，当地社会能够最大限度发挥传统策略的作用，达到防灾减灾的目的[9]。

王金庄村地处冀南深山区的小角落，在这里生存的唯一出路就是开山造田。通过王金庄人千百年来的劳苦，才有今天被称赞为"中国第二条长城"的数千亩梯田。因为接受的阳光照射不同、地势高度不同，梯田需要采取特定的种植方式；同一户村民的土地分散在不同山坡上，在增加劳动强度的同时，也增加劳动难度。各家各户为了最大限度地从梯田要粮，在收获时间上错落延长采摘期限、从种植时间上区隔减弱生态限制、在生长空间上交叉增加作物产量、从栽种空间上优化适应作物特性。唯有多样化的作物品种配合时间与空间上的变化，才能应对系统之外的不确定性。在这个过程之中，王金庄人形成了对土地的深厚感情，惜土如金、视田如命深埋于骨。如果没有这份对土地的深情，也就不会有60年间人口翻倍但耕地数量没有减少的奇迹。人们不愿占用梯田土地，情愿将石房以最小的面积建在荒坡或崖根，形成饭市儿的传统来适应居住空间；为向梯田要粮，人们情愿吃住在梯田，只为勤上肥、多锄地，最终形成野炊的习惯来增加劳动时间。

灾害频发是王金庄旱作梯田系统生态脆弱性的标志之一，也是王金庄人香火存续所面临的最大威胁。在面对生死考验的时候，这里的人们以"丰年存粮、荒年节粮"的方式求生存。人们将存粮视作生命的保障，晒干的萝卜条、豆角干、南瓜片，几十年的谷子、玉米和甜炒面是每一家的标配，只要仓中有粮，心里才会不慌。人们极尽所能创造储存食物的空间，正是由于王金庄人对于"存"的执念，才会在一次又一次的天灾人祸当中坚守至今。前两者是应对生存问题的策略，入口的食物则是生活理念的载体。人们提倡"节粮于口"，饮食结构简单，常以南瓜、土豆等淀粉含量高的蔬菜作为主食的补充。王金庄人很少吃肉，家家户户养驴，却将其视为家庭成员，赋予其灵性。每当冬至之日，即便生活困顿，也会做上一小碗杂面面条为驴庆生，以示对其一年辛苦劳动的感谢。"节"的理念不仅体现在困难时期不得已吃粗糠咽野菜，还体现在日常饮食中，"腊八粥"式的豆粮混搭、菜饭同体等成为应对粮食紧缺的标准"农村饭"。

传统社区在干旱灾害的人类学研究中具有重要地位，文化处于干旱灾害人类学研究的核心。干旱本质上是由文化建构的，其应对方式也主要通过文化方式来实现，传统应对方式说明了文化传统在抗击旱灾中的重要作用[9]。藏粮于地、储粮于仓、节粮于口的文化适应体系将"惜""存""节"的人与自然和谐相处的生态观念篆刻在人们头脑当中，使得乡土知识发挥了生态调节功能。饥荒对人类所言不仅是一个灾难性事物，也会涉及与饮食文化有关的智慧、知识、心理、技术等问题[3]。王金庄村人多地少、灾害频发，生存曾是这里人们面临的头等难题，小系统中的困境是同区域、同类型农业体系面临问题的集中体现。而人类在面对饥荒时所采取的应对态度和方式属于世界性的问题，即使在今天，联合国粮农组织的一个重要功能仍是应对世界范围内的饥荒问题[3]。人们如何应对食物短缺的分配问题，如何在食材数量有限的状况下保证口味，如何在时间空间的限制下达到食用方式的平衡，如何利用自然的馈赠度过饥荒并形成认知，如何在有限的土地之上获得更多的收成并躲避灾害的困扰……，这些经过长年累月积累下来的生存智慧对当下仍有借鉴意义。

参考文献

[1] 张萍.动荡与饥荒：极端气候事件与区域社会应对——1929年陕西"大年馑"的个案考察 [J].国际社会科学杂志（中文版），2013（2）：93-111.

[2] 郭于华.关于"吃"的文化人类学思考——评尤金·安德森的《中国食物》[J].民间文化论坛，2006（5）：99-104.

[3] 彭兆荣.饮食人类学 [M].北京：北京大学出版社，2013.

[4] 彭兆荣，肖坤冰.饮食人类学研究述评 [J].世界民族，2011（3）：48-56.

[5] 王金庄村志编纂委员会.王金庄村志.内部资料，2009.

[6] 尤金 安德森.中国食物 [M].马孆，刘东，译.南京：江苏人民出版社，2003.

[7] 杨洁琼.饮食人类学视角下的粥与饥饿 [J].青海民族研究，2016（4）：68-72.

[8] 西敏司.甜与权力——糖在近代历史上的地位 [M].王超，朱健刚，译.北京：商务印书馆，2010.

[9] 李永祥.干旱灾害的西方人类学研究述评 [J].民族研究，2016（3）：111-122+126.

注：本文原载《中国农业大学学报（社会科学版）》2017年第6期，第118-124页。

涉县旱作梯田生态系统结构与生计选择

刘某承　杨　伦　闵庆文　李禾尧

　　摘要：涉县旱作梯田系统是以农户的生产、生活为核心，依照山势就地利挖掘而成的山地农业生产系统，至今都发挥着重要的生产功能，展现了人类适应与利用自然的智慧，其包含的生产技术、农业管理经验和传统农业知识，对农业的可持续发展具有重要的借鉴意义。既是典型的山地生态农业模式，也是杰出的生态与文化景观，更是珍贵的农业文化遗产。本文通过实地参与式调研及量化分析等方法，分析涉县旱作梯田生态系统的结构、农户生计资本与生计策略，认为涉县旱作梯田生态系统可分为农业子系统、经济子系统及社会文化子系统等三大部分；根据当地农户收入来源与结构，可将农户分为纯农业户（LS_1），非农业户（LS_2）和兼职农户（LS_3）等三类；纯农业户转向非农业户或兼职农户的过程中，社会资本与文化资本的影响最为突出。其中，农户对传统农耕知识的了解程度是抑制纯农业户转向非农业户或兼职农户的重要因素，而农户与邻居交往的密切程度是促进纯农业户转向非农业户或兼职农户的重要因素。面向涉县旱作梯田系统的动态保护与可持续发展，建议从地方政府、社区、农户三个维度建立政策干预机制，提高农户对传统农耕知识的了解程度，改善农户生计资本状况。

　　关键词：河北涉县旱作梯田；生态系统结构；农户生计

一、前言

　　2002年联合国世界粮食及农业组织（FAO）提出了"全球重要农业文化遗产"（GIAHS）的概念和动态保护理念，旨在建立全球重要农业文化遗产及其有关的景观、生物多样性、知识和文化保护体系，并在世界范围内得到认可与保护，使之成为可持续管理的基础。梯田作为典型的山地生态农业模式，既是杰出的生态与文化景观，更是农业文化遗产的重点关注对象和重要组成部分。截至2018年底，全球共有20个国家的50项传统农业系统被列入GIAHS名录，其中有4处是梯田农业系统，分布在中国、韩国和菲律宾。自2012年开始，我国开展中国重要农业文化遗产（China-NIAHS）的遴选和保护工作，截至2018年底，共有61个传统农业系统被认定为China-NIAHS，其中包括7处梯田农业系统。

　　梯田是山区人们为了满足生计需求，经过一代代人开垦而形成的阶梯式农田。梯田依照山势而建，延续至今仍发挥着生产功能，体现着人类适应与利用自然的智慧，包含了丰富的生产技术、农业管理经验和传统农耕知识。按照自然资源状况和耕作方式，梯田可分为水作梯田（即稻作梯田）和旱作梯田两类。其中，旱作梯田分布于800毫米等降水量线以北的区域，如河北、山西、陕西等，其典型代表是涉县旱作梯田系统。涉县旱作梯田系统有700多年的历史，2014年入选第二批China-NIAHS。区别于稻作梯田泥土构造的田埂，涉县旱作梯田系统由石头垒成"石堰"作为田埂。石堰高1～3米，平均厚度0.7米，每平方米石堰大约由140块大小不等的石头垒砌而成，每立方米石堰大约需要400块大小不等的石头。此外，涉县旱作梯田系统主要种植谷子、花椒、玉米、大豆、小麦等耐旱作物。

梯田农业系统是典型的社会–经济–自然复合生态系统，无论是稻作梯田还是旱作梯田，均长期保持着小农生产模式。农户作为梯田农业系统中最基本的社会经济单元和行为决策主体，其生计方式和生计策略决定着资源的利用方式、利用效率，并对生态环境有着深远影响。在旅游业、工业化和城市化快速发展的背景下，由于机械化程度低、梯田农作的劳动强度大和农业生产比较效益低等因素，梯田农业受到很大冲击。在农户层面上，这种冲击体现在农户从纯农业生计策略，转向融合旅游接待的多样化生计策略和以外出务工为主的非农业生计策略。在农业系统层面上，一些地方甚至出现了抛荒和梯田垮塌的现象，致使一些具有悠久历史的传统耕作方式与农业景观逐渐消失，对梯田农业系统长期稳定维持的系统结构造成威胁。因此，有必要细致分析梯田农业生态系统的结构，并对梯田农业系统内农户的生计资本与生计策略进行深入研究。

二、研究方法

（一）研究区域

涉县地处河北省西南部，太行山东麓，地理范围为北纬36°17′—36°55′，东经113°26′—114°，是典型的太行山深山区县，海拔203～1562.9米，年均降水量540.5毫米。涉县旱作梯田系统总面积约17 866.667公顷，其中核心区分布有旱作梯田约233.333公顷（图1）。本文选取涉县旱作梯田系统主要分布区——王金庄村，作为旱作梯田系统的研究区。王金庄村由王金庄一街、王金庄二街、王金庄三街、王金庄四街、王金庄五街5个行政村组成，常住人口4 520人。

（二）数据来源

2018年4月，在河北省涉县开展旱作梯田系统结构及农户生计状况调查。在调查中，首先与村长和农户代表进行讨论，了解在村级层面上的农户基本情况。在此基础上，以问卷调查和农村参与式评估（PRA）相结合的方式进行农户样本数据的收集。在样本选取上，采取随机抽样的原则，分别随机选取涉县王金庄一街64户和王金庄二街90户进行调查，调查样本总量占这两村农户总数的38.213%（表1）。调查内容主要包括：①农户的生计资本状况，包括自然资本、物质资本、金融资本、人力资本和社会资本，和本研究重点体现的文化资本；②农户的家庭收支状况，包括年际的收入和支出金额，收入来源和支出用途。

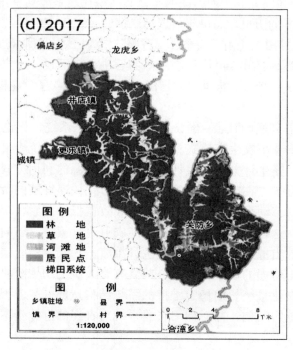

图1　研究区

表 1　王金庄村调查农户描述统计表

村落	总人数（人）	调查人数（人）	调查农户占比（%）
王金庄一街村	185	64	34.59
王金庄二街村	218	90	41.28

（三）生计策略的分类

农户所选择的生计策略类型是农户生计策略的具体体现，一般认为，农户的生计策略类型可分为农业生产集约化策略、生计多样化策略和移民策略三大类。学者们对农户生计策略类型的划分采取不同的标准，例如从农户生计策略多样性的角度进行划分，以农户的收入结构、收入来源和发展方向为标准进行划分。在我国，以农户收入结构为标准划分农户类型的方法，受到了广泛认可和应用。2002年，中国社会科学院提出了农户收入结构分类方法，农业收入占家庭总收入95%以上的农户认定为纯农业户，非农业收入占比95%以上的认定为非农业户，非农业收入占比在5%～95%的认定为兼职农户。在此基础上，国家统计局于2005年提出了新的分类方法，将认定标准从95%降低至90%，即农业收入占家庭总收入90%以上的农户认定为纯农业户，非农业收入占比90%以上的认定为非农业户，非农业收入占比在10%～90%的认定为兼职农户。相比其他的农业发展区域，农业文化遗产系统中农户多采取多样化的生计策略，农业收入占家庭总收入的占比普遍较低，平均占比不足家庭总收入的3/4。研究区内的农户，其农业收入来源包括粮食作物和经济作物种植、林果类收入和家禽畜牧养殖三类，非农业收入来源包括在当地开展旅游接待、赴外地打工和补贴性收入三大类。因此，本文在总结前人研究成果的基础上，结合涉县旱作梯田系统的实际情况，将农业收入占家庭总收入75%以上的农户认定为纯农业户（LS_1），即选择纯农化生计策略；非农业收入占比75%以上的认定为非农业户（LS_2），即选择非农化生计策略；非农业收入占比在25%～75%的认定为兼职农户（LS_3），即选择多样化生计策略。

（四）生计资本测算

生计资本是农户拥有的选择机会、采用的生计策略和抵御生计风险的基础。诸多学者在不同空间和时间尺度上，对农户生计资本的综合测算、对比研究及脆弱性分析等方面进行了一系列探索。然而，大部分研究以DFID的可持续生计分析框架为代表的指标体系为基础，侧重于实证分析，而缺乏理论探索。

本文以DFID的可持续生计分析框架为基础，突出传统文化和信息技术在农户生计活动中的重要作用，构建适宜于农业文化遗产系统，尤其是梯田农业系统的生计资本核算框架，将生计资本类型划分为自然资本、物质资本、金融资本、人力资本、社会资本和文化资本六大类。其中，自然资本表示农户可获得的自然资源和环境服务；物质资本包括农户用于生产和生活的各种物资设备；金融资本主要包括农户用于生产、生活的现金，用于资金保障的各类储蓄形式和可获得的贷款等；人力资本表示农户所拥有的用于谋生的知识、技能和劳动能力；社会资本用于表征农户为了实现生计目标而利用的社会网络；文化资本用于反映农户在生计维持过程中所采用的传统农耕知识、农业技术和互联网信息等。基于此，建立涉县旱作梯田系统农户生计资本指标表（表2）。

表2 涉县旱作梯田系统农户生计资本指标表

类别	序号	指标名称
自然资本	N_1	家庭经营耕地面积
	N_2	家庭经营耕地质量
	N_3	居住地与耕地的距离
物质资本	P_1	耐用消费品数量
	P_2	生产工具数量
	P_3	移动互联网设备数量
金融资本	F_1	家庭存款情况
	F_2	家庭债务情况
	F_3	家庭饲养牲畜数量

（续）

类别	序号	指标名称
人力资本	H_1	劳动力数量
	H_2	劳动力的农业技术能力
	H_3	从事农业活动的劳动生产率
社会资本	S_1	与邻居交往的亲密程度
	S_2	本村内的亲戚数量
	S_3	对本村现有发展情况的满意度
文化资本	C_1	对乡规民约的了解程度
	C_2	对传统农耕知识的了解程度
	C_3	对移动互联网的使用频率

三、研究结果

（一）涉县旱作梯田系统结构

本文将河北涉县旱作梯田系统细分为农业子系统、经济子系统与社会文化子系统三部分（图2）。其中，农业子系统为经济子系统提供粮食、蔬菜、肉类等农产品，为社会文化子系统提供必要的食品与生活、生产资料；经济子系统为农业子系统的发展供给改进生产所需要的资金，并以现金及商品两种形式支持社会文化子系统的运作；社会文化子系统为另两个子系统的可持续发展提供管理支持。

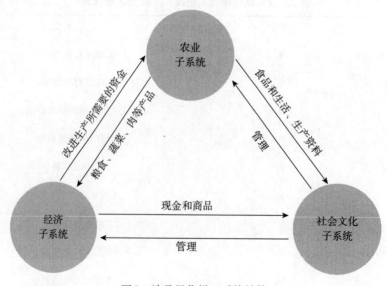

图2　涉县旱作梯田系统结构

（二）农业子系统结构

河北涉县旱作梯田系统的农业子系统分为种植系统、养殖系统与林果复合系统三个部分，并在三者之间形成了粪便与有机肥料的养分循环（图3）。根据作物生长环境的不同，花椒树、黑枣树、核桃树、黄连木等作物的生境为石堰，而玉米、谷子、小麦、高粱、豆类及蔬菜类作物的生境为梯田。作物产出一方面满足农民自家食用及销售流通外，还有固定的一部分作为饲料进入养殖系统，使驴骡及家禽能够为旱作梯田系统提供必要的畜力、养料及肉类。林果复合系统同样提供多样化的产出，不仅包括花椒、黑枣、核桃等可食用农产品，还可作为薪材与建材支撑村落建设与商品贸易。

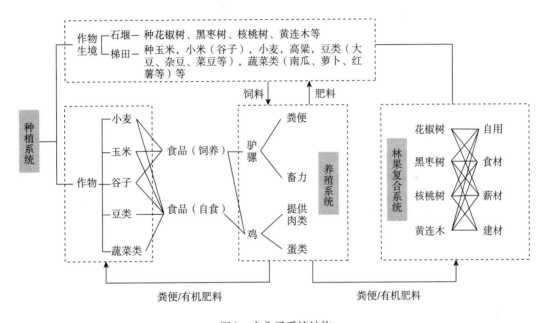

图3　农业子系统结构

（三）经济子系统结构

河北涉县旱作梯田系统的经济子系统分为农业、建筑业与服务业三个部分，三者之间通过物质流与现金流实现串联，并有效沟通内部市场与外部市场（图4）。农业为经济子系统提供小麦、玉米、谷子、豆类、蔬菜等作物产品，驴、家禽等畜禽产品及黑枣、花椒、核桃、黄连木等林果产品。农户的生计选择中运用这三类产品进行了留种、种养、役使、食用或交换等行为，一方面满足了本地市场的消费，另一方面也通过转化为特色农产品、特色饮食、民俗歌舞、民俗手工艺品等形式满足了外来旅游者的消费需求，实现价值转化与收入增加。农家乐及梯田景观游览线路的发展有力推动旱作梯田系统服务业的发展与升级。

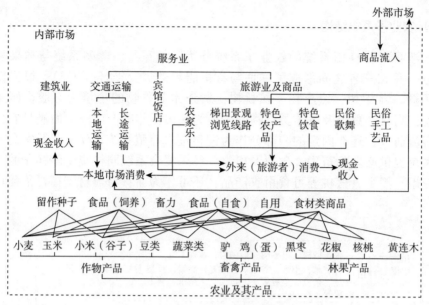

图4　经济子系统结构

（四）社会文化子系统结构

河北涉县旱作梯田系统的社会文化子系统分为社区管理体系、生产生活资源管理体系与非物质文化体系三个部分（图5）。其中，社区管理体系可细分为传统体系与现代体系，生产生活资源管理体系可细分为面向水资源、森林资源与土地资源的管理。

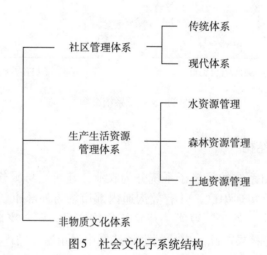

图5　社会文化子系统结构

（五）农户生计策略

本文根据农户的收入来源和结构，将梯田农业系统中的农户分为3类：纯农业户（LS_1），非农业户（LS_2）和兼职农户（LS_3）（图6）。总体而言，涉县旱作梯田系统中选择LS$_3$的农户数量最多，即系统内农户生计策略类型的多样化程度较高。

在涉县旱作梯田系统中，花椒有着悠久的种植历史，且具有丰富的品种多样性，选择LS$_1$的农户主要通过种植花椒获取收入，兼有种植柴胡、丹参、黄芩等中药材，纯农业户占样本总量的33.117%。涉县旱作梯田系统与北京、天津、石家庄等城市距离较近，具有发展休闲农业的天然优势。因此，选择LS$_2$的农户多以在本地开展旅游接待、赴城市务工作为主要的生计活动，这类农户占样本总量的24.675%。选择多样化较高的LS$_3$的农户是SDTS中农户的主要类型，占样本总量的42.208%，该类农户兼有纯农业户和非农业户的主要生计活动，在时间安排上，农忙时节以农业活动为主，农闲时节以外出务工为主。

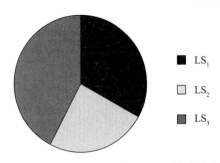

图6 涉县旱作梯田系统农户生计策略分类

（六）农户生计资本

根据上文中构建的生计核算框架，对304个样本农户的生计资本指标进行逐一核算后，得到每个农户6类生计资本指标的量化值。然后，对涉县旱作梯田系统内农户的每一类生计资本值进行算术平均。在此基础上，将算术平均后的6类生计资本值加和后得到涉县旱作梯田系统内农户的生计资本值。按照本文生计资本指标的设置和数据标准化处理的方式，农户生计资本值最大为6，最小为0；每一类生计资本值最大为1，最小为0。

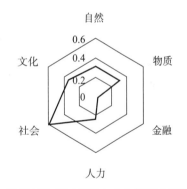

图7 涉县旱作梯田系统农户生计资本平均水平

对涉县旱作梯田系统内农户的生计资本评价结果显示，其农户生计资本值为1.832，农户生计资本状况较为不足（图7）。具体而言，在涉县旱作梯田系统中，农户具有较高的社会资本和文化资本，分别为0.584和0.338；农户的人力资本和金融资本不足，分别为0.247和0.036。

具体到纯农业户、非农业户、兼职农户三类选择不同生计策略的农户，其生计资本状况如下。

（1）纯农业户（LS$_1$）。对涉县旱作梯田系统的纯农业户的生计资本评价结果显示，其生计资本值为1.760，低于平均水平，生计资本较为不足；具体而言，纯农业户的文化资

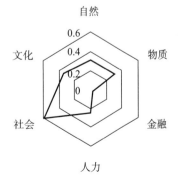

图8 涉县旱作梯田系统纯农业户（LS$_1$）生计资本水平

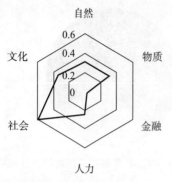

图9 涉县旱作梯田系统非农业户（LS₂）
生计资本水平

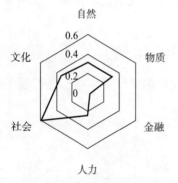

图10 涉县旱作梯田系统兼职农户（LS₃）
生计资本水平

本略高于平均水平，其他5类生计资本均低于平均水平，其在自然资本、社会资本评价方面纯农业户具有优势（图8）。

（2）**非农业户**（LS_2）。对涉县旱作梯田系统的非农业户的生计资本评价结果显示，其生计资本值为1.883，高于平均水平，生计资本较为充足；具体而言，非农业户的金融资本和文化资本低于平均水平，其余4类生计资本均高于平均水平（图9）。

（3）**兼职农户**（LS_3）。对涉县旱作梯田系统的兼职农户的生计资本评价结果显示，其生计资本值为1.859，高于平均水平，生计资本较为充足；具体而言，兼职农户的社会资本低于平均水平，其余5类生计资本均高于平均水平，其在自然资本和社会资本评价方面具有优势（图10）。

（七）农户生计策略选择影响因素分析

涉县旱作梯田系统属于典型的梯田农业系统，是农业文化遗产的典型代表。在传统农业地区，农业生产是农户广泛采取且长久存在的生计策略类型，但随着非农产业和乡村旅游的高速发展，传统的纯农业生计策略面临着较大的威胁。因此，本文选择纯农业户（LS_1）作为参照方案，探讨农户从纯农业户（LS_1）转向非农业户（LS_2）和兼职农户（LS_3）的过程中，起到显著影响作用的生计资本指标，如下表所示为回归分析的结果（表3）。

表3 涉县旱作梯田系统农户生计资本回归分析

		LS₂		LS₃	
		系数	$P > \lvert z \rvert$	系数	$P > \lvert z \rvert$
自然资本	N_1	−0.04	0.974	−0.93	0.404
	N_2	0.374	0.55	0.513**	0.035
	N_3	0.522	0.502	0.002	0.998
物质资本	P_1	1.086**	0.022	0.654	0.395
	P_2	1.034	0.338	0.629	0.515
	P_3	0.679	0.568	−0.32	0.771

（续）

		LS$_2$		LS$_3$	
		系数	$P > \lvert z \rvert$	系数	$P > \lvert z \rvert$
金融资本	F$_1$	−0.431	0.846	1.41	0.404
	F$_2$	2.737	0.898	14.338	0.408
	F$_3$	−0.828	0.737	3.381**	0.031
人力资本	H$_1$	−0.148	0.932	0.74	0.602
	H$_2$	0.592	0.463	0.325	0.643
	H$_3$	0.597	0.763	1.32	0.447
社会资本	S$_1$	0.825**	0.026	0.726**	0.025
	S$_2$	0.708	0.478	−0.553	0.529
	S$_3$	0.353	0.645	0.162	0.806
文化资本	C$_1$	0.697	0.516	1.986**	0.042
	C$_2$	−1.401*	0.056	−0.554	0.384
	C$_3$	0.585	0.633	0.365	0.747
常量		−0.584	0.32	0.358	0.468

注：***表示1%显著度，**表示5%显著度，*表示10%显著度。

（1）**农户从纯农业户（LS$_1$）转向非农业户（LS$_2$）。**纯农业户转向非农业户时，受到物质资本和社会资本的显著正向影响，受到文化资本的显著负向影响。显著相关的生计资本指标为：P$_1$（+），S$_1$（+），C$_2$（−），即当纯农业户的消费品数量越多、与邻居的交往程度越密切、对传统农耕知识的了解程度越低时，纯农业户越倾向于转向非农业户。

（2）**农户从纯农业户（LS$_1$）转向兼职农户（LS$_3$）。**纯农业户转向兼职农户时，受到自然资本、金融资本、社会资本和文化资本的显著正向影响。显著相关的生计资本指标为：N$_2$（+），F$_3$（+），S$_1$（+），C$_1$（+），即社会化的了解程度越高，纯农业户越倾向于转向兼职农户。

四、结论与讨论

涉县旱作梯田系统是以农户的生产、生活为核心，依照山势就地利挖掘而成的山地农业生产系统，至今都发挥着重要的生产功能，展现了人类适应与利用自然的智慧，其包含的生产技术、农业管理经验和传统农业知识，对农业的可持续发展具有重要的借鉴意义。既是典型的山地生态农业模式，也是杰出的生态与文化景观，更是珍贵的农业文化遗产。然而，如果失去了维持农业生产活力的农户，梯田农业系统的一切价值也将不复存在。因此，为实现梯田农业系统的活态性和可持续发展，鼓励更多的农户继续保持以农业生产为主的生计策略是其中的关键。

通过筛选上文分析得到的影响农户生计策略选择的生计资本指标，以具有相关性的生计资本指标的显著性和聚集程度为分类标准，当影响农户生计策略选择的生计资本指标越集中、显著程度越高时，认为这一类指标归属的生计资本类型对农户的生计策略选择影响越显著。由此可以得到：纯农业户转向非农业户或兼职农户的过程中，社会资本与文化资本的影响最为突出。其中，农户对传统农耕知识的了解程度（C_2）是抑制纯农业户转向非农业户或兼职农户的重要因素；农户与邻居交往的密切程度（S_1），是促进纯农业户转向非农业户或兼职农户的重要因素。

因此，为实现梯田农业系统的动态保护，以促进农户维持农业生产为主的生计策略为目标，建立政策干预机制，应当重点改善上述4项生计资本指标状况。其中，F_1，F_2，S_1均属于农户的基本特征和自我选择的结果，难以通过政策干预的形式进行改善。因此，政策干预机制的关键在于提高农户对传统农耕知识的了解程度。建议在梯田农业系统所在地政府、社区、农户三个层面开展政策干预措施。

在政府层面可参考如下建议：①对传统农耕知识进行深入挖掘和整理，建立系统的传统农耕知识数据库，实现传统农耕知识由"口语化"的经验积累转向"书面化"和"数字化"的整理编录；②在基础教育中，提高对传统农耕知识的重视程度，例如建立针对农户的农耕知识培训班、建立针对小学和初中的农耕知识课程等；③将传统农耕知识的保护纳入农业文化遗产监测与评估的指标体系中，促进管理人员对传统农耕知识进行保护，使之成为农业文化遗产保护的重要组成部分。

在社区层面可参考以下建议：①建立传统农耕知识保护协会，定期开展传统农耕知识的宣讲活动，提高社区内农户对传统农耕知识重要性与保护迫切性的认识；②对濒临失传的传统农耕知识，有意识地培养相关传承人对其进行传承。

在农户层面可参考以下建议：①积极配合并参与传统农耕知识的挖掘和整理工作，分享家庭内部所积累的农耕知识与技术；②在农户家庭内部，年长者义务地向下一代传授农耕知识与技术，提高年轻人对传统农耕知识的了解。

注：本文选自《河北涉县旱作梯田系统申报全球重要农业文化遗产项目阶段性研究成果》，中国科学院地理科学与资源研究所，2018年。

涉县梯田，勾画生物多样性之美

赵泽众

涉县旱作梯田航拍图

（通讯员路海东　摄）

【阅读提示】

日前，联合国《生物多样性公约》缔约方大会第十五次会议非政府组织平行论坛组委会公布了"生物多样性100+案例"全球征集活动结果，"涉县旱作梯田系统农业生物多样性的保护与利用"从全球26个国家的258个申报案例中成功入选。

涉县旱作梯田系统是北方旱作石堰梯田最具代表性的系统之一，其中最具规模的梯田位于井店镇王金庄区片。涉县旱作梯田的传统农家品种资源十分丰富，作为核心区的王金庄村保留农业物种26科57属77种，包括171个传统农家品种。

涉县如何保护旱作农田的生物多样性？入选全球样本有何意义？

一、极为丰富的农家品种资源

"这个是7个叶的金皇后，是王金庄五街李书榜在北坡种的；这个是8个叶的老紫玉

今年秋收的玉米中挑选出来的种子玉米，涉县旱作梯田协会会员
已经做了初步的标号和品种登记

（通讯员何晓芳　摄）

米，生长在南崖圪台的；这个是二马牙……"10月15日上午，涉县旱作梯田保护协会常
务副会长曹肥定，从摆放整齐的玉米堆里挨个拿出不同种类的玉米介绍，"这都是从今年
秋收的玉米中挑选出来的种子玉米，已经做了初步的标号和品种登记。"

秋收后，涉县旱作梯田保护协会的会员们正在挨家挨户收集种子，玉米、南瓜、豆
角……会员们需要收集的农家品种多达上百类。

粮食作物、蔬菜作物、药用植物、林果产品等丰富的物种和多样化的食物资源，为
生活在涉县旱作梯田的村民提供了有力的粮食生计安全保障。

"涉县旱作梯田系统种植或管理的农业物种有26科57属77种，共包括171个传统农
家品种。"涉县农业农村局高级农艺师贺献林介绍，"在脆弱的生态环境系统中，通过林
农复合发展花椒、谷子、核桃、黑枣、柴胡等种植，形成了极具特色的生态农产品。"

正因如此，涉县旱作梯田系统于2014年被农业部认定为中国重要农业文化遗产，现
已被联合国粮农组织列为全球重要农业文化遗产候选地，还被联合国世界粮食计划署专
家称为"世界一大奇迹"。

贺献林告诉记者，当地村民世代沿袭的留种习俗，保存了大量玉米、谷子、小麦、
花椒、豆类等作物的农家品种，增强了旱作梯田农作物的遗传多样性与稳定性，增强旱
作梯田的农业生产抵御病虫害及旱涝灾害的能力，使得旱作梯田得以始终存续。

河北师范大学生命科学院博士生导师赵建成教授指出，涉县旱作梯田入选全球生物
多样性案例，是太行山区山地农业生态系统中一个很好的典范。传统农作物品种被保护
下来，具有理论价值和现实意义。无论是太行山区生态系统，还是保存下来的农业稀有
品种或者其他动植物种类，都在种质保存上、基因多样性层次上具有非常重要的价值。

"嘚嘚、喔喔……"赶驴声从不远处传来，10月15日11时，涉县王金庄二街村村民
曹海魁赶着毛驴从地里回来。

毛驴身上驮着两捆谷草，顺着梯田"之"字形山路一步一步走下来。"今年雨水大，国庆前谷子已经抢收，现在把地里的谷草拉回来，这是毛驴的口粮。"村民曹海魁说。

毛驴是旱作梯田系统的关键要素，它不仅是梯田内特有的生产力和交通工具，其粪便还是上等的农家肥，秸秆通过过腹还田或与驴粪堆沤还田，可以有效改善土壤结构、提高土壤肥力。因此，毛驴还是保持梯田可持续生产的动力之一。

"看，每层梯田上最外边是花椒树，中间种植玉米，最里面是豆角。"涉县农业农村局的王海飞指着身旁的一块地说，"花椒树根系发达，起着固土的作用，防止水土流失。"

顺着王海飞的手指方向，记者看到，垒砌梯田的是一块块大小不一的石块，基部是大石头铺垫，中部用碎石分层填充，上部则用过筛细土铺就，铺垫十分整齐。

"这样的石堰梯田不仅结构稳固，而且具有很强的蓄水保土能力，达到'有洪防洪、无雨防旱'的效果。"王海飞说。

涉县旱作梯田系统的核心区王金庄，属于缺土少雨的石灰岩山区，梯田土层厚的不足0.5米，薄的仅0.2米。

王海飞告诉记者，旱作石堰梯田都是由一块块山石修葺而成，石堰长度达数千公里，高低落差近500米。石堰平均厚度为0.7米，每立方米石堰大约由400块大小不一的石头堆叠而成。最小的田块面积甚至不足1米^2，土壤瘠薄处深度不足20厘米，正所谓"两山夹一沟，没土光石头，路没五步平，地在半空中"。

"旱作梯田系统是一个秉承循环理念、可持续发展的生态系统，这也是入选全球生物多样性案例的最重要原因。"贺献林说，依山而建的石头梯田、颇为丰富的食物资源、既是生产工具又是运输工具还是有机物转化重要环节的毛驴、随处可见的集雨水窖、散落田间的石屋，在人的作用下巧妙结合，融为一个可持续发展的旱作生态系统。

涉县旱作梯田协会成员正在王金庄"种子银行"挑拣种子，进行种子更新

（通讯员何晓芳 摄）

二、就地活态保存传统农家品种

红没丝豆角、紫扁豆角、黑花豆角、灰小豆角；黄皮南瓜、老来青南瓜；青谷、黄

谷、红谷、毛谷……陈列架上摆着的瓶子上，标签、品种、编码一目了然，这是涉县王金庄农民"种子银行"的一角。

"这个种子还新，可以留下。这个已经老了，不能在这里保存了。"与此同时，涉县旱作梯田协会成员曹翠晓正在王金庄"种子银行"挑拣种子。适逢秋收，最新成熟的种子优中选优放入"种子银行"。

"'种子银行'刚搬到梯田保护协会的二楼，目前已经收集保存传统农作物种质资源77类171种。"曹肥定说，"这77类传统作物包括小豆、豌豆、眉豆、菜豆、蔓菁等老品种，光是豆角就保存了16个品种，其中红没丝这个老品种的豆角颇受百姓青睐，基本上年年都会种。"

据了解，每年协会把优良的传统农家品种传承和保护下来。像传统玉米品种，一般每年种植，成熟时选好穗，作为种子留下来，在下一年种植时再把留下来的玉米穗的两端去掉，只选用穗子中间部分的籽粒作为种子播种。

"协会种子组共有25人，分为5个小组，一年走访了118户农家及大岩岭、石崖岭、岩洼岭3条沟，收集梯田上的老种子。"曹肥定说，王金庄的"种子银行"采取的是活态保存的模式，即对种子实行定期更换和田间种植。

"生物多样性中，基因多样性存在于百姓日常生活中，目前我们对生物多样性的保护实行传统农家品种就地保护模式。"贺献林说。

近两年，涉县农业农村局在组织开展王金庄传统作物品种普查、收集、整理的基础上，建立了乡村社区种子库，村民确需从种子库领取种子进行田间种植的，需在收获后加倍返还，并制定实行定期更换和田间活态保护制度。一般作物每两年更新一次，特殊品种一年更新一次，从而构建起社区种子库保存与农民自留种相结合的传统农家品种就地活态保护模式。

对涉县旱作梯田生物多样性保护中，光是种子留存技术就有很多种。

"不仅有优中选优的农家留种技术，对一些用量较少、具有特异性状的作物，如各类小豆、青米、黍子、高粱等，还会采取种子在家保存一年，在地种植一年，一年生产供两年使用，实现特异种质就地保护。"王海飞说。

此外，他告诉记者，还有混合种植混合留种技术。对一些长势有互补作用的品种，采取混合种植、单穗选择留种。对成熟期基本一致的小品种，采取混合种植、混合留种的办法。

赵建成表示，以杂交稻为代表的现代农业，的确为解决人类的粮食危机做出了重要贡献，但是这些粮食品种的迅速普及，也给物种多样性、粮食品种多样性以及人类文化的多样性带来巨大挑战。农业文化遗产中的农作物品种是通过数代、数十代甚至数百代人不懈努力培育出来的优秀品种，是人类农业生产智慧的结晶，需要活态传承，保护物种多样性。

三、生物多样性保护未来可期

"这数十斤小米是一位老客户购买的，现在正在分装打包。"10月17日8时17分，涉县微米电子商务有限公司负责人王虎林说，"新谷子刚下来，就已经收到了两万斤的订单，现在正在紧锣密鼓地晾晒、加工，二次质检确认合格后进行装袋发货。"

王虎林口中的小米产自涉县王金庄旱作梯田，小米色黄味香，质绵软，回购率极高。

"小米销量从几千斤到十多万斤，一直在增长。我发现消费者都是冲着梯田传统原生态的种植以及石头碾子磨米的传统工艺来的。即便我们小米价格10元一斤，消费者也都乐意购买。"王虎林告诉记者，小米回购率高的原因一方面是梯田的小米生长期长，一般在150天左右，且每百克小米中的蛋白质含量远超国家标准；另一方面，合作的300个农户家中都有驴，种植小米施的是有机肥，保持着最原始的耕作方式。

王虎林的身份不止于此，他还是当地农业文化遗产保护与利用的"种子选手"。

传统农业文化教育的缺失，令年轻人对梯田的感情远不及父辈和祖辈，因此，王虎林一边统一收购销售梯田小米，让忙碌于梯田的乡亲种植无后顾之忧；一边在村里宣传梯田文化，让更多年轻人加入保护行列。

"从小一直想离开的梯田，已经是中国重要农业文化遗产，而我们的毛驴被专家称为遗产地上跳跃的精灵。家乡有这么好的资源，何愁没有发展？"王虎林说。

专家指出，长期以来，当地农民在这片赖以生存的梯田上，探索多种种植模式，逐步提高土地收益率，稳定支撑了生计所需。

贺献林告诉记者，梯田上的农作物，像花椒、核桃、黑枣、柴胡、连翘等特色农产品，先后申请为地理标志产品；王金庄先后被评为省级、国家级传统古村落。农业功能向农事体验、生态观光和产品深加工逐步拓展，进一步为农户生计提供多种来源与坚实保障。

近年来，随着城镇化和现代农业的快速推进，乡村传统农业生产方式受到挑战，农业生物多样性保护面临着越来越多的问题。

"协会成员都是王金庄的村民，收集种子、整理种子凭借的是多年种地经验，属于自发的公益行为。后期对种子提纯复壮，需要专业的农业技术人员，这是目前协会所欠缺的。"曹肥定说。

贺献林表示，农业物种和遗传多样性保护与利用还面临一系列问题，譬如：主体缺失，技术失传，长期单一化种植造成农作物品种的多样性丧失，单一追求产量造成适应性强的特异种质资源丧失，农民生计方式多样化造成梯田农业弱化，传统农家品种生产比较效益低，特异性优良品质开发不够以及对其重要性认识不足等。

赵建成认为，从生物多样性研究角度来看，涉县旱作梯田系统无论是在理论还是实践上，仍需要系统的研究，他建议从基础做起，从生物、土壤、水文气象进行综合研究。

如今，成为全球生物多样性案例的涉县旱作梯田更加重视生物多样性的有效保护。

10月15日17时，刚参加完生物多样性大会的贺献林从昆明返回涉县后，急匆匆地赶到"种子银行"，他要把最新的生物多样性保护资讯告诉协会成员。

注：本文原载《河北日报》2021-10-28：新闻纵深。

关于旱作梯田系统"毛驴何去何从"的思考

贺献林

摘要：河北省涉县旱作梯田系统于2014年被认定为中国重要农业文化遗产，在缺水少土的石灰岩山区，涉县旱作梯田依托以驴耕为核心的山地农业生产技术体系，传承700多年，实现了山地农业的可持续发展，但是随着农业现代化和机械化进程，毛驴的一些功能正在被逐渐取代，并且由于其原始的饲养方式和饲养过程中产生的粪便与当前农村环境整治不相适应，以及城镇化进程中农村人口转移、耕地荒芜、毛驴使用率低等因素，毛驴何去何从成为旱作梯田系统这一重要农业文化遗产保护面临的困境。本文通过田野调查和文献研究，提出在保护传统山地农耕生产体系的前提下，通过科学规划饲养圈舍，实施健康养殖，解决驴粪对环境的危害，继续构建和发挥毛驴的生态功能，提升其生态价值，实施小农户养殖模式，重新构建毛驴的生产功能和运输功能，依托传统毛驴调教技艺，赋予其新时代特殊的农耕体验旅游工具职能；探索小规模养殖模式，重新构建毛驴的生产功能，由原来的农耕生产工具，转变为农民致富产业发展对象，即适度发展肉驴养殖，为乡村振兴提供产业支撑，继而实现涉县旱作梯田的可持续发展。

关键词：旱作梯田；系统；毛驴

涉县地处晋冀豫三省交界，是典型的深山区县，境内以王金庄为核心的旱作梯田系统于2014年被认定为中国重要农业文化遗产，在缺水少土的石灰岩山区，当地人在适应自然、改造自然的长期实践中，围绕粮食生产和生计安全，创造了独特的"石头–梯田–作物–毛驴–村民"五位一体生态系统，实现了对土壤和雨水的有效利用。而毛驴在整个生态系统中起着一个不可或缺的重要作用，但是随着农业现代化和机械化进程，毛驴的一些功能正在被逐渐取代，并且由于其原始的饲养方式和饲养过程中产生的粪便与当前农村环境整治不相适应，以及城镇化进程中农村人口转移、耕地荒芜、毛驴使用率低等因素，毛驴何去何从成为旱作梯田系统这一重要农业文化遗产保护面临的困境。

一、毛驴在旱作梯田系统的作用

涉县旱作梯田地处太行山石灰岩深山区，属半湿润偏旱区，年降水量540毫米，年蒸发量1 720毫米，年均气温12.4℃。"山高坡陡、石厚土薄""举头尽见奇峰峙，着足曾无尺土平""缺水少土"是这里的典型特征 [1]，但就是在这资源极度匮乏、旱作雨养农业条件下，这里的先人，历经700多年创造了环境友好、资源节约的世界良好农业典范——涉县旱作梯田系统。旱作梯田系统是一个秉承循环理念、可持续发展的生态系统。依山而建的石头梯田、颇为丰富的食物资源、既是生产工具又是运输工具还是有机物转化重要环节的毛驴、随处可见的集雨水窖、散落田间的石屋，在人的作用下巧妙结合，石头、梯田、毛驴、作物、村民相得益彰，融为一个五位一体的可持续发展的旱作生态系统。毛驴是梯田生态系统中的能量提供者、有机废弃物的转化者，起着平衡土壤养分、维护生态平衡的作用；是整个系统中最关键因素之一。

毛驴对于旱作梯田系统的价值体现在身负四重使命 [2]，承担着三种重要功能。

首先，它是重要的生产工具，良好的劳作能力和吃苦耐劳的品质使它成为最适宜当地环境的牲畜；其次，它是重要的运输工具，将种子、肥料、农产品，甚至是王金庄人下地野炊的厨具粮菜都包揽在身；它是重要的生态维护者，是梯田农业生态系统中物质与能量循环的关键一环，将作物、土壤、有机质串联起来，以机械运动的方式蓄积土壤、加固梯田，以生物代谢的方式消化秸秆、肥沃土壤、滋养作物，占据了不可替代的生态位；毛驴更是村民生活中的伴侣。当地农民与驴同住石院，相依为命。人们善待毛驴不仅仅是把它当成生产、生活的依靠，也是对自然万物的尊重。人与毛驴长期的亲密互动，使得一方乡土的农业生产方式也最终定格为人驴协同的独特形式。旱作梯田天然就需要驴，而驴也在参与农业生产活动的过程中，得到了自身价值的最大化发挥。毛驴为当地人带来了源源不竭的财富，是当地精耕细作的生产方式的代表，是村落农业经济的基石，更是整个村庄农业生产方式的符号化象征。

毛驴有三种重要功能。一是运输功能。旱作梯田位于太行山深山区，梯田分布在层层山坡上，收获的作物产品从梯田运回家，将种子、肥料、农具等农业生产资料运至田间，必须依靠畜力来进行，而最适宜爬山的牲畜，非驴莫属。

由于驴性温顺，体格轻小，对饲料不苛求，能耐粗放的饲养管理条件，食量小，采食细，对饲料利用率高，抗病力强，不擅于跑而善于走，能从事各类农活，其专长是拉磨、车水、驮物，……能适应小农经济需要，深受农民喜爱 [3]。

> 曾经喂过几头牛的，但后来就不喂牛了，牛虽然有力气，犁地犁得深，但走路太慢，驮运东西也不行。马也不行，马虽然听话，好使唤，比驴有力气，但它只能走平路，上山下坡笨得很，一不小心就会摔倒滚下山来。只要种地，就得有毛驴，犁地播种，驮运东西。没有驴来驮运，丰收了也扛不回来。从陡峭的山路上来回运输，自有人居住到现在，还没有更好的交通工具能代替毛驴。驮上200斤左右，大部分山地，一天都能驮两趟。往上驮粪，往下驮秋收的果实。（王金庄李彦国口述，2018年5月）

二是生产功能，梯田里的农活如耕作犁地、作物播种，梯田外的米面加工等全靠毛驴来进行，毛驴是梯田系统重要的耕作生产工具。

王金庄的土地，从山脚到山腰再到山顶，一层一层盘山环绕，建造梯田时，从下到上随处都可能有石崖头，石圪嘴，所以梯田并不是一圈一圈有规则地环绕在山上。而是随着地形建造，有的长点宽点，有的只能种三株五株玉米。耕种这样的土地，自古以来非驴莫属。驴的重要作用就是犁地、种地。秋天收完庄稼，毛驴把山上所有的梯田犁一遍，叫"犁秋地"，只有犁过秋地，才能保持土壤里仅有的一点点水分。春天再犁一遍，边犁边播种。毛驴每年要把整个山上的梯田翻松两遍。驴付出的力气简直无法计算。米面加工，拉碾子拉磨，过去的年代里，完全依靠驴。（王金庄李彦国口述，2018年5月）

三是生态功能，毛驴更具有极其重要的生态功能，它能将整个系统中的作物秸秆、有机废弃物"过腹还田"，村民日常清扫的垃圾、生活废水废物等通过饲喂毛驴、给毛驴垫圈等再转化为有机肥，用来培肥地力，实现旱作梯田系统的持续发展。

人类在土地上种植植物并将这些产物拿走，必然会使地力逐渐下降，土壤所含的养分愈来愈少。因此，要想恢复地力就必须向土壤追施养分，增加作物产量。在旱作梯田系统内，人们在获得谷子、玉米、大豆等作物产品的同时，也产生了大量的作物秸秆。如不合理地处理秸秆，秸秆就成为环境的负担，同时，人们在从梯田里获得农产品的同时，也把梯田土壤的养分带走了。旱作梯田土层薄、土壤肥力极易因作物生产而下降；旱作农区降水少，秸秆难于通过堆肥沤制生产有机肥。因此，在这里，一方面是大量的秸秆等有机废弃物需要处理，另一方面土壤肥力急需补充，如不及时补充梯田养分，土壤肥力将逐渐下降，以致不能耕种。毛驴在这个系统中，正好处于食物链的关键环节，通过"过腹还田"，既解决了秸秆等有机废弃物的转化问题，又解决了土壤培肥所需有机质问题，其所具有的生态功能成为旱作梯田系统延续700余年的关键所在，也是该系统成为资源节约、环境友好的世界良好农业典范关键所在。

土壤有机质是土壤的重要组成部分，虽然含量不多，一般只占土壤总重量的1%～5%，但它的作用却非常强大，不仅是养分的主要来源，而且对土壤的理化生物性状以及各个肥力因素，都有全面深刻的影响。其对土壤肥力的作用主要表现在以下5点。

（1）是作物养分的重要来源。土壤有机质含有大量的植物养分，如氮、磷、钾、钙、镁、碳等营养元素。大量的资料表明，土壤氮素有95%以上存在于土壤有机质中。当有机质经过微生物的矿化作用后，转化为速效性养分，供作物吸收利用。有机质分解产生的有机酸和碳酸，又可促进土壤中不溶性矿物质的转化，增加磷、钾的有效性。有机质分解产生的二氧化碳，可供作物光合作用。

（2）提高土壤保水保肥能力。腐殖质疏松多孔，又是亲水胶体，能吸持大量水分，据测定，腐殖质的吸水率为500%～600%，而黏粒的吸水率为50%～60%，腐殖质的吸水率是黏粒的10倍左右，能大大提高土壤的保水能力。腐殖质是有机胶体，又有多功能团，如羧基（—COOH）及羟基（—OH）等，其中的氢能与土壤溶液中的阳离子进行代换，腐殖质吸收阳离子的能力比较强，这些阳离子便可保存起来不致流失，而且通过代换作用以及腐殖质的分解，又可把养分释放出来，供作物吸收，提高土壤保肥供肥能力，因此，腐殖质好比养分的仓库。

（3）**能够改善土壤的物理性质。**一是促进土壤形成团粒结构，腐殖质是良好的胶结剂，在形成土壤团粒结构方面，具有非常重要的作用；二是可以改善土壤的耕性，腐殖质的黏结力比黏粒小11倍，黏着力比黏粒小一半，但都比沙粒大，因此，增施有机肥料可使黏土变松、沙土变黏，使土壤发壇，易于耕作；三是可以改善土壤热交换，提高土温，腐殖质可使土色变黑，吸热能力加大，使土温提高。

（4）**能够促进作物生长发育。**腐殖质可以增强作物的呼吸作用，促进新陈代谢，提高细胞膜的渗透性，加强营养物质的吸收，加速根系和地上部分的生长发育。

（5）**能够增强土壤微生物的活动能力。**土壤有机质是微生物营养和能量的重要来源，增加土壤有机质的含量，在其他条件适宜时，就能促进有益微生物的旺盛活动，提高土壤肥力。

有机质的来源主要是动植物残体、微生物以及施入的有机肥料。而通过"过腹还田"的驴粪，即是旱作梯田系统土壤有机质的主要来源。

关于驴粪驴尿的养分含量未见报道，但由于驴马同属一类，笔者借用"马粪尿及马厩肥的养分含量"来说明以驴粪尿为主的有机肥的作用。以马（或骡、驴）粪尿为主，加褥草、土混合积制而成的肥料，称为厩粪。马粪尿（或马圈粪）是含有机质较高、养分含量中等的有机肥料。由于圈内需要保持干燥、卫生以利家畜健康，因此，马厩粪中土占的比例较少，肥料质量较高[4]。一般马粪尿的养分含量见表1，马粪的成分中纤维素、半纤维素含量较多，此外，还含有木质素、蛋白质、脂肪类、有机酸及多种无机盐类。因此，马粪分解慢，肥效迟。马粪质地粗松，其中含有大量的高温性纤维分解菌，在堆积中能产生高温，为热性肥料。骡粪、驴粪也具有和马粪相似的特性。马尿的主要成分为尿素、尿酸、马尿酸及钾、镁、钙等无机盐类，均为水溶性物质。驴尿中尿素含量较其他家畜尿高，尿酸、马尿酸含量低，因此，驴尿分解容易，肥效快。

一头马每日排泄粪尿共约15公斤，其中粪尿比例为2∶1，每年粪尿总产量约5 000公斤，用土或其他材料垫圈，每年可积粪10 000余公斤。但由于使役时间较多，有一部分粪尿受到损失，因此，实际积肥量稍低一些。驴的体型不如马的体型大，其食量及排泄量也不如马大，按一亩梯田一年大约需要2 000公斤有机肥，1头驴的粪便加上人粪尿，结合养驴垫圈（庭院打扫卫生的尘土、生活垃圾用于垫圈）可为4～5亩地的梯田供肥。

表1　马粪尿及马厩粪的养分含量[4]

种类	水分（%）	有机质（%）	N（%）	P_2O_5（%）	K_2O（%）
马粪	75.8	21.0	0.5	0.3	0.24
马尿	90.1	7.1	1.2	微量	1.50
马圈粪（鲜）	71.9	25.4	0.38	0.28	0.53

（《全国中等农业学校试用教材　土壤肥料学》，农业出版社，1979年10月第1版，1982年11月北京第4次印刷）

王金庄的梯田土层薄，必须得上粪，如果光用化肥，地就会板结不发墒，存不住水分，地也没劲，庄稼就长不好。"喂养一头驴吧，驴吃不了人的。"这句话的意思是，驴的粪便，可以使粮食增产。驴吃的是增产的那一部分，是驴自己本身创造出来的。驴粪是优化土壤，蓄水保墒，增加土壤有机质的天然因素。（王金庄李彦国口述，2018年5月）

二、当传统农耕遇到现代农业：毛驴的系统功能正在被替代

生态系统本身是开放的，当系统中有外界元素进入时，不可避免地会对系统产生各种影响，其中显而易见的效应有补充、排斥、替代和融合[5]。旱作梯田系统在其长期适应过程中，始终处于开放状态，不断与外界进行着各种交换。在进入20世纪以后，随着城镇化、农业现代化和机械化进程，化肥、农药等现代农业生产资料陆续进入梯田系统，梯田水泥道路拓宽上延，使微耕机、拖拉机、电动三轮车得以普及，以村民外出务工和求学为主要形式的人口流动，减少了人们对梯田的依赖，驴的一些功能被替代，作用被弱化。

首先是城镇化进程，使农村大批青壮年外出求学、务工，梯田已不是人们赖以生存的物质基础，传统农耕失去了对年轻一代的吸引力，一些梯田开始出现荒芜，毛驴也在逐渐淡出一些农户的梯田系统。

时间发展到今天，海国哥的子女们到了西安、天津。我的侄儿、侄女都在北京。我的儿子，一个在县城，一个在石家庄。我们两家的子女，全部转移，家里没一个，于是养驴的历史在我们这一代就到头了。目前我家共23口人，无一头毛驴，都卖掉了。（王金庄李彦国口述，2018年5月）

其次梯田水泥道路拓宽上延，使微耕机、拖拉机、电动三轮车得以普及，毛驴的部分运输功能和生产功能正在被逐渐替代。王金庄地处深山区，3 500多亩梯田，由46 000余块土地组成，分布在12平方公里24条大沟120余条小沟里，在250多米高的山坡上层层叠叠分布着150多级梯田。由于特殊的地理条件，通往梯田的一些大道已经完成道路水泥硬化、道路拓宽的改造，但电动三轮车、拖拉机、微耕机仍然不能到达所有的梯田地块，因此，在田间经常可以看到，三轮车或拖拉机上装着微耕机，后面还牵着毛驴一起上山去耕地的场景。

当传统农耕遇到现代农业，毛驴的部分功能逐渐被替代，毛驴数量逐渐减少。据调查，梯田核心区王金庄驴（骡）的饲养量以20世纪80年代至90年代末最多，此时梯田耕种达到了顶峰，之后随着城镇化发展，农村青壮年外出打工，现代微耕机、电动三轮车的普及，毛驴数量逐渐减少，而毛驴数量减少带来一系列问题（表2）。

表2　王金庄梯田数量与人口、毛驴变化

时间	1970年	1980年	1990年	2000年	2010年	2017年
耕地（亩）	3 904	3 898	3 810	3 766	3 589	3 589
人口（人）	3 611	3 793	4 322	4 408	4 403	4 471
毛驴（头）	424	486	867	715	500	367

（除2017年毛驴数量来源于村庄调查外，其他数据来源于涉县档案馆档案资料。）

一方面秸秆没有了去处，环境污染成为生态问题。三轮车、微耕机进入旱作梯田系统，客观上对毛驴在系统中的作用起了替代效应，提高了劳动效率，但同时也造成了系统当中毛驴这一关键元素的数量衰减。原来农产品收获后留下的秸秆可以作为驴的饲料，但是随着驴的减少，秸秆新的转化机制尚未建立，焚烧成了大部分运输不便的人家最主要的选择，带来的环境污染和人为火灾危险成为系统流变下的一个新型危机。

另一方面土壤肥力难于得到补充，梯田失去了可持续利用的基础。三轮车、微耕机的到来不单单是一种生产工具的进入，更是一整套伴随而来的现代性知识体系的渗透，从生产到生活、从观念到行为各个方面发生了多元流变。这种现象的背后实则隐含着对系统极为致命的一个隐患——生态危机。即使驴的运输、生产功能可以被替代，但其生态功能却是不可以被轻易置换的，土壤肥力面临衰减。

驴不仅转化了作物秸秆，更重要的是驴粪可以培肥土壤，增加土壤有机质含量，从而为干旱的梯田提供蓄水保墒的能力。本来梯田的土层薄且贫瘠，驴粪便的减少使得土壤肥力受损，化肥作为补充成了大众的无奈选择，可是带来的土块板结使梯田遭遇严重的生态危机，其涵养水分的功能降低，导致洪灾的可能性上升、酿成自然灾害的概率升高，成为整个梯田系统持续发展所面临的巨大挑战。

但若坚守传统农耕生产方式，传统毛驴养殖为现代乡村振兴生态文明建设也带来一些不可避免的生态问题。传统小农户家庭毛驴养殖影响了乡村人居环境，传统毛驴养殖主要在村庄的街道两旁、农户的房前屋后，以及在原来的石屋建筑中，一般都会专门为驴留下牲口屋，但是在街道两旁、房前屋后以及农户家中的牲口棚养驴，驴粪无疑成为街道卫生清洁的一大困扰，成为农村面源污染的一大公害，与实施乡村振兴战略，建设生态宜居新农村不相吻合。

如何以保护自然、顺应自然、敬畏自然的生态文明理念，保留乡土气息、保存乡村风貌、保护乡村生态系统、治理乡村环境污染，实现人与自然和谐共生，让乡村人居环境绿起来、美起来；如何实现毛驴的科学养殖；以上均已成为旱作梯田系统保护必须解决的问题。

三、重新构建毛驴养殖系统的几点意见

在石厚土薄、降水有限的石灰岩山区，涉县旱作梯田系统能够传承700多年，关键在于当地人们创造了独特的"石头-梯田-作物-毛驴-村民"五位一体的旱作梯田生态系

统，而在这个系统当中，毛驴起着关键的物质和能量转化作用，没有毛驴，梯田内的有机物无法实现"有机-无机-有机"的物质循环，作物秸秆难以被有效利用，土壤得不到培肥和持续利用，山区高处的农作物难于运输下山；但是，随着社会进步和人们对美好生活的需求，即使在山区，农业机械化的实现也是势在必行，毛驴的运输功能和耕作功能势必被小型机械如微耕机、电动车所取代；在村庄内大街上饲养毛驴，所产生的驴粪尿与农村环境美化的矛盾、农民外出打工与难于照顾毛驴日常养殖之间等矛盾愈来愈突出，要保护和传承旱作梯田系统，使这一优秀农业文化遗产继续为全球生态安全作贡献，继续为资源节约、环境友好农业系统作典范，实现旱作梯田系统的保护和传承，关键是实现毛驴价值的重新构建和毛驴养殖的重新定位。

在传统旱作梯田系统中，毛驴养殖的价值一是农耕工具，为村民的梯田耕作、农产品加工提供生产服务功能，二是运输工具，为村民日常生活所需物质的运输提供便利；三是有机物转化"工厂"，为梯田系统内有机废弃物的转化、土壤培肥提供生态服务。

那么，如何重构毛驴养殖的价值体系和功能取向呢？

一是继续构建和发挥毛驴的生态功能，提升其生态价值，养殖足够多的毛驴，为系统提供足够多的有机肥，确保梯田生态系统的物质循环有序进行，秸秆充分过腹还田，土壤有机质得到持续补充，实现梯田系统的可持续发展。

据调查，在王金庄，一头毛驴一天需要12公斤左右的作物秸秆，一年大约有180天需要用秸秆及存储的干草喂养，其余时间则可在山坡利用青草放养，一年一头毛驴大约可转化2 160公斤秸秆；另外，在农忙季节，还需要100～150公斤精饲料（玉米黑豆之类）。按目前梯田生产水平，一般谷子亩产150公斤，玉米亩产250公斤，大豆亩产100公斤，根据谷子、玉米、大豆的经济系数和目前王金庄作物生产结构，王金庄平均亩产各类秸秆400公斤，一头驴大约可以转化5.4亩梯田作物的秸秆。2016年底，王金庄村农户1 438户、人口4 487人、梯田面积3 589亩，人均梯田0.8亩，户均梯田2.5亩，也就是说，两户的梯田秸秆可养一头驴，王金庄养殖630头驴，可以将梯田作物的秸秆转化为有机肥。

二是继续实施小农户养殖模式，重新构建毛驴的生产功能和运输功能，依托传统毛驴调教技艺，赋予其新时代特殊的农耕体验旅游工具职能，提高其使用效率，实现其经济价值持续提升。为此，一要从小驴开始，运用传统的毛驴调教技艺，使其适应梯田系统内的各种路况，能吃苦耐劳；二要合理规划建设梯田内的田间道路，按照田间步游道标准建设，将梯田内的田间道路建设成为既可作为游人步游道，又可作为人们骑毛驴到梯田的旅游道。从而在科学保有梯田区内毛驴养殖数量，确保毛驴生态功能的前提下，合理替代毛驴的生产功能和运输功能。毛驴性情温驯，经调教后，妇女、儿童也可骑乘驾驭。而且毛驴性较聪敏，善记忆，如短途驮运，无人带领，常可自行多次往返于其熟悉的目的地，驴胆小而执拗，俗称"犟驴"，一般缺乏悍威和自卫能力，驴步幅虽小，但频率高，常日行40～50千米，驴的驮力常达其体重的1/2以上，可以利用驴的这些优点，拓展毛驴的旅游功能。

"黄河景区游人来，毛驴驮出十万财"的故事中介绍的79岁的张国栋家住黄河风景区附近。从1990年起，张老汉依托这块风水宝地，将自家种田的毛驴披挂一新，牵到风景区供游人租骑照相。15年来共赚了10万余元,走出了一条颇具特色的致富路[6]。"京郊农民发观光财"中介绍的家住北京密云区京都第一瀑布旁的农民朱齐彦每天牵着毛驴到旅游景区边,等候游客来坐"驴的",有时双休日游人多,他一天就收入100多元,这头驴让他年收入5 000～6 000元。朱齐彦所在的山村,仅有30户人家,有20多头毛驴,很多游客在走完3公里的景区后,不愿再往下走,于是就骑上毛驴,称之为打"驴的",这就成了民俗旅游的一大特色,吸引了城里人专程前往。[7]

三是探索小规模养殖模式,重新构建毛驴的生产功能,由原来的农耕生产工具,转变为农民致富产业发展对象,即适度发展肉驴养殖,为乡村振兴提供产业支撑。

草食动物,耐粗饲料,抗逆性强,易于饲养且饲料来源广,繁殖快,食量小,驴皮、驴肉具有很高的医药价值和蛋白营养,驴肉具有瘦肉多脂肪少的特点,而且肉质细嫩味美,驴肉脂肪中含有的不饱和脂肪酸含量较高,有补血益气之功效,素有"天上龙肉,地上驴肉"之美称,颇受消费者青睐。驴鞭还有益肾强筋的功效。驴皮经煎煮浓缩制成的固体称阿胶,是我国传统中药材,由明胶朊、骨胶朊水解产物及硫、钙等构成,水解产生多种氨基酸,如赖氨酸、精氨酸和蛋氨酸等,有补血滋阴,润燥止血功效,能改善体内钙平衡,促进钙吸收。近年来,阿胶用于辅助治疗癌症具有较好的作用,用现代高新技术开发的阿胶钙,将补血与补钙有机结合,取得了良好治疗效果。驴饲养成本相对较低。据调查,驴从产出到体重达150千克,约需饲养成本300元。1头重150千克驴售价在1 500元左右,可获利1 000余元,其经济效益相对高于饲养猪、牛和羊等其他家畜。因此,要科学认识毛驴的经济价值,在梯田区大力发展肉驴养殖。

与传统的农耕养殖不同,短期的、有经济目的的肉驴养殖,人与驴之间不会产生情感交流,也就不违背传统的驴耕文化。人与毛驴的情感是在日常生活中潜移默化中培养出来的,人在调教使役毛驴中像对待自己的孩子一样,人之所以不吃自己饲养多年的驴,是因为驴在被饲养的日日夜夜,为其主人做出了一定的贡献,从某种程度上说,之所以不吃自己养的驴,是内心一种不忍心,是具有某种感恩之情。过去养驴的目的是为了帮自己干活,当人们饲养毛驴的目的变了,驴也不再是人们日常生产生活的伴侣,只是人们谋生取得经济效益的一种手段,这时人与驴的情感也就不像在梯田里互相帮衬行走的那种情感了,就像人们养猪是为了卖钱、为了吃肉一样了。

四是科学规划饲养圈舍,实施健康养殖。选择村庄内空闲地,合理规划建设驴舍,解决驴粪对环境的危害。根据驴骡的生物学特性,运用生态学、营养学原理实施健康养殖,通过合理规划饲养圈舍,既能为驴骡营造一个良好的、有利于快速生长的生态环境,提供充足的洁净饲草、饲料,使其在生长发育期间最大限度地减少疾病的发生,使生产的食用产品无污染,还可确保对村庄环境无污染,不影响乡村环境,真正实现新形势下的人驴和谐共处。

五是创新养殖模式,构建新的经营体系。驴是草食动物。其食草尤以干、硬、脆的农作物秸秆为佳。例如:玉米、谷子、豆蔓等质地较硬的秸秆,用铡草机切成3～4厘米长的短段饲喂;最忌喂半干不湿、折之不断的饲草,此类饲草最易让驴闹"结"症;同时再辅以大豆、玉米等精料或小麦麸皮等。每天早、中、晚各喂一次,以晚饲为主。目前养驴仍以传统小农户养殖为主,集约化养殖还处于起步阶段,梯田区要探索构建新的小农户养殖模式，合理调整养驴户与秸秆提供农户、驴粪使用农户之间的利益，在传统的农户自养自用模式基础上，发展联户养殖、分户饲喂、集中放养模式；一户养驴，多户提供秸秆，驴粪供多户使用模式等模式，有助于解决当前农民外出打工与难于照顾毛驴日常养殖的矛盾。

参考文献

[1] 贺献林. 河北涉县旱作梯田的起源、类型与特点 [J]. 中国农业大学学报（社会科学版），2017（6）：84-94.

[2] 李禾尧. 农事与乡情：河北涉县旱作梯田系统的驴文化 [J]. 中国农业大学学报（社会科学版），2017（6）：103-117.

[3] 杨再，范松武. 中国养驴的一些史料 [J]. 豫西农专学报，1991（1）：10-13.

[4] 河北省昌黎农业学校. 土壤肥料学 [M]. 北京：农业出版社，1979.

[5] 郭天禹. 北枳代桃：农业系统中两种知识的补充、替代与融合 [J]. 中国农业大学学报（社会科学版），2017（6）：111-117.

[6] 农信. 京郊农民发观光财 [J]. 农业新技术，1998（11）.

[7] 陈强. 黄河景区游人来 毛驴驮出十万财 [J/OL]. 农家女，2009（1）：1 [2019-08-15]. https：//mall.cnki.net/magazine/article/NJNV200901065.htm.

注：本文选自谭砚文等主编：《农耕文明的传承、保护与利用研究：首届农耕文明与乡村文化振兴学术研讨会论文集（上）》，世界图书出版广东有限公司，2019年。

农事与乡情：河北涉县旱作梯田系统的驴文化

李禾尧

摘要：王金庄村位于中国重要农业文化遗产河北涉县旱作梯田系统的核心区。其唇齿相依的生态格局、人驴共作的生产方式及情感交织产生的共命运文化心态，构成了旱作梯田系统的农业生产模式与村落生活样态。毛驴是村庄农业发展的基本生产要素，"驴-花椒-石堰"耦合结构是生产模式，驴文化则是村落社会文化体系的重要组成部分，是对旱作梯田系统全景式的反映。村落日常生活中有关毛驴的牲口买卖、驯化教育、疾病医治、文化仪式等组成驴文化的形貌，塑造和延续着旱作梯田系统的存续与发展。借由驴文化，本文提出村落文化的发掘对于农业文化遗产保护与发展具有重要意义，其有益于生态环境保护、农耕技艺留存与乡土社会永续。

关键词：驴文化；旱作梯田系统；农业文化遗产

农业是人类繁衍存续的根基，解决农业发展问题是人类社会永恒的命题。我国是传统的农业大国，农耕文化是国家和民族长期稳定的基础。从历史上看，古人"农为本""以农立国"等思想充分体现其对农业发展的重视。在城镇化"汹涌而至"的当下，我国每天约有80个村落面临"破碎瓦解"的命运[1]，乡村表现出的崩解趋势撼动着农业文明的神经。2002年，联合国粮食及农业组织（FAO）发起"全球重要农业文化遗产"（Globally Important Agricultural Heritage Systems，GIAHS）项目，旨在建立全球重要农业文化遗产及其有关的景观、生物多样性、知识和文化保护体系，并在世界范围内得到认可与保护，使之成为可持续管理的基础[2]。"全球重要农业文化遗产"项目将粮食安全、生态环境污染与农村贫困等三大问题全部包含其中，提供了反思农业文明重要意义的新思路，并在全新的平台上探索发展农业生产的新路径。作为我国乡土社会凝缩的农业文化遗产地如何存续至今？河北涉县的旱作梯田系统借由怎样的农业生产模式与村落文化系统活态存续与协调发展？本文认为，旱作梯田系统良性运行的重要动力之一是村落社会文化系统之中的驴文化。在了解王金庄村农业生产与村落文化的基础上，本文试图探讨驴文化的表现形式，及其在旱作梯田系统的保护与发展中所具有的重要意义。

一、旱作梯田系统何在？

美国人类学家雪莉·奥特娜（Sherry B. Ortner）曾在其著名论文《关键象征》（"*On*

Key Symbols")开门见山地指出:"每一文化都有其特定的关键因素,作为一种不甚如意的限定方式,它对该文化中特有的结构来说,是至关重要的"[3]。民俗学家刘铁梁结合自己对民俗调查与学术写作的思考,提出了与雪莉·奥特娜相近的观点,认为这种"至关重要的因素"是"对于一个地方或群体文化的具体概括,一般是从民众生活层面筛选一个实际存在的,体现这个地方文化特征或者反映文化中诸多关系的事象",并将其称为"标志性文化"[4]。笔者认为这种"关键特征/标志性文化"对于河北涉县旱作梯田系统具有较强的解释力。对于遗产核心区内的王金庄村,围绕旱作梯田的生态环境特质与农业生产方式,数百年来村庄已自主形成了一套农耕社会文化体系,并传承至今。

2014年,河北涉县旱作梯田农业系统被认定为中国重要农业文化遗产(China-NIAHS)。它是王金庄人不断适应环境、改造环境,使不断增长的人口、逐渐开辟的山地梯田与丰富多样的食物资源长期协同进化,在缺土少雨的北方石灰岩山区,创造的独特山地雨养农业系统和规模宏大的石堰梯田景观。

涉县旱作梯田具有无可比拟的视觉冲击力与美感。据《涉县土壤志》(1984)与《涉县地名志》(1984)的资料记载,涉县旱作梯田的总面积达268 000亩,其中土坡梯田85 069亩,石堰梯田182 931亩[5-6]。梯田石堰土层平均厚0.5米,高2米,全部由石块人工修筑,最大落差近500米,绵延近万里,远远看去,沟岭交错,群峰对峙,一望无际。其巨大的规模造就了壮观震撼的景观,被联合国粮食计划署的专家誉为"中国第二长城"。在梯田的修建过程中,王金庄人依靠智慧,充分挖掘和利用传统经验,选建址、垒石堰、挖土方、修石庵等都实现了对土石资源的高效利用。梯田石堰全部由石料砌成,每造一顷梯田,都要垒砌一两丈高、半米厚的双层石堰,填充在石缝中间的泥土起到黏合、护田的作用,整齐而精细。而梯田中的"悬空拱券镶嵌"结构则是王金庄人用来应对"三十年一小冲,六十年一大冲"的洪水的一种补救性措施。它巧妙解决了在狭小施工场地内协调使用不同建筑材料的问题,既是巧夺天工的创造,也是生存智慧的凝练。

长期的发展中,人们充分利用当地丰富的食物资源,通过"藏粮于地"的耕作技术,"存粮于仓"的贮存方式和"节粮于口"的生存智慧传承近八百年。这些传统知识和技术体系提供了当地村民粮食安全、生计安全和社会福祉的物质基础,促进了区域的可持续发展,使得王金庄村即使地处"十年九旱"的山区,也能保证村庄人口不减反增。规模宏大的旱作梯田,充分展现了当地人强大的抗争力与顽强的生命力,以及天人合一的农业生态智慧,具有强烈的感染力。石头、梯田、作物、毛驴、村民相得益彰,融为一个可持续发展的旱作农业生态系统,处处体现着人与自然和谐共存发展的生态智慧。梯田里农林作物丰富多样,谷子、玉米、花椒、柿子、黑枣等漫山遍野,各类瓜果点缀万顷梯田,呈现出春华秋实、冬雪夏翠的壮丽景象,是具有人与自然和谐之美的大地艺术。这其中,毛驴串联起了农业生产的耕作与收获,串联起了王金庄人的农事与乡情,是旱作梯田系统中的关键角色。

二、农业生产模式:"驴－花椒－石堰"耦合结构

(一)梯田劳力的理性选择

对于群山环抱的王金庄村,如果说修建梯田是王金庄人生存挑战的第一道关,那么下一个亟待解决的问题就是如何选择合适的牲畜作为主要劳动力。村民不仅要面对高度差较大且分散分布的耕地,还要在往返田间的路途中付出更多时间和体力。其中,离自家耕地最近的农户也至少需要步行半小时才能到达田地,最远的则需要近四个小时。在如此严苛的劳作环境下,村民需要选择最为适合的牲畜作为载具和劳力辅助。

在王金庄的历史上,曾经出现过多种牲畜作为主要劳动力,如牛、马、骡子和毛驴等。经过漫长的筛选过程,最终毛驴和骡子成为王金庄村的牲畜劳力,并且以毛驴为主,躬耕万亩梯田。为了探究村民理性选择的逻辑,笔者将19位被访村民关于牲畜选择理由的口述资料归纳为以下五个测度指标:劳动能力、爬坡能力、驯化难度、寿命和耐力,并选择村落历史上出现过的牛、马、骡子和毛驴等四类牲口作为比较分析的对象。综合村民的口述信息,对四种牲畜在不同测度指标下的表现予以赋值,得到图1蛛网图。

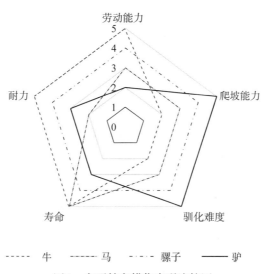

图1　主要牲畜耕作表现比较图

注:各测度指标根据田野调查中与王金庄村19位村民的访谈资料进行赋值。

从图1可以看出,牛在寿命、劳动能力和耐力上具有显著的优势,且驯化难度最小,因而是较为合适的选择。许多村民都提到,起初村庄试用过以牛作为主要牲口,看中了它寿命长、耐力好、劳动能力强等优势,但由于牛在爬坡上表现太差,而且饲养过程中需要消耗大量的草料,最终被大家一致同意淘汰。结合王金庄村的自然环境特征便知,牲畜的爬坡能力对于王金庄人非常重要,各家各户的耕地几乎都散布在高度不等的多个区域,牲畜在梯田上的机动性强弱是王金庄人衡量牲畜优劣的首要因素。而另一个被淘

汰的牲畜——马，在爬坡能力上的表现并不差，而且具有较长的寿命，有效劳动年数也与骡子和毛驴相差无几。村民们认为，除过爬坡能力之外，第二重要的考量因素就是牲畜的耐力，马曾经也被引入王金庄村一段时间，但因其耐力不足而被舍弃。由此可见，王金庄崎岖的地形成为村民们选择牲畜"天然的判官"，孰高孰低一目了然。正所谓"是骡子是马，拉出来遛遛"，而在王金庄，能够夺得桂冠的牲畜品种一定是山地越野的行家。

（二）作为分析单元的耦合结构

如果要分析石堰梯田内部的运作机制，则需要选取其中具有典型性的结构加以阐释。那么当地人利用延绵万里的梯田维持农业生产稳定的逻辑是什么呢？在石堰梯田系统中，除去耕作者自身以外，毛驴（主要劳力）、花椒（作物代表）和石堰（生产空间）是不可或缺的三大元素，且彼此之间存在着十分紧密的联结关系。"耦合结构"可以理解为由相互联系、功能互补的各要素构成的完整系统。"驴-花椒-石堰"耦合结构可以作为我们认知旱作梯田系统存续奥秘的切入点。

王金庄人世代兴修梯田，在地表留下了石堰景观，其由三部分组成：位于梯田外沿的双层石堰，位于耕地下方的石层和承载农作物的土壤层，如图2所示。

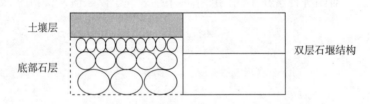

图2　石堰梯田结构示意图

其中，双层石堰位于梯田的外沿，起到保护梯田的作用，形塑了梯田的轮廓，构成了石堰梯田景观的主要部分，而靠内侧的石层和土壤层则是农业生产活动主要依赖的空间。花椒是王金庄村具有代表性的经济作物之一，它不仅是增加农民收入的"摇钱树"，更是保护梯田、稳固石堰的铁篱笆。当地人长久以来习惯性地将其栽种在梯田边缘，椒树的根系虬曲盘结在石堰缝隙之中。梯田上漫山遍野的花椒，赋予涉县旱作梯田系统丰厚的花椒文化。毛驴是村庄的主要劳动力，由于山区的环境限制，梯田高度落差大，每户田块小而分散，机械化耕作难以应用。正因如此，王金庄村几乎家家都养驴，驴是村民的半个家当，是他们的主要劳动力和交通工具。总而言之，梯田和驴的耕作是密不可分的。

从王金庄村缺土缺水的自然特性出发，石堰结构在设计之初就有明显的目标导向。层叠的石块将水分储存在土壤夹层中，同时借由纵向的压力使石层更加紧密，在一定程度上保护土壤。然而只有石堰的保护是不够的，王金庄人创造性地将花椒树栽种在石堰边缘，作物向下延伸的根系盘结缠绕在石堰之中，不仅加固了石堰，更保护了其中的土壤。花椒的枝叶截留雨水，防止土壤溅蚀，枯枝落叶可减少地表径流，保护田面，防止水土流失，还可改善梯田小气候。因而"花椒-石堰"的次级结构可以说是王金庄人"惜土惜水"观念的集中展现。毛驴耕田的过程则可以视为天然的梯田养护过程，其排泄的粪便是梯田土壤肥力的重要来源，也是供给花椒、小米等梯田作物生长发育的原料。在作物收获的时节，花椒、谷子等都需要毛驴驮下山；农闲时节，农户也要赶着毛驴到地里翻土，为来年的栽种打基础。而对于驴而言，花椒叶是一味重要的药材。花椒叶煮水不仅可以清洁骟驴后留下的伤口，还对毛驴因寒凉导致的腹痛具有很好的治疗效果。由于要素间关联程度较高且功能互补，因而称其为"耦合结构"。从"缺土缺水"，到"保土蓄水"，王金庄人的"驴-花椒-石堰"耦合结构是一方人民文化适应的集中表现，是一次精彩的文化创造。"驴-花椒-石堰"耦合结构概念图如图3所示。

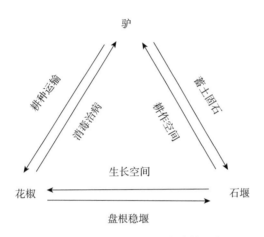

图3　"驴-花椒-石堰"耦合结构示意图

综合以上分析，可以看出"驴-花椒-石堰"耦合结构具备较强的农业生产能力和自我组织循环能力，是设计精妙的复合价值体，主要表现在以下3个方面。①耦合结构具有生态价值。一方面，由于石堰水土保持与秸秆过腹还田的交互作用，梯田土壤有机质含量显著提高，蓄水育墒保墒，增强土壤肥力；另一方面，王金庄人在保证粮食自给的基础上，在梯田周围和山顶种树育林，为农业系统提供温度调节与水源保障。梯田边缘的花椒树也起到维持稳定结构和救治牲畜的重要作用，提升耦合结构的综合产出。②耦合结构具有经济价值。毋庸置疑，"驴-花椒-石堰"耦合结构最终是为农业生产服务的。其产出物不仅包括种植在石堰内侧的谷子、玉米、绿豆等粮食作物，还包括扎根于梯田外沿的花椒、黑枣、柿子等经济作物，既保障了村庄基本的粮食供应，也为农户提供了多样化的生计来源。王金庄村所产的黄金椒、白沙椒栽培历史悠久，素以产量高、品质好著称，是当地农民的主要收入来源。同时，驴粪作为农家肥的重要原料之一，可以为农户省下购买化肥的支出，具有间接的经济价值。③耦合结构具有景观价值。纵横延绵的石堰，如一条条巨龙起伏蜿蜒在座座山谷间，并随着季节的变化呈现出各种姿态，展现出震撼人心的大地艺术景观，展现了人工与自然的巧妙结合[7]。

（三）人驴协作的农业生产

在我国民间语言文化中，驴是落魄文人的"身份证"，是"苦闷的象征"，是文人承载诗思的驮具[8]。而在王金庄，梯田和驴的耕作是紧密结合在一起的。每天日出日落时分，一队队村民牵着或赶着毛驴，走在通向农田或回家的山道上，是当地一道独特的风景线。耕地、播种、运输，每一个生产环节都能看到毛驴的身影。当地人说，驴子是通晓人性的。假使人与驴子在狭窄的小路上相遇，它会主动避让，让人先行。更为神奇的是，驴子能够自己找到主人家的田地，可以将托运的物品自行卸下来。如果将货担子放在两块石头上，中间留出空隙，驴子会主动低下身子挤入空隙中，再挺起身子把担子托起。能够达到如此默契的程度，一般都需要进行一年多的驯化过程，还要给毛驴进行必要的"阉割"手术——骟驴。如此一番之后，毛驴才能成为农户得心应手的劳作伙伴。

长期以来，王金庄村漫山遍野的梯田都由非常狭窄的山路串联着。走在曲折的山野小径上，脚边便是陡峭的悬崖。村民们讲，起初是农民牵着毛驴上地，后来毛驴反过来驮着农民上地。驴子是非常聪明的，能够听懂口令，落实得一点不差。如"哩哩"是左转弯，"哩哩回来"是左转弯90度；"哒哒"是右转弯，"哒哒回来"是右转弯90度。这些口号为人与毛驴之间的沟通互动搭建了桥梁，也成为王金庄山林间最动听的音律。

王金庄享誉全国的花椒和小米都离不开毛驴的辛勤耕耘。从春入夏，毛驴驮担着犁头箩筐穿梭在田间地头，狭长窄小的地块也需要它们在其中频频折返，埋头苦耕。每年秋天收获的时候，椒香漫山野。农民在树下忙活，驴子被拴在开阔地上大快朵颐，时不时还会昂起脑袋呼朋引伴，山谷间便回荡着毛驴欢喜的叫声，构成一幅独具韵味的秋收图景。入冬之后，农活没有之前那般繁重，毛驴偶尔需要跟着主人到田地里翻耕一次，熬到冬至便能受到礼遇，过属于自己的节日。在日常的农业生产之外，毛驴也是梯田农业生态系统之中必不可少的环节。村民利用驴粪和作物秸秆进行堆肥，巧妙解决了养分转化和土壤培肥，实现了梯田内部的物质循环，有效保障了农业生产的可持续性。

总而言之，王金庄的毛驴身负四重使命，不仅是生产工具和运输工具，而且是生态链的重要一环，更是村民生活中的伴侣。当地农民与驴同住石院，相依为命，人与动物和谐相处美景，异常突出。人们善待毛驴不仅仅是把它当成生产、生活的依靠，也是对自然万物的尊重。人与毛驴长期的亲密互动，使得一方乡土的农业生产方式也最终定格为人驴协同的独特形式。这既是艰难环境所造就的结果，更是大自然对旱作梯田系统与王金庄人的馈赠。

三、村落生活样态："人–驴"沟通模式

经过长期的磨合，毛驴所承载的驴文化在王金庄村逐渐成为村落文化系统中的重要一环，产生了一批新的村落职业，形成了一些特殊的空间建构与文化建制，构成了人与毛驴之间独特的沟通模式。

（一）"驴经纪"与"村兽医"

"驴经纪"是村中专门负责买卖牲口的一类人，是毛驴进村的"媒人"，更被村民亲切地称为驴的"经纪人"。他们掌握优选毛驴的地方性知识，经过一个较为细密的观察过程，可以遴选出价格合适，具备劳动潜质的驴子。"驴经纪"李榜锁几乎把自己的一生献给了这个行当。他几十年的职业生涯恰恰是村庄毛驴饲养历史的反映，其中王金庄村毛

驴饲养数量以及驴苗价格变化可以视为王金庄村经济发展的晴雨表。近几年，手扶拖拉机的使用使得王金庄人对于毛驴的观念有所变化，也导致一部分人卖掉毛驴改用机械。这不仅是"驴经纪"这个行当需要面对的挑战，也是旱作梯田系统内部正在悄然发生的转变。

"村兽医"是另一种与毛驴密切相关的角色。兽医不同于一般意义上的大夫，因为他的医治对象无法用语言将病症表达出来。因而在熟读医书的基础上，更要求兽医们积累长期的经验，运用类似中医"望闻问切"的过程做出诊断。曹榜名是十里八村有名的"毛驴郎中"，行医数十载，始终关注着方圆几公里内毛驴的健康问题。在他眼里，毛驴不仅仅是提供劳力的牲畜，更具有几分"人格化"的色彩。比如，毛驴感到肚子痛会有"三十六卧"，每一种卧姿都反映不同的致病原因，因而要根据卧姿对症下药；再如他遇到的毛驴夜间自主上门求医的故事，那只狂奔出户、敲门寻医、卧地候诊的毛驴精彩诠释了王金庄毛驴的十足灵性。因此在王金庄村，人与毛驴的"医患关系"从来都默默无言，却也深情满满。

（二）"驯教养"与"吃碗面"

王金庄毛驴的灵性不是自然天成的，幼年期的它们同样是"叛逆"的，因此需要被驯化。但王金庄人调教毛驴的过程充满了教化的色彩，悉心磨合，培养人驴之间的默契。王林定是村中驯养毛驴的能人。实行家庭联产承包责任制以后，原先集体化时期分下来的牲口因为年龄较大，劳动能力一般，王林定决定重新购置一头小驴驹。难料小毛驴生性顽皮，给他造成不小的困扰。驴驹先后接受了两次阉割手术，才逐渐变得温顺平和，王林定对它的态度也逐渐由阴转晴。在长期耐心的调教下，它不仅能按照口令进行劳作，还能记住往返于田间和家里的路线，到点呼唤主人回家，充满灵性。王林定抚养这头驴长达25年，其间结下的深厚情谊犹如亲人一般，长久地存留在一家人的心中。

毛驴是每户的家庭成员，每年的冬至日都是驴的生日。在这一天，王金庄家家户户都会为家里的牲口专门准备素杂面吃。这种用当地栽种的小麦、玉米、大豆磨成面粉制作的杂面条是对毛驴一年辛苦劳作的奖赏，因而在王金庄有"打一千，骂一万，冬至喂驴一碗面"的说法。按照传统俗制，这天还要去位于月亮湖的马王庙敬拜马王爷，感谢马王爷一年来对毛驴的管教以及对粮食丰收的保佑。在每年春天骟驴（给驴做阉割手术）一个月之后，驴主人也要去马王庙给家里的牲口过满月。家里的女主人要为满月仪式准备特别的贡品，主要有小麻糖（即小油条）和小馒头。这些取材于当地的食物充盈着王金庄人对毛驴的脉脉温情，饱含着王金庄人对丰收的拳拳期望，也是一方村落饮食民俗与节庆民俗的集中表现。

（三）小毛驴的人格化

王金庄的毛驴居有其所，行有其道，食有其餐，病有其医，庆有其俗。不仅能够通过肢体动作与村民交流信息，也能通晓人的口令。春种秋收，巍巍太行山上满是毛驴辛勤耕耘的身影。它们不仅支撑起旱作梯田系统的经济，也将村庄的历史和村民们的集体记忆串联在一起。可以说，知冷知暖知人心的毛驴是具有人格的。

带着对毛驴"人格化"的认知，我们可以将驯化毛驴的过程视为一种"社会化"的过程，即毛驴通过驯化过程习得基于符号互动的沟通模式，作为劳动力融入旱作梯田系统的生产体系之中，并在长期的饲养过程中习得农业生产技能和村落社会规则，最终有机融入村落社会生态，甚至成为家庭一员。反过来，人在对毛驴的"教育过程"中也重新形塑了自身以及村落社会，类似于完成了"再社会化"的过程，主要体现在两个方面：空间的再建构和时间的再建构。王金庄人在村内的石板街上修建了独具特色的"驴道"，在空间上将人与驴的活动范围做了明确划分，不仅是出于维护正常有序的村落秩序，更重要的是它表现了王金庄人对毛驴的尊重。此外，在家门口建造石栓，在家中专门留出空间作为驴舍并修建石槽等，这些是因驴而生的空间格局变化。每年冬至日，王金庄人不仅要包饺子，也要惦记着给驴做素杂面，还要牵着毛驴去马王庙祭拜，这些则是因驴而生的时间节令变化。"社会化"与"再社会化"的过程即是人与驴之间双向互动的过程，人与驴形塑了彼此，给予了驴人格化的特征，也赋予了村落特别的时序与空间建构，它们共同构成王金庄旱作梯田社会文化系统中的重要组成部分——驴文化。

（四）驴文化的安全网

王金庄人与毛驴在农业生产与村落生活等多方面的互动贯穿于村落发展的全过程，驴文化是王金庄人在艰苦的自然条件下顽强生存的见证。驴文化将王金庄村几百年来的村落生计模式、村落礼俗仪式和村落文化精神系统性地联系起来，形成旱作梯田系统独具一格的文化生态。

驴文化是村落生计模式的支点。毛驴对于王金庄农业生产的价值体现在：首先它是重要的生产工具，良好的劳作能力和吃苦耐劳的品质使它成为最适宜当地环境的牲畜；其次它是重要的运输工具，种子、肥料、谷子，甚至王金庄人下地野炊的厨具粮菜都被其包揽在其身；最后它是重要的生态维护者，是梯田农业生态系统中物质与能量循环的关键一环，将作物、土壤、有机质串联起来，以机械运动的方式蓄积土壤、加固梯田，以生物代谢的方式消化秸秆、肥沃土壤、滋养作物，占据了不可替代的生态位。王金庄的梯田天然就需要驴，而驴也在参与王金庄农业生产活动的过程中，得到了自身价值的最大化发挥。毛驴为王金庄人带来了源源不竭的财富，是当地精耕细作的生产方式的代表，是村落农业经济的基石，是整个村庄农业生产方式的符号化象征。

驴文化是村落礼俗仪式的表征。我国传统意义上的"六畜"之中，唯有驴在王金庄村享有过节的特权。对王金庄人而言，每年的冬至日因为毛驴的存在而变得不同，成为一年时序当中值得纪念的特殊节点。素杂面是一整年人与毛驴合作耕作的结晶，分享行为本身就具有特别的意义。这种具有浓郁乡土气息的民俗直接表达了村民们对毛驴一年来辛勤劳作的感恩，更是村落农业文明的集中展演，可以称之为"梯田上长出来的节日"。人驴长期协同的产物体现在村落时序和空间的方方面面，驴文化也因如是这般的建构过程而更加丰满生动，成为王金庄村具有标识性的文化符号，是一代代王金庄人精神生活中宝贵的财富。

驴文化是村落文化精神的高扬。传统村落记忆承载着文化传统和乡愁情感，具有文化规约、社会认同、心理安慰与心灵净化等的功能 [9]。毛驴对王金庄人而言是一条记忆的线索，将这些线索编织起来，就形成一张有关驴的村落文化记忆网络。村里人看到驴，会回想起前辈人为村庄发展做出的卓越贡献；村外人看到驴，会联想到当地人克服环境局限顽强求生的宝贵品质。"立下愚公移山志，敢教日月换新天。"毛驴是全村农户的心理支柱，是世世代代王金庄人不畏艰难的"太行精神"的活化载体。而基于毛驴建构起的驴文化则是王金庄人农耕技艺与农耕信仰的集中表现，建构了村庄人生活存续的意义，无时无刻不在影响着这片崎岖而炽热的乡土。

驴文化曾经在维护传统村落社会秩序和道德秩序上发挥过重要的作用，是维护旱作梯田系统活态存续与协调发展的重要力量。在许多传统村落失落、消亡的当下，驴文化即是王金庄人对冲现代化冲击的安全网，这张安全网时时保护着王金庄人的文化根基，也提醒着他们不要在现代化潮流的裹挟中迷失自我。驴文化是王金庄过往历史的明证，是现在存续的依托，更是未来发展的保障。

四、村落文化对农业文化遗产保护的意义

费孝通先生曾在《乡土中国》中将我国传统社会结构描述为充满乡土温情的差序格局结构[10]，而现今村落普遍呈现的失落景象则与之大为不同。对于乡土社会而言，来自现代化的影响更为显著。改革开放以来，农民离土现象逐渐显露出普遍化的趋势，由此伴生的土地撂荒、空巢老人、留守妇女儿童、村落文化衰败等问题格外刺眼。

现代化的猛烈冲击使传统农业文化的剧烈转型加速并走向终结[12]。乡土社会的长期稳态存续，不仅要依靠为其提供生计保障的农业生产系统，更要依靠包括地方性知识体系与集体记忆网络在内的村落文化系统。作为一种村落社会事实，村落文化产生于村落日常生活的实践[13]，依托各种象征物存在于乡土社会的日常生活中，由村民所创造和共享。村落文化是乡民在长期生产与生活实践中逐步形成并发展起来的道德情感、社会心理、风俗习惯、是非标准、行为方式、理想追求等，表现为民俗民风、物质生活与行动章法等[14]，是一方人民关于土地利用与保护、生态修复与生物多样性保护、传统农耕技艺与民俗的浓缩，具有整合农业生产、村落生活、情感记忆等社会要素的重要作用。

几千年来，村落文化维护着农耕社会的稳定与存续，让村民保有与祖先和子孙的对话能力，按照与生态环境相协调的生存逻辑延续着乡村生活[15]。因此在村落面临崩解危机的时代背景下，发掘传统农耕技艺及其衍生的村落文化，以之作为促进村落良性运转的推动力，较之于外部的干预性力量，其显得更加重要。这也是联合国粮农组织发起全球重要农业文化遗产项目的出发点之一。

农业文化遗产地作为中国乡土社会的凝缩，可以反映出中国目前乡土社会的一些突出的特质。农业文化遗产地所呈现出的粮食安全、生态环境污染与农村贫困等问题对现今的中国乡村具有代表性意义。自我国启动发掘、认证、保护与管理农业文化遗产工作以来，已经取得了一系列经验与成效，如使生态环境和生物多样性得到保护、遗产地农民经济收入增加、社会公众对农业文化遗产认知度提高等[16]。然而，农业文化遗产是一个系统，不仅关乎"农业"，也关乎"文化"。我们应当在提升经济效益与地方知名度的同时，重视传统文化在遗产地村落中的价值。因为延续千百年的传统农业生产系统蕴含

着宝贵而难以复制的深厚历史、生产技术与民族文化，这些都是祖先留给我们的农业智慧。目前，许多农业文化遗产地一方面通过产业发展促进农民增收，另一方面却普遍面临着村落组织瓦解、乡土文化流失等一系列问题。当花甲之年的老人步履蹒跚地在险峻的山谷间耕作梯田时，当美观别致的石屋逐渐被砖房小楼替代时，当厚重悠久的村史不再被乡土子孙所问津时，这何尝不是一种农业文化遗产保护的遗憾与悲哀呢？

农业生产是村落发展的根基，乡村文化是村落存续的灵魂。因此，在农业文化遗产保护与发展的过程中，要重视对传统农耕技艺与农耕文化的价值的再认识与再发掘。这不仅有利于生物多样性与文化多样性的保护与利用，有利于传统农耕技艺与农耕文化的传承与发展，更有利于重新塑造市场化、商品化冲击下"行将崩解"的村落人际格局，创造一种良善的村落社会生态，让村民们因共同的"社区感"而团结在一起，在村庄未来发展上形成合力。

参考文献

[1] 孙兆霞，曾芸，卯丹. 梯田社会及其遗产价值——以贵州堂安侗寨为例 [J]. 中国农业大学学报（社会科学版），2015（6）：58-68.

[2] 闵庆文. 关于"全球重要农业文化遗产"的中文名称及其他 [J]. 古今农业，2007（3）：116-120.

[3] Sherry B. Ortner. On Key Symbols [J]. American Anthropologist，1973，75（5）：1338-1346.

[4] 刘铁梁. "标志性文化统领式"民俗志的理论与实践 [J]. 北京师范大学学报（社会科学版），2005（6）：50-55.

[5] 涉县土壤普查办公室涉县农业局. 涉县土壤志. 内部资料，1984.

[6] 涉县地名志办公室. 涉县地名志. 内部资料，1984.

[7] 史云，李璐佳，陆文励，等. 基于全域旅游的农业文化遗产旅游开发研究——以涉县王金庄为例 [J]. 河北林果研究，2017（2）：174-178.

[8] 焦凤翔. 蹇驴何处鸣春风——驴之文化意蕴探寻 [J]. 甘肃高师学报，2009（3）：107-110.

[9] 汪芳，孙瑞敏. 传统村落的集体记忆研究——对纪录片《记住乡愁》进行内容分析为例 [J]. 地理研究，2015（12）：2368-2380.

[10] 费孝通. 乡土中国 [M]. 北京：北京大学出版社，2012.

[11] 厉以宁. 中国经济双重转型之路 [M]. 北京：中国人民大学出版社，2013.

[12] 乌丙安，孙庆忠. 农业文化研究与农业文化遗产保护——乌丙安教授访谈录 [J]. 中国农业大学学报（社会科学版），2012（1）：28-44.

[13] 董敬畏. 文化公共性与村落研究 [J]. 华中科技大学学报（社会科学版），2015（2）：126-131.

[14] 杨同卫，苏永刚. 论城镇化过程中乡村记忆的保护与保存 [J]. 山东社会科学，2014（1）：68-71.

[15] 孙庆忠. 旱作梯田的智慧与韧性之美 [J]. 乡镇论坛，2017（3）：28-29.

[16] 童玉娥，徐明，熊哲，等. 开展农业文化遗产保护与管理工作的思考与建议 [J]. 遗产与保护研究，2017（2）：36-39.

注：本文原载《中国农业大学学报（社会科学版）》2017年第6期，第103-110页。

涉县山区优质地方品种青绿谷

赵学堂　贺献林　江志军　王建军　张光明

据调查：产于涉县山区的地方品种青米（青绿谷）营养价值高于小麦、水稻，香味诱人，颜色青黑。在山区，青绿谷一般在山坡梯田种植就能取得很好收成，近年来，全县种植面积日渐扩大。生产实践表明，青米的质量与青绿谷的栽培管理关系密切。因此，提高青绿谷的栽培管理技术是保证青米品质，提高经济效益的主要措施。

一、选用适合本地区的优种

目前，各地对青绿谷品种开发不多，生产上多使用原来的农家品种，涉县使用的品种主要有3个：一是王金庄青绿谷；二是王金庄青皮谷；三是特优黑绿谷1号。这3个品种以王金庄青皮谷最好。

二、轮作倒茬

谷子连作会造成病害多，杂草谷稗多，不但影响产量，还会导致青米质量降低，口味变坏。因此，实行轮作倒茬，是保证青绿谷质量、产量的有效措施。

三、量墒固地播种

青绿谷以春种质量好。优良地块每亩种植4万株左右，一般地块每亩种植2万～4万株。在底墒较好的年份，播前土壤2米深层水量不少于400毫米。在涉县，一般可在立夏前后播种，可以延长青绿谷的生育期，提高青米质量。

四、稳磷补钾增有机肥，看雨施氮

肥料是影响青绿谷品质的主要因素，施用有机肥能够使青绿谷生长稳健。氮、磷、钾配合施用，在正常或多雨年份能显著提高青绿谷产量和抗倒能力；同时对青米的外观、口味效应都有很明显的提升。因此，在施肥上，一要增施有机肥，每亩最好用4 000千克；二要稳磷补钾，每亩底施磷6～8千克，折合过磷酸钙40～60千克，施钾6～8千克；三要看雨施氮，每亩底施纯氮3～4千克；当播种至抽穗前10～15天降水量达到120毫米左右时，每亩追施纯氮2千克；降水大于150毫米时，追施纯氮3～4千克/亩，如施氮量超过4千克，虽然能提高产量，但会增加谷秕，增大引发倒伏的可能性，并使谷质降低。

五、加强管理、增壮防倒

播种时先冲沟，再播种，使苗长在沟里，生长至5片叶时间苗、定苗，8～10片叶时清垄、中耕、去草、去莠，15～18片叶时深中耕培土，追肥，使苗长在垄上，这样管理下的植株壮而不倒、清秀浓绿。

六、病虫害防治，攻粒保质

苗期主要防治地下害虫，生长中后期防治重点是钻心虫、红蜘蛛、蚜虫等。对此应以生物防治、农艺调控为主，结合拌种施毒饵、喷药等综合措施进行防治。但要严格掌握防治指标，控制化学药品用量和使用次数，确保产品不受污染。在扬花、灌浆期，降水不多，施肥量少，而后期雨水充沛时，可叶面喷施磷酸二氢钾和尿素混合液2～3次，以促籽粒饱满，提高青绿谷产量和质量。

注：本文原载《河北农业》2003年第2期，第17页。